교육과정융합

수학과 함께하는

고교 AI 입문

"인공지능 기초"와 "인공지능 수학" 교과를 융합한
고교 인공지능 입문서

☀ 본 교재는 교육부의 지원을 받아 EBS가 제작하였습니다.

☀ 데이터 소스 및 소스코드는 EBS 소프트웨어 이숲 사이트(www.ebssw.kr/ai4u2021)에서 다운로드 받으실 수 있습니다.

☀ 교재 내용 문의 및 교재 정정 신청은 EBS 소프트웨어 이숲 사이트(www.ebssw.kr/ai4u2021)의 교재 Q&A 서비스를 활용하시기 바랍니다.

머리말

인공지능, 어디에서나 만날 수 있습니다
이제 그를 조금씩 이해해 볼 때입니다.

"전제 1. 모든 인공지능은 수학을 기초로 만들어진다.
 전제 2. 수학으로 표현된 것은 우리가 이해할 수 있다.
 결론 그러므로 우리는 인공지능을 이해할 수 있다."

인공지능의 구현 방법 중 하나인 삼단 논법으로 이 책의 목표를 표현해 보았습니다. 이 책은 인공지능을 조금씩 이해해 보기 위해 만들었습니다.

2021년에는 인공지능 교육에 의미 있는 일들이 일어났습니다. 고등학교에 '인공지능 기초'와 '인공지능 수학' 과목 교과서가 출간되어 고등학교에서 인공지능을 체계적으로 배울 수 있게 된 것입니다.

이제 시작입니다. 사람을 만날 때도 처음에는 바라보고 느끼는 것부터 시작합니다.
학교에서 배우는 '인공지능 기초'에서 인공지능의 구현 방법인 탐색, 지식의 표현과 추론 그리고 딥러닝을 만나고 데이터가 인공지능에게 어떤 의미인지를 살펴볼 수 있습니다. 현재의 인공지능은 어떤 능력을 가지고 있는지, 또 얼마나 재미있는지를 체험하는 데서부터 배우기 시작합니다. '인공지능 수학'을 통해 인공지능을 만드는 데 필요한 수학적인 기초 즉 함수, 미분, 행렬의 연산과 더불어 기계 학습의 핵심 개념 중 하나인 경사하강법의 수학적 의미도 학습합니다.

이 책에서는 체험 중심의 '인공지능 기초'에 수학을 이용하여 인공지능의 다양한 모델의 원리를 조금씩 이해해 보는 것에 중점을 두었습니다.

PART I 지능 에이전트, 전통적인 프로그래밍과 인공지능의 차이점, 인공지능을 이용한 문제 해결 방법을 쉬운 사례와 함께 구성하였습니다.
PART II 인공지능의 핵심 요소인 데이터를 알아보는 단원입니다. 데이터를 수집하여 그 특징을 살펴보고, 필요에 따라 데이터를 변형하는 방법을 배웁니다.
PART III 드디어 기계 학습을 만납니다. 기계 학습 모델을 살펴보면서 인공지능이 어떻게 만들어지는지 수학을 기초로 그 원리를 알아 갑니다. 더불어 실제 사례를 통해 인공지능이 어떻게 활용되고 있는지 프로그램을 구현하며 배워 갑니다.
PART IV 딥러닝을 퍼셉트론부터 역전파까지 차근차근 알아 가는 단원입니다. 요즘 관심이 모아지는 자율 주행 자동차의 교통 신호 인식을 체험하며 딥러닝이 어떻게 동작하는지 배워 봅니다.
PART V 인공지능을 윤리적인 관점에서 고민해 봅니다. 데이터 편향성 문제와 윤리적 딜레마 문제를 다루어 보고, 인공지능에 대해 우리가 가져야 할 바람직한 자세에 관해 살펴봅니다.

이 책은 고등학교 '인공지능 기초'와 '인공지능 수학'의 교육과정을 충실히 반영하였습니다.
이 책의 부제는 "The art of making friend of AI."라고 하고 싶습니다. 친구가 된다는 것은 친구를 이해해 가는 과정이라고 할 수 있습니다. 이 책이 여러분들에게 '인공지능을 친구로 삼기' 위한 첫 지침서가 되기를 바랍니다.

저자 일동

구성 및 특징

이 책에서는 우리가 일상에서 접하는 다양한 문제 상황을 인공지능 기술로 활용 및 적용할 수 있도록 프로그래밍 방법과 함께 수학의 연결고리를 쉽게 이해할 수 있도록 구성하였습니다.

이 단원에서 무엇을 배울까 이 단원에서 배울 내용을 간단하게 소개하고 각 단원별 대표 컴퓨터 과학자와의 대화를 통해 학습에 흥미를 가질 수 있도록 하였습니다.

들어가기 내용 해당 단원에서 학습할 내용과 관련된 간단한 예를 제시하여 프로그래밍의 원리를 이해할 수 있도록 하였습니다.

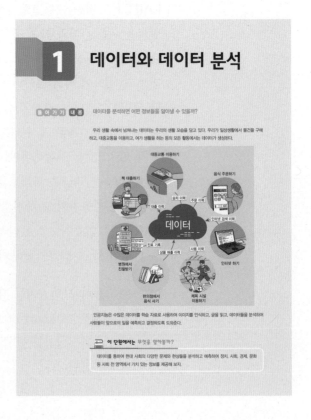

본문

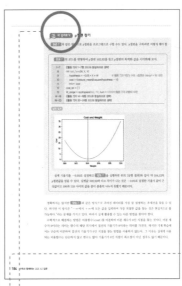

- **활동** 제시한 문제를 해결하면서 인공지능에 대한 이해와 학습이 이루어질 수 있도록 구성하였습니다.

- **활동 내에서 STEP** 문제 해결에 필요한 데이터 수집부터 시각화까지 프로그래밍으로 처리하는 과정을 이해할 수 있도록 단계별로 구성하여 학습 효과를 높였습니다.

- **잠깐, 먼저 해결하기** 본 학습 이전에 선행되어야 할 내용을 설명하여 학습의 이해도를 높이도록 하였습니다.

- **더 알아보기** 알고 가면 좋을 내용을 적재적소에 배치하여 보충 학습이 이루어지도록 하였습니다.

- **스스로 해 보기** 배운 내용을 토대로 간단한 문제를 자기 주도적으로 해결하도록 하였습니다.

Link

'관련 수학 개념 설명' 해당 단원의 프로그래밍과 관련된 수학 내용을 쉽게 이해할 수 있도록 개념 중심으로 설명하였습니다.

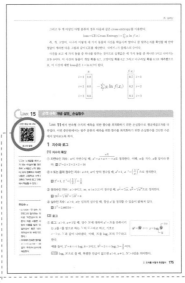

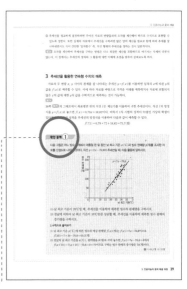

- **QR 코드** 수학 개념의 이해를 도울 수 있는 EBS MATH 영상 클립을 QR 코드를 통해 확인할 수 있습니다.

- **확인 문제** 관련된 수학 개념을 이해하고 문제를 통해 배운 내용을 정리할 수 있도록 하였습니다.

소스 파일은 어디에 있나요 ??

EBS 소프트웨어 이숲 사이트(https://www.ebssw.kr)에서 다운받아 연습해 볼 수 있습니다.

차례

PART V 인공지능 윤리

인공지능과 문제 해결

이 단원에서 무엇을 배울까

인공지능과 지능 에이전트는 무엇이고 어떻게 활용되는지 살펴본다. 또한 전통적인 방식이 아닌 인공지능을 이용한 문제 해결 방법을 알아보고, 인공지능의 문제 해결 단계에 따라 문제 해결 과정을 체험해 본다.

1 인공지능과 지능 에이전트

들 어 가 기 **내 용** 인공지능이란 무엇일까? 그리고 지능 에이전트는 무엇을 의미할까?

인공지능은 인간의 지능을 모방하여 인간이 할 수 있는 일을 대신하고 있다.

인공지능 안내 로봇이나 인공지능 스피커, 인공지능 청소 로봇, 자율 주행 자동차, 인터넷 에이전트 등 다양한 인공지능 기술이 우리 생활 전반에 밀접하게 다가와 있다.

▲ 인공지능 스피커

▲ 인공지능 안내 로봇

▲ 인공지능 청소 로봇

▲ 자율 주행 자동차

▲ 인터넷 에이전트

이 단원에서는 무엇을 알아볼까?

인공지능이란 무엇을 의미하며, 지능 에이전트의 의미와 활용 사례로는 어떤 것이 있는지 알아보자.

01 인간 지능과 인공지능

(1) 인간의 지능과 인공지능은 어떤 차이점이 있을까

인공지능을 본격적으로 다루기에 앞서서 먼저 인간의 지능(intelligence)이란 무엇인지 살펴보자. 지능은 인간의 지적 능력을 말하는데, 학자들마다 다양하게 정의한다. 지능은 학습 능력과 관련이 있으며, 다양한 문제 상황에서 융통성을 가지고 반응하는 적응성을 가지고 있다. 또한 사전 지식을 활용하여 새로운 상황을 분석하고 이해하며 추론할 수 있는 능력이기도 하다.

이러한 인간의 지능을 모방하여 컴퓨터가 지능적인 행동을 하도록 만든다는 점에서 인공지능은 인간의 지능과 공통점을 가지고 있다. 그렇다면 이 둘은 어떠한 차이점이 있을까?

인간의 지능은 문제 해결력과 추론 능력뿐만 아니라 인간만의 상상력과 창의력, 공감 능력을 가지고 있다. 그러나 인공지능은 데이터와 알고리즘을 바탕으로 문제를 해결하며 추론하고 예측한다. 종종 스스로 작품을 만들거나 인간의 감정을 파악하는 인공지능을 접할 수 있는데, 그렇다고 하여 인공지능이 인간과 같은 창의성과 감정을 가지고 있다고 볼 수는 없다.

정도에 따라 인공지능을 강한 인공지능(strong AI)과 약한 인공지능(weak AI)으로 나누기도 한다. 강한 인공지능은 인간과 유사한 지능을 가지고 문제를 해결하며 학습 및 미래를 계획하고 스스로를 자각할 수 있는 인공지능을 의미하지만, 현재 이러한 인공지능은 구현되지 않았으며, 제한적 영역에서 인간의 지능적인 행동을 모방하는 약한 인공지능이 여러 분야에서 개발되어 사용되고 있다.

■ 강한 인공지능
영화 '터미네이터'에 나오는 로봇은 스스로 자각하여 행동하는 강한 인공지능이라고 할 수 있다.

■ 약한 인공지능
구글 딥마인드의 알파고나 IBM의 왓슨은 특정 영역의 문제만 풀 수 있으므로 약한 인공지능이라고 할 수 있다.

(2) 인공지능이란

인공지능(AI; Artificial Intelligence)은 인간 지능의 일부 또는 전체를 컴퓨터와 같은 기계로 인공적으로 구현한 것을 말한다. 인공지능 분야의 창시자 중 한 명인 존 매카시(John McCarthy, 1927~2011)는 인공지능을 '기계를 인간의 지식 수준으로 행동하게 만드는 것'이라고 정의하였다. 이 외에도 인공지능에 관한 정의는 다양한데, 인간의 능력을 기준으로 정의하거나 합리성을 기준으로 정의하기도 한다. 다음 그림은 인간의 능력과 합리성을 기준으로 인공지능을 어떻게 정의하였는지 구체적으로 나타낸다.

인공지능

인간적인 사고	합리적인 사고
'기계가 인간처럼 생각과 마음을 가지게 하는 것' (하우겔란드, 1985)	'인지와 추론, 행동을 가능하게 하는 계산의 연구' (윈스턴, 1992)
인간적인 행동	합리적인 행동
'인간이 지능적으로 행동해야 하는 것을 수행할 수 있는 기계를 만드는 기술' (벨만, 1978)	'인공적으로 만들어진 것의 지능적인 행동에 관련된 것' (닐슨, 1998)
인간의 능력 기준	**합리성 기준**

▲ 인공지능의 여러 가지 정의

이렇게 인공지능은 인간의 지능적인 행동을 하는 컴퓨터를 구현하는 연구 분야이기 때문에 컴퓨터 과학은 물론 심리학이나 철학, 언어학 등 다양한 학문 분야와 관련되어 발전하고 있다.

02 인공지능과 지능 에이전트

(1) 에이전트란

■ 센서

소리나 온도, 속도 등의 물리적인 양을 측정하여 전기적인 신호를 생성하는 전자 기기를 말한다.

■ 액추에이터

센서로부터 입력받은 것을 바탕으로 동작하는 장치를 말한다.

에이전트(agent)는 센서(sensor)를 통해 환경(environment)을 인지하고 액추에이터(actuator)를 통해 동작을 수행하는 물리 장치나 소프트웨어를 말한다. 예를 들면, 인간도 에이전트라고 할 수 있는데 눈과 귀, 혀와 같은 감각 기관은 센서에 해당되고, 손이나 발과 같은 신체 기관은 액추에이터에 해당된다고 볼 수 있다. 이 외에도 인터넷이나 웹상의 방대한 양의 정보를 사용자의 사용 목적에 맞게 편리함을 지원해 주는 인터넷 에이전트나 특정 작업을 수행하기 위해 서로 다른 에이전트의 도움을 받아 작업을 하는 협업 에이전트 등이 있다.

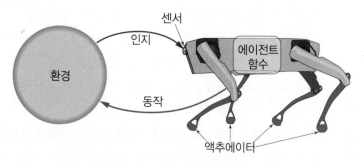

▲ 센서와 액추에이터로 환경과 상호 작용하는 에이전트

위의 그림에서 에이전트 함수(agent function)는 에이전트가 환경에서 인지한 임의의 것들을 하나의 동작으로 대응시킨 것을 말한다. 인지(perceiving)한 것들의 집합을 P^*라 하고, 동작(action)을 A라 할 때 에이전트 함수를 표현하면 다음과 같다.

$$f : P^* \longrightarrow A$$

예를 들어, 아래 그림과 같이 신호등과 보행자만 있는 매우 단순한 공간이 있다고 가정하자. 여기에 자동차 에이전트는 Ⓐ 공간에서부터 신호등의 빨간불 혹은 보행자가 있는 환경을 센서로 인지하면 멈추고, 초록불을 인지하면 Ⓑ 공간을 향하여 앞으로 주행한다. 이 자동차 에이전트의 함수를 표로 표현하면 아래의 오른쪽 표와 같다.

▶▶ 단순한 공간 예시

Ⓐ	Ⓑ	Ⓒ
		...

▶▶ 간단한 에이전트 함수의 표 일부분

인지	동작
[Ⓐ, 빨간불 혹은 보행자]	멈추기
[Ⓐ, 초록불]	앞으로 가기
[Ⓐ, 초록불], [Ⓑ, 초록불]	앞으로 가기
[Ⓑ, 빨간불 혹은 보행자]	멈추기
⋮	⋮

위의 오른쪽 표의 인지 및 동작들을 여러 가지 방식으로 표현하면 다양한 자동차 에이전트를 만들어 나갈 수 있다.

(2) 지능 에이전트란

지능 에이전트(intelligent agent)는 일반적인 에이전트를 지칭하는 용어로 사용되기도 하지만 학습이나 추론 같은 지능적 특성을 가지고 최선의 판단과 행동을 하는 에이전트를 말한다. 즉, 센서를 통해 환경을 인지하여 액추에이터로 동작하는 행동을 결정하는 데 지능을 사용하여 최대한 합리적인 행동을 한다.

지능 에이전트는 다양한 특성이 있는데, 대표적으로 다섯 가지의 특성에 관해 자세히 살펴보자.

합리성

합리적인 동작을 수행하여 성과를 이룬다.

지능 에이전트는 합리적인 동작을 수행하여 성과를 이루는데, 여기서의 합리성은 에이전트가 동작한 결과에 따라 성과의 정도를 판단하는 것과 관계가 있다. 즉, 에이전트가 환경과 상호 작용하여 여러 가지 동작을 하면서 환경을 어떻게 변화시켜 목적에 맞는 성과를 이루었는지를 판단하여 성과가 좋다면 합리성을 갖고 있다고 평가한다. 예를 들면, 지능 에이전트인 로봇 청소기가 집 안을 청소할 때에 집 안의 환경이 얼마나 깨끗하게 변화하였는지를 보고 성과를 판단하는 것이 바로 이 에이전트의 합리성 여부를 결정짓는 근거가 된다.

자율성

자율적으로 목표를 정하고 스스로 판단하여 동작한다.

지능 에이전트는 사용자를 대신하여 특정한 목적을 달성하기 위해 자율적으로 목표를 설정하고 외부 환경으로부터 획득한 정보를 분석하여 스스로 판단하며 작업을 수행하는 에이전트이다. 만약 스스로 인지하지 않고 이미 설계된 사전 지식에 의존한다면 자율성이 부족한 에이전트라고 할 수 있다.

학습

환경으로부터 인지한 것들로 최대한 많이 배운다.

센서를 통해 인지한 것들을 최대한 학습한다. 즉, 환경과의 상호 작용과 동작의 수행 간에 얻은 경험이나 지식들을 학습하여 에이전트 자신의 지식을 수정·보완한다.

목표 지향성

높은 수준의 목표를 달성하기 위한 작업을 수행한다.

높은 수준의 목표를 달성하기 위해 작업을 세분화하고, 처리 순서를 결정한다.

사회성

다른 에이전트들과 상호 작용한다.

통신과 같은 수단을 이용하여 다른 에이전트들과 정보를 주고받거나 협력하는 등의 상호 작용을 한다.

(3) 지능 에이전트는 어떻게 활용되고 있을까

지능 에이전트는 합리성과 자율성, 학습 등을 바탕으로 다양한 분야에서 최선의 성과를 이루어내는 지능적인 동작을 수행하고 있다. 지능 에이전트가 활용되는 사례를 살펴보자.

사례 1 전자 상거래 에이전트

인터넷상에서 이루어지는 전자 상거래에서 구매자 중심 에이전트와 판매자 중심 에이전트를 나누어 생각해 볼 수 있다. 구매자 중심 에이전트는 구매자를 대신하여 인터넷상의 수많은 쇼핑몰과 상품을 최적의 조건으로 구매할 수 있도록 도와준다. 즉, 상품을 선택하고 결제 및 배달까지 상품 구매의 전 과정을 수행한다. 판매 중심 에이전트는 쇼핑몰에 방문하는 구매자의 요구 사항이나 선호 등을 파악하여 최적의 상품과 판매 조건을 제시하는 과정을 수행한다.

▲ 전자 상거래 에이전트

사례 2 지능형 가상 비서

지능형 가상 비서는 사용자의 음성이나 텍스트 등의 언어를 이해하여 사용자의 의도를 파악하고 요청을 처리하는 서비스를 제공하는 소프트웨어 에이전트이다. 즉, 사용자의 이용 습관과 행동 패턴 등을 학습하여 사용자에게 필요한 맞춤형 서비스를 마치 비서와 같이 제공한다. 주로 음성 인식 기술을 기반으로 구현되어 있는데 아마존(Amazon)사의 에코나 애플(Apple)사의 시리 등을 들 수 있다.

▲ 에코와 시리

사례 3 의료 에이전트

각종 만성 질환자의 유전 정보와 검진 기록 등을 저장·관리하여 스마트폰과 같은 모바일 기기로 질환을 체크하고 상태에 맞는 처방을 내려 주는 의료 분야에서의 에이전트도 개발되고 있다. 예를 들면, 만성 신부전증 환자의 혈당을 체크하고 맞춤형 그래프를 보여 주며 질병을 예측하여 치료 방법을 안내하는 의료 에이전트는 병원에 가지 않고도 환자가 스스로 질병 상태를 체크할 수 있는 편리함을 제공한다.

병원에서 전송한 의료 정보 　내 건강 정보 대쉬보드 　주치의 추천 인공지능 도우미

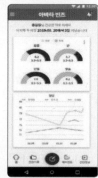

▲ 만성 신부전증 환자가 사용하는 앱

사례 4 자율 주행 자동차

자율 주행 자동차는 사람의 개입이 없이 주변 환경을 인지하고 스스로 목적지까지 운행하는 자동차이다. 자율 주행 자동차는 주변 환경 정보와 내부 정보를 바탕으로 최적의 경로와 운행 방법을 결정한다. 주변의 환경 정보란 도로의 상황이나 장애물, 보행자 유무 등이며, 내부 정보는 자율 주행 에이전트의 현재 상태나 목표 달성 여부 등을 말한다. 자율 주행 자동차는 교통사고를 크게 감소시키고 운전자의 피로함을 줄여 줄 뿐만 아니라 시간의 절약과 에너지 절감 등의 장점들이 있기 때문에 현재 세계 각국에서 개발에 힘쓰고 있다.

▲ 자율 주행 자동차

(4) 인공지능과 지능 에이전트와는 어떤 관계가 있을까

인공지능은 지능 에이전트를 연구하는 분야라고 할 수 있다. 그리고 지능 에이전트는 인간의 특정 작업을 도와주거나 서비스를 제공하는 것이라고 볼 수 있다. 즉, 인공지능은 인간의 지능을 모방하고 실현하는 연구이며, 지능 에이전트는 인공지능 기반으로 개발되어 인간을 대신하여 도움을 주는 동작을 수행한다. 특히 지능 에이전트는 지능적이고 합리적인 행동을 하는 관점에서 인공지능을 구현하며 기대되는 효용을 최대화하는 동작을 수행하는 에이전트이다.

앞으로도 인공지능과 지능 에이전트에 관한 연구는 계속 이루어져 기존의 한계를 뛰어넘는 기술이 개발될 것으로 기대된다.

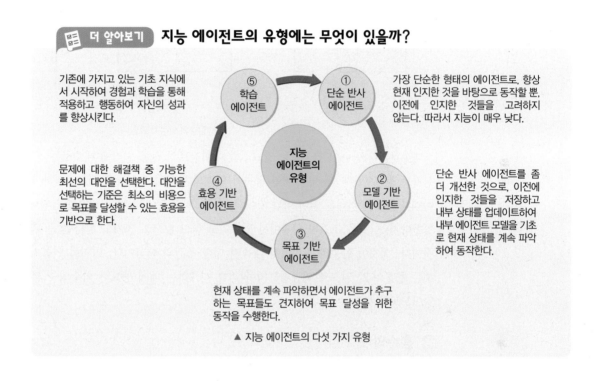

더 알아보기 **지능 에이전트의 유형에는 무엇이 있을까?**

기존에 가지고 있는 기초 지식에서 시작하여 경험과 학습을 통해 적용하고 행동하여 자신의 성과를 향상시킨다.

⑤ 학습 에이전트

① 단순 반사 에이전트

가장 단순한 형태의 에이전트로, 항상 현재 인지한 것을 바탕으로 동작할 뿐, 이전에 인지한 것들을 고려하지 않는다. 따라서 지능이 매우 낮다.

지능 에이전트의 유형

② 모델 기반 에이전트

단순 반사 에이전트를 좀 더 개선한 것으로, 이전에 인지한 것들을 저장하고 내부 상태를 업데이트하여 내부 에이전트 모델을 기초로 현재 상태를 계속 파악하여 동작한다.

문제에 대한 해결책 중 가능한 최선의 대안을 선택한다. 대안을 선택하는 기준은 최소의 비용으로 목표를 달성할 수 있는 효용을 기반으로 한다.

④ 효용 기반 에이전트

③ 목표 기반 에이전트

현재 상태를 계속 파악하면서 에이전트가 추구하는 목표들도 견지하여 목표 달성을 위한 동작을 수행한다.

▲ 지능 에이전트의 다섯 가지 유형

LINK 1 **관련 수학** 개념 설명_ 함수의 뜻과 그래프

1 함수의 어원

(1) 원어 'function'

| 관련 영상 QR 코드

함수란 움직임을 기록하는 도구야!

함수 f가 영어 단어인 'function'의 머릿글자임은 익히 잘 알려져 있다. 수학에서뿐만 아니라 컴퓨터 프로그래밍의 '코드'나 문서 프로그램의 '명령어', 키보드의 '기능키(Fn)' 등 다양한 분야에서 쓰이고 있는 이 단어의 기본적인 의미는 '기능(하다)' 또는 '작용(하다)'이다.

과거 복잡한 계산의 편의를 도모하거나 방정식의 풀이를 위한 연구가 활발히 진행되다가 17세기 수학자 라이프니츠의 저서에서 '기능'의 뜻으로, 라틴어 단어 'functio'가 처음 사용된 것으로 알려져 있다. 이후 수학자 오일러가 오늘날 흔히 쓰이는 표기법 $f(x)$를 도입하였으며 19세기에 들어서야 현재 우리가 학교에서 배우는 '두 집합 사이의 대응'으로서의 개념이 확립되었다.

(2) 번역어 '함수'

원어 'function'의 번역어 '함수(函數)'는 1895년 중국에서 발간된 '대미적습급(代微積拾級)'에서 처음 쓰인 이후 지금까지 사용되고 있다. 번역된 단어 '함수'는 '상자(函)＋수(數)'로 원어 'function'에서의 뜻인 '기능'과는 분명 다소 거리감이 있다. 하지만 함수의 이해에 자주 활용되는 암상자(black box)의 비유는 '입력된 것(input) 하나에 대해 그에 대응하는 것(output)을 출력'하는 함수의 개념을 잘 반영하는 고유한 장점이 있기도 하다.

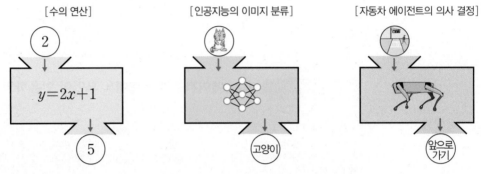

▲ 함수의 암상자 모델

대부분의 사람들이 인공지능 알고리즘 에이전트의 작동 원리에 대해서는 잘 알지 못하므로 이를 암상자로 볼 수 있다. 하지만 '어떤 정보가 입력되면 하나의 동작을 대응시킨다.'라는 함수로서의 구조를 이해하는 것은 어려운 일이 아닐 것이다. 만약, 자율 주행 차량이 어떠한 상황에서 의사 결정을 내리지 못한다거나, 같은 조건의 상황에서 멈추기도 하고 앞으로 가기도 한다면 큰 위험을 초래할 수도 있을 것이다. 이것이 함수의 정의에서 대응에 대한 조건의 핵심이다. 이처럼 인공지능 에이전트에 대한 이해는 물론이고, 앞으로 인공지능의 원리를 이해하는 데에 중요한 함수의 기본적인 개념에 대하여 더 알아보도록 하자.

2 함수의 뜻

① **대응**: 공집합이 아닌 두 집합 X, Y에 대하여 X의 원소에 Y의 원소를 짝지어 주는 것을 집합 X에서 집합 Y로의 대응이라고 한다. 만약, 집합 X의 원소 x에 집합 Y의 원소 y가 짝지어지면 x에 y가 대응한다고 하고, 기호로 $x \longrightarrow y$와 같이 나타낸다.

② **함수**: 두 집합 X, Y에 대하여 X의 각 원소에 Y의 원소가 오직 하나씩 대응할 때, 이 대응을 집합 X에서 집합 Y로의 함수라 하고, 이 함수 f를 기호로 다음과 같이 나타낸다.

$$f : X \longrightarrow Y$$

③ **정의역과 공역**: 집합 X에서 집합 Y로의 함수 f에서 집합 X를 함수 f의 정의역, 집합 Y를 함수 f의 공역이라고 한다.

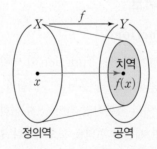

④ **치역**: 함수 f에 의하여 정의역 X의 각 원소 x에 공역 Y의 원소 y가 대응할 때, 이것을 기호로 $y=f(x)$와 같이 나타내고, $f(x)$를 x의 함숫값이라고 한다. 이때, 함수 f의 함숫값 전체의 집합 $\{f(x)|x \in X\}$를 함수 f의 치역이라고 한다.

⑤ 서로 같은 함수: 두 함수 f, g의 정의역과 공역이 각각 같고, 정의역의 모든 원소 x에 대하여 $f(x)=g(x)$일 때, 두 함수 f, g는 서로 같다고 하고, 기호로 $f=g$와 같이 나타낸다.

참고 만약, 두 함수 f, g의 정의역이나 공역, 대응 중 다른 것이 있는 경우 기호로 $f \neq g$와 같이 나타낸다.

확인 문제 ①

1. 다음 중 함수인 것을 찾고, 그 함수의 정의역, 공역, 치역을 각각 말하시오.

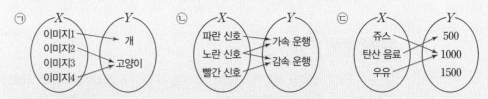

▮수학으로 풀어보기

함수인 것은 ⓒ뿐이다.

정의역: $X=\{$주스, 탄산 음료, 우유$\}$, 공역: $Y=\{500, 1000, 1500\}$, 치역: $\{500, 1000\}$

🗒 풀이 참조

2. 집합 $X=\{-2, -1, 1, 2\}$에서 실수 전체의 집합 R로의 두 함수 f, g에 대하여 $f(x)=x^2$, $g(x)=x^4-4x^2+4$일 때, $f=g$임을 보이시오.

▮수학으로 풀어보기

$f(-2)=(-2)^2=4$, $f(-1)=(-1)^2=1$, $f(1)=1^2=1$, $f(2)=2^2=4$이고,

$g(-2)=(-2)^4-4\times(-2)^2+4=4$, $g(-1)=(-1)^4-4\times(-1)^2+4=1$,

$g(1)=1^4-4\times1^2+4=1$, $g(2)=2^4-4\times2^2+4=4$이므로

$f(-2)=g(-2)$, $f(-1)=g(-1)$, $f(1)=g(1)$, $f(2)=g(2)$

따라서 두 함수 f, g의 정의역과 공역이 각각 같고 정의역의 모든 원소 x에 대하여 $f(x)=g(x)$이므로 $f=g$이다.

🗒 풀이 참조

3 함수의 그래프와 분류

① 함수의 그래프의 뜻: 함수 $f : X \longrightarrow Y$에서 정의역 X의 각 원소 x와 이에 대응하는 함숫값 $f(x)$의 순서쌍 $(x, f(x))$를 원소로 갖는 집합 $\{(x, f(x)) \,|\, x \in X\}$를 함수 f의 그래프라고 한다.

② 좌표평면에 나타낸 함수의 그래프

함수 $y=f(x)$의 정의역과 공역의 원소가 모두 실수 또는 실수의 부분집합일 때, 함수 f의 그래프는 순서쌍 $(x, f(x))$를 좌표로 하는 점들을 좌표평면 위에 표시하여 나타낼 수 있다.

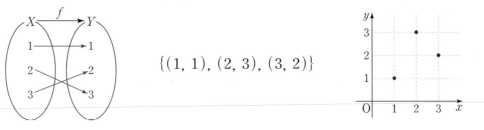

▲ 함수 f의 대응　　　　▲ 함수 f의 그래프　　　　▲ 좌표평면에 나타낸 함수 f의 그래프

③ 항등함수: 함수 $f : X \longrightarrow X$와 같이 정의역과 공역이 서로 같고, 정의역 X의 임의의 원소 x에 대하여 $f(x)=x$일 때, 함수 f를 집합 X에서의 항등함수라고 한다.

④ 상수함수: 함수 $f : X \longrightarrow Y$에서 정의역 X의 모든 원소 x에 대하여 $f(x)=c$ (c는 상수)일 때, 함수 f를 상수함수라고 한다.

⑤ 일대일함수: 함수 $f : X \longrightarrow Y$에서 정의역 X의 임의의 두 원소 x_1, x_2에 대하여 조건 '$x_1 \neq x_2$이면 $f(x_1) \neq f(x_2)$'를 만족시킬 때, 함수 f를 일대일함수라고 한다.

⑥ 일대일대응: 함수 $f : X \longrightarrow Y$에서 두 조건 '(가) 일대일함수이다. (나) 치역과 공역이 서로 같다.'를 모두 만족시킬 때, 함수 f를 일대일대응이라고 한다.

확인 문제 ②

실수 전체의 집합을 정의역과 공역으로 하는 세 함수 f, g, h의 그래프를 좌표평면에 나타낸 것이 다음과 같을 때, 다음 두 물음에 답하시오.

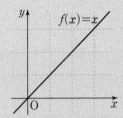 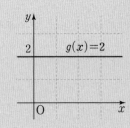 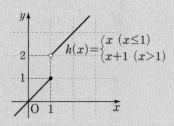

(1) 상수함수인 것과 항등함수인 것을 각각 모두 고르시오.
(2) 일대일함수인 것과 일대일대응인 것을 각각 모두 고르시오.

🔑 (1) 상수함수: g, 항등함수: f, (2) 일대일함수: f, h, 일대일대응: f

4 합성함수와 역함수

(1) 합성함수의 뜻

세 집합 X, Y, Z에 대하여 두 함수 f, g가
$f : X \longrightarrow Z$, $g : Z \longrightarrow Y$일 때, X의 임의의 원소 x에 함숫값 $f(x)$를 대응시키고, 다시 이 $f(x)$에 함숫값 $g(f(x))$를 대응시키면 두 집합 X와 Y를 각각 정의역과 공역으로 하는 새로운 함수를 정의할 수 있다. 이 함수를 두 함수 f, g의 합성함수라 하고, 기호로 $g \circ f$와 같이 나타낸다. 이때, 합성함수 $g \circ f$에서 x의 함숫값을 기호로 $(g \circ f)(x)$와 같이 나타낸다.

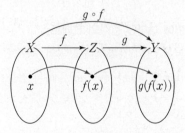

(2) 함수의 합성에 대한 결합법칙

함수의 합성에 대한 결합법칙은 성립한다. 즉, 세 함수 f, g, h에 대하여 $f \circ (g \circ h) = (f \circ g) \circ h$이다.

참고 일반적으로 함수의 합성에 대한 교환법칙이 성립하지 않는다. 즉, 두 함수 f, g에 대하여 $g \circ f \neq f \circ g$이다.

보기 두 함수 $f(x)=2x$, $g(x)=x+1$에 대하여 두 합성함수 $g \circ f$, $f \circ g$를 각각 구해 보면 다음과 같다.

㉠ $(g \circ f)(x)=g(f(x))=g(2x)=2x+1$

㉡ $(f \circ g)(x)=f(g(x))=f(x+1)=2(x+1)=2x+2$

(3) 역함수의 뜻

함수 $f : X \longrightarrow Y$가 일대일대응일 때, Y의 각 원소 y에 $y=f(x)$인 X의 원소 x를 대응시키면 Y를 정의역, X를 공역으로 하는 새로운 함수를 정의할 수 있다. 이 함수를 함수 f의 역함수라 하고, 기호로 $f^{-1} : Y \longrightarrow X$, $x=f^{-1}(y)$와 같이 나타낸다.

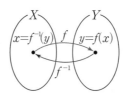

참고 어떤 함수의 역함수가 존재할 필요충분조건은 그 함수가 일대일대응인 것이다.

(4) 역함수의 성질

일대일대응인 함수 $f : X \longrightarrow Y$에 대하여 함수 $(f^{-1} \circ f)$는 집합 X에서의 항등함수이고, 함수 $(f \circ f^{-1})$는 집합 Y에서의 항등함수이다. 즉, $y=f(x)$일 때, 다음이 성립한다.

$(f^{-1} \circ f)(x)=f^{-1}(f(x))=f^{-1}(y)=x(x \in X)$

$(f \circ f^{-1})(y)=f(f^{-1}(y))=f(x)=y(y \in Y)$

확인 문제 ③

두 함수 $f(x)=2x-5$, $g(x)=\begin{cases} 0 & (x \leq 0) \\ x & (x > 0) \end{cases}$에 대하여 함수 $h(x)$를 $h(x)=(g \circ f)(x)$라 할 때, 다음 물음에 답하시오.

(1) $h(1)+h(2)+h(3)+h(4)+h(5)$의 값을 구하시오.

(2) 두 함수 f, g 중에서 역함수가 존재하는 것을 고르고, 역함수가 존재하지 않는 것은 그 이유를 쓰시오.

▮수학으로 풀어보기

(1) $f(1)=-3$, $f(2)=-1$, $f(3)=1$, $f(4)=3$, $f(5)=5$에서

$g(f(1))=g(-3)=0$, $g(f(2))=g(-1)=0$, $g(f(3))=g(1)=1$, $g(f(4))=g(3)=3$,

$g(f(5))=g(5)=5$

따라서 구하는 값은 $h(1)+h(2)+h(3)+h(4)+h(5)=0+0+1+3+5=9$

(2) 함수 f는 일대일대응이므로 역함수가 존재한다.

함수 g는 $g(-3)=g(-1)=0$에서 일대일대응이 아니므로 역함수가 존재하지 않는다.

답 (1) 9 (2) f, 풀이 참조

2 인공지능을 이용한 문제 해결 방법

들 어 가 기 내 용 인공지능의 문제 해결 방식은 이전의 방식과는 어떻게 다를까?

인공지능은 기계 학습이나 딥러닝의 방식으로 문제를 풀기도 한다.

기계 학습과 딥러닝은 기계가 스스로 학습한다는 공통점이 있지만, 딥러닝은 특히 인공신경망을 사용한다는 점에서 기계 학습과 구별되기도 한다.

인공지능

Artificial Intelligence
사고나 학습 등 인간이 가진 지적 능력을
컴퓨터를 통해 구현하는 기술

기계 학습

Machine Learning
컴퓨터가 스스로 학습하여 인공지
능의 성능을 향상시키는 기술 방법

딥러닝

Deep Learning
인간의 뉴런과 비슷한 인공신
경망 방식으로 정보를 처리

▲ 인공지능 · 기계 학습 · 딥러닝의 포함 관계

 이 단원에서는 무엇을 알아볼까?

기계 학습과 딥러닝이 무엇이고, 문제를 해결할 때 어떻게 이용하는지 알아보자.

01 전통적인 방식과 인공지능의 문제 해결 방식

우리 사회에는 수많은 문제가 있고 이를 해결하기 위해 다양한 방법이 존재한다. 최근에는 인공지능의 발달로 이를 이용한 문제 해결 방식이 많은 분야에 적용되고 있다. 그렇다면 인공지능의 문제 해결 방식은 기존의 방식과 무엇이 다를까? 먼저 인공지능이 아닌 기존의 방식으로 문제를 해결하는 방법을 살펴보자.

컴퓨터를 사용하여 문제를 해결하는 기존의 프로그래밍 방식은 프로그래머가 직접 규칙이나 절차를 만들어 데이터가 입력되면 이에 따라 실행과 출력을 하는 프로그램을 만드는 것이다. 이는 프로그래머가 프로그램의 논리를 만드는 수동적인 과정으로 이루어진다고 볼 수 있다.

예를 들면, 조건문($\textbf{예}$ if-else)이나 반복문($\textbf{예}$ for문 또는 while문)과 같은 형식을 논리적으로 규칙을 작성하여 프로그램을 만들어 목적에 맞게 사용하는 것을 들 수 있다. 이는 마치 함수식 $y=f(x)$에서 x(데이터)에 대한 함수 f(프로그램)를 만들어 y라는 결과(출력)를 얻어 내는 것에 비유할 수 있다.

$$\boxed{\text{입력}} \ + \ \boxed{\text{프로그램}} \ = \ \boxed{\text{출력}} \qquad x \ | \ f \ \Rightarrow \ y \ ?$$

$$(x \text{에 대한 } f)$$

▲ 기존 프로그래밍 방식 　　　　　　　　　　　　　　　　　▲ 함수 비유

반면에 인공지능을 이용하여 문제를 해결하는 방식은 기존의 방식과 분명한 차이가 있다.

인공지능은 대표적으로 기계 학습이나 딥러닝의 방식을 사용하여 문제를 해결하는데, 여기서 기계 학습이란 컴퓨터와 같은 기계가 학습할 수 있도록 알고리즘과 기술을 개발하는 분야를 말하며, 딥러닝은 인간의 신경망을 모방한 인공신경망을 이용하여 기계 학습을 구현하는 기술을 말한다. 즉, 이 방식들은 컴퓨터가 스스로 학습하여 문제를 해결하게 한다.

기계 학습의 관점에서의 문제 해결 방식을 살펴보자.

기계 학습은 입력 데이터와 출력을 컴퓨터의 알고리즘에 공급하여 프로그램을 생성한다. 예를 들면, 기계 학습을 이용하여 금융 기관에서 대출과 관련된 고객들의 정보(입력)와 상환 여부(출력) 데이터들을 바탕으로 앞으로 대출금을 갚기 어려운 고객을 예측할 수 있는 프로그램을 만들 수 있다. 이렇게 만들어진 프로그램은 대출에 관한 업무에 효율적으로 활용할 수 있다. 기계 학습은 마치 함수식 $y=f(x)$에서 x(데이터)와 y라는 결과(출력)를 기계에 제공하여 기계가 함수 f(프로그램)를 파악하는 것에 비유할 수 있다.

$$\boxed{\text{입력}} \ + \ \boxed{\text{출력}} \ = \ \boxed{\text{프로그램}} \qquad x \ | \ y \ \Rightarrow \ f \ ?$$

$$(x \text{에 대한 } y)$$

▲ 기계 학습의 관점에서의 문제 해결 방식 　　　　　　　　　　▲ 함수 비유

02 기계 학습과 딥러닝

(1) 기계 학습(machine learning)

인공지능 분야의 개척자로 불리는 아서 사무엘(Arthur Lee Samuel)은 기계 학습을 '컴퓨터가 명시적으로 프로그래밍 되지 않고도 학습할 수 있도록 하는 연구 분야'라고 정의했다. 간단한 작업을 하기 위한 문제는 충분히 프로그래밍이 가능하지만 복잡한 문제의 경우에는 모든 절차에 맞게 작업을 수행하도록 프로그래밍 하는 것은 매우 어려운 문제이다. 따라서 인간이 모든 단계를 고려하여 프로그램을 만들기보다는 컴퓨터가 스스로 문제 해결을 위한 알고리즘을 개발하도록 하는 것이 기계 학습의 핵심이다.

이 외에도 카네기 멜론 대학 교수인 톰 미첼(Tom Michell)은 기계 학습을 '어떤 작업 T(task)에 대한 컴퓨터의 성능을 P(performance)로 측정했을 때 경험 E(experience)에 의해 성능이 향상되었다면, 이 컴퓨터 프로그램은 학습한 것'이라고 정의하였다.

▲ 톰 미첼의 기계 학습 정의

예를 들면, 사람이 쓴 글씨체를 분류해 내는 일을 컴퓨터에게 학습시킨다고 가정하자. 여기서의 작업(T)은 필기체를 인식하여 분류하는 것이며, 글씨체와 정답을 표시한 데이터를 입력하는 것은 경험(E)이다. 그리고 글씨체를 정확히 분류해 내었는지 정확도를 살펴보는 것이 성능(P)에 해당한다.

기계 학습이 적용된 대표적인 사례는 스팸 메일과 일반 메일을 분류하는 사례를 들 수 있다.

스팸 메일을 분류하는 소프트웨어인 스팸 필터는 스팸 메일과 일반 메일의 샘플들을 충분하게 입력받아 스팸 메일을 구분하는 방법을 스스로 학습한다. 이러한 학습 결과를 바탕으로 새로운 메일이 주어질 때 스팸 메일인지 일반 메일인지 분류하는 기능을 수행한다.

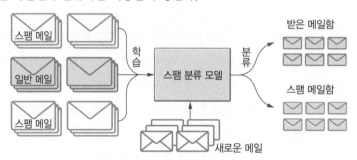

▲ 스팸 메일과 일반 메일 학습을 통한 분류 과정

기계 학습 방법은 일반적으로 지도 학습과 비지도 학습, 강화 학습으로 나눌 수 있다.

먼저 지도 학습(supervised learning)은 정답(레이블)이 포함된 데이터의 입력을 바탕으로 학습하는 기계 학습 방식을 말한다. 예를 들어, 스팸 필터 시스템은 어떤 메일이 스팸 메일이고 어떤 메일이 일반 메일인지 정답이 포함된 데이터 샘플들을 통해 학습을 하는데 이것은 지도 학습이라 할 수 있다.

비지도 학습(unsupervised learning)은 지도 학습과 달리 정답이 없는 데이터의 입력을 바탕으로 숨어 있는 패턴을 찾아내는 기계 학습 방식이다. 예를 들면, 쇼핑몰 회사에서 비슷한 상품들을 구매한 소비자들을 그룹화하여 구매 성향별로 묶어서 관리하는 경우가 비지도 학습에 해당한다.

과일을 분류하는 문제를 생각해 보자. 지도 학습 방식은 각 과일 이미지 데이터에 명칭(레이블)을 붙여 분류 모델을 학습시키고 이를 바탕으로 새로운 과일을 분류하는 방식이다. 비지도 학습 방식은 레이블이 없는 이미지 데이터들을 분류 모델에 학습시켜 패턴을 통해 과일별로 분류(그룹화)하는 방식이다.

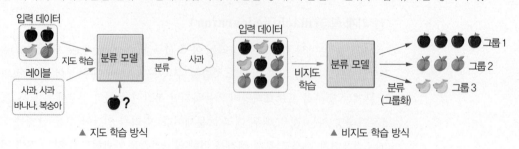

▲ 지도 학습 방식   ▲ 비지도 학습 방식

강화 학습(reinforcement learning)은 주어진 상황에서 어떠한 행동을 해야 할지를 학습하는 방식으로, 수행 결과에 따른 보상과 처벌에 따라 보상은 최대화하고 처벌은 최소화하도록 학습한다. 이러한 학습 방식은 기계가 시행착오를 통해 스스로 학습하는 방식이라고 볼 수 있다. 예를 들면, 게임을 수행하는 컴퓨터 프로그램을 대상으로 게임을 잘하면 점수를 주고, 게임을 못하면 벌점을 주도록 프로그래밍 하면 이 프로그램은 여러 가지의 시행착오를 통해 게임을 할수록 점점 더 게임을 잘하는 방법을 스스로 학습하게 된다. 이러한 학습 방식은 강화 학습이라고 할 수 있다.

지도 학습과 비지도 학습, 그리고 강화 학습의 특징을 정리하면 다음 그림과 같다.

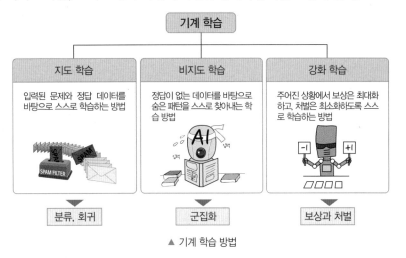

▲ 기계 학습 방법

(2) 딥러닝(deep learning)

딥러닝은 기계 학습의 한 분야로 생물학적인 신경망을 모방한 인공신경망을 사용하여 컴퓨터가 스스로 학습하도록 하는 방법을 연구하는 분야이다. 여기서 인공신경망은 특히 인간의 뇌 속의 신경망을 본떠서 만든 컴퓨팅 구조로서 노드(뉴런)와 연결선(시냅스)으로 이루어져 있다.

생물학적 신경망의 뉴런은 수상 돌기와 신경 세포체, 그리고 축삭 돌기로 이루어져 있다. 다른 뉴런에서 받은 자극들(x_1, x_2, x_3, $\cdots$, x_n)은 수상 돌기를 통해 신경 세포체로 전달되고, 이 자극들을 합하여 반응을 할지 결정한 후 신호(y_1, y_2, y_3, $\cdots$, y_n)를 전달할 때에는 축삭 돌기의 끝에서 다른 뉴런으로 보낸다.

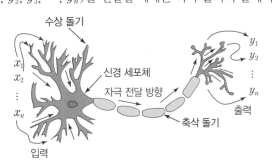

▲ 뉴런의 구조와 신호 전달

이러한 생물학적 신경망의 구조를 따라 인공신경망은 입력 부분과 출력 부분을 입력층(input layer)과 출력층(output layer)으로 두고, 중간에는 은닉층(hidden layer)을 두어 신호를 전달하는 구조를 구현한 것이다.

오른쪽 그림은 은닉층이 1개인 단순한 인공신경망의 구조를 나타낸다.

이때, 은닉층의 개수를 여러 개를 추가함으로써 보다 깊은(deep) 신경망을 만들고 이를 학습(learning) 모델로 사용하는 것을 딥러닝이라고 한다.

딥러닝이 적용된 대표적인 사례는 2012년 이미지 인식 기술을 겨루는 ILSVRC(ImageNet Large Scale Visual Recognition Challenge) 대회를 들 수 있다.

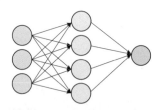

▲ 은닉층이 1개인 인공신경망

이 대회에서 캐나다 토론토 대학의 연구팀은 딥러닝을 기반으로 한 알렉스넷(AlexNet)을 사용하여 이미지넷(ImageNet)이 제공하는 1,000개 카테고리의 이미지 100만 장을 분류하는데 오류율 약 16%로 압도적인 우승을 거머쥐었다. 이는 이전 대회의 우승팀 성적보다 약 10%를 뛰어넘는 성능으로 딥러닝을 크게 주목받게 한 사건이었다. 이후로 ILSVRC 대회는 딥러닝 방식을 사용한 팀이 항상 우승하였다. 특히 2015년 레스넷(ResNet)은 오류율 3.5%로 사람의 이미지 인식 능력을 능가하였다.

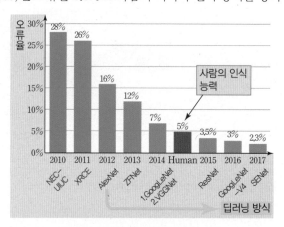

▲ ILSVRC 대회 우승팀의 성적 추이

딥러닝은 이 외에도 음성 인식, 자연어 처리, 추천 시스템, 의료 영상 분석 등 다양한 분야에서 활용되고 있다.

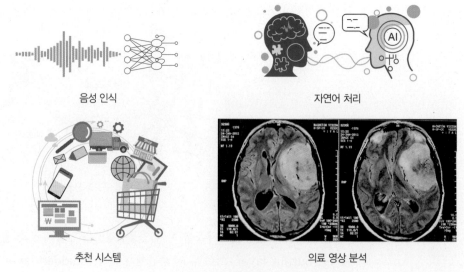

음성 인식   자연어 처리

추천 시스템   의료 영상 분석

▲ 딥러닝의 다양한 활용 분야

LINK 2 관련 수학 개념 설명_ 명제, 진리표

| 관련 영상 QR 코드

명제의 참 거짓 판별법

일반적으로 명제와 조건은 $p, q, r, \cdots$로 나타낸다. 또, 조건 $p, q, r, \cdots$의 진리집합은 각각 $P, Q, R, \cdots$로 나타낸다.

1 명제

(1) 명제와 조건

① 명제: 참인지 거짓인지를 명확하게 판별할 수 있는 문장이나 식을 명제라고 한다.

② 조건: 변수를 포함한 문장이나 식으로 그 자체로는 명제라고 할 수 없지만, 변수의 값에 따라 참인지 거짓인지를 판별할 수 있는 것을 조건이라고 한다.

③ 진리집합: 전체집합 U의 원소 중에서 조건을 참이 되게 하는 모든 원소들의 집합을 진리집합이라고 한다.

보기 ❶ '경복궁은 서울에 있다.' ⇨ 참인 명제

❷ '$\sqrt{2}$는 유리수이다.' ⇨ 거짓인 명제

❸ 'AI는 사람보다 똑똑하다.' ⇨ 명제가 아님('똑똑하다'의 기준이 명확하지 않다.).

❹ '$p : 2x$는 $x+1$보다 크다.' ⇨ 조건 ($x=2$이면 참인 명제가 되고, $x=1$이면 거짓인 명제가 된다.)

❺ ❹의 조건 p의 진리집합은 $P=\{x | x>1$인 실수$\}$이다.

(2) 명제 또는 조건의 부정

① 명제 또는 조건의 부정: 어떤 명제 또는 조건 p에 대하여 'p가 아니다.'를 p의 부정이라고 하며, 이것을 기호로 $\sim p$와 같이 나타낸다. 전체집합 U에서 조건 p의 진리집합을 P라고 할 때, $\sim p$의 진리집합은 P^C이다.

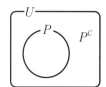

② 명제의 부정의 참과 거짓: 일반적으로 참인 명제의 부정은 거짓이고, 거짓인 명제의 부정은 참이다.

③ '그리고'를 포함한 조건의 부정: 조건 'p 그리고 q'의 부정은 '$\sim p$ 또는 $\sim q$'이다.

④ '또는'을 포함한 조건의 부정: 조건 'p 또는 q'의 부정은 '$\sim p$ 그리고 $\sim q$'이다.

보기 ❶ '경복궁은 서울에 있다.' ⇨ (부정) '경복궁은 서울에 있지 않다.'

❷ '운전자가 운전대에 손을 올리고, 전방을 주시한다.'

⇨ (부정) '운전자가 운전대에 손을 올리지 않거나 또는 전방을 주시하지 않는다.'

❸ '나는 인공지능수학 과목 또는 인공지능기초 과목을 수강한다.'

⇨ (부정) '나는 인공지능수학 과목을 수강하지 않고, 인공지능기초 과목도 수강하지 않는다.'

확인 문제 ❶

전체집합 U가 7 이하의 자연수의 집합일 때, 다음 조건을 만족시키는 두 조건 p, q의 진리집합을 각각 P, Q라고 하자. 다음 물음에 답하시오.

> (가) $p : x^2=7x-10$ (나) $\sim q : x$는 3의 배수이다.

(1) P를 구하시오. (2) Q를 구하시오.

▮ 수학으로 풀어보기

(1) 조건 (가)에서 $x^2-7x+10=0$, $(x-2)(x-5)=0$이므로 $P=\{2, 5\}$이다.

(2) 조건 (나)에서 $Q^C=\{3, 6\}$이므로 $Q=(Q^C)^C=\{1, 2, 4, 5, 7\}$

답 (1) $P=\{2, 5\}$ (2) $Q=\{1, 2, 4, 5, 7\}$

(3) '모든'이나 '어떤'을 포함한 명제

① '모든'을 포함한 명제의 참과 거짓: '모든'을 포함한 명제는 모든 x에 대하여 조건을 만족시킬 때에만 참이라고 판별한다. 즉, 어떤 하나의 x에 대해서도 조건을 만족시키지 않는 것이 있다면 그 명제는 거짓이다.

② '어떤'을 포함한 명제의 참과 거짓: '어떤'을 포함한 명제는 조건을 만족시키는 x의 값이 단 하나라도 존재하면 참으로, 존재하지 않으면 거짓으로 각각 판별한다.

> 보기 '모든'이나 '어떤'을 포함한 명제의 예시

	'모든'을 포함한 명제	'어떤'을 포함한 명제
참인 명제	모든 정사각형은 마름모이다.	어떤 포도의 껍질은 초록색이다.
거짓인 명제	모든 소수는 홀수이다.	어떤 삼각형은 내각의 합이 $180°$보다 크다.

(4) 명제 'p이면 q이다.'

① 명제 'p이면 q이다.': 일반적으로 두 조건 p, q는 각각 그 자체로 명제가 될 수 없지만 'p이면 q이다.'와 같이 결합하여 나타내면 참인지 거짓인지를 판별할 수 있는 명제가 된다. 이때, 명제 'p이면 q이다.'를 기호로 $p \longrightarrow q$와 같이 나타내고, p를 가정, q를 결론이라고 한다.

② 명제 'p이면 q이다.'의 참과 거짓: 명제 $p \longrightarrow q$는 조건 p가 성립할 때 조건 q도 성립하면 참이고, 조건 p가 성립할 때 조건 q가 성립하지 않으면 거짓이다.

③ 명제 'p이면 q이다.'의 참, 거짓과 진리집합 사이의 관계

두 조건 p, q의 진리집합을 각각 P, Q라고 할 때,

(i) $P \subset Q$이면 명제 $p \longrightarrow q$는 참이고,

(ii) $P \not\subset Q$이면 명제 $p \longrightarrow q$는 거짓이다.

> 보기 두 조건 p, q로 이루어진 명제 'p이면 q이다.'

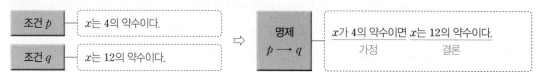

두 조건 p, q의 진리집합은 각각 $P=\{1,\ 2,\ 4\}$, $Q=\{1,\ 2,\ 3,\ 4,\ 6,\ 12\}$이므로 $P \subset Q$이다. 따라서 명제 $p \longrightarrow q$는 참이다.

확인 문제 ❷

다음 명제의 참, 거짓을 판별하시오.

(1) 명제 '$x^2=2$이면 $x=\sqrt{2}$이다.'

(2) 명제 '$x^3-3x^2+2x=0$이면 $x<3$이다.'

▌수학으로 풀어보기

(1) 두 조건 p, q를 각각 '$p : x^2=2$', '$q : x=\sqrt{2}$'라 하고, 두 조건 p, q의 진리집합을 각각 P, Q라 하면 $P=\{\sqrt{2},\ -\sqrt{2}\}$, $Q=\{\sqrt{2}\}$이므로 $P \not\subset Q$이다. 따라서 주어진 명제는 거짓이다.

(2) 두 조건 p, q를 각각 '$p : x^3-3x^2+2x=0$', '$q : x<3$'이라 하고, 두 조건 p, q의 진리집합을 각각 P, Q라 하면 $x(x-1)(x-2)=0$에서 $P=\{0,\ 1,\ 2\}$, $Q=\{x|x<3\}$이므로 $P \subset Q$이다. 따라서 주어진 명제는 참이다.

> 답 (1) 거짓 (2) 참

2 진리표

(1) 진릿값과 진리표

① **진릿값**: 어떤 명제가 참인지 거짓인지를 나타내는 값으로 보통 참인 경우 기호로 T, 거짓인 경우 기호로 F로 각각 나타낸다.

② **진리표**: 어떤 명제에 대하여 가능한 모든 경우를 고려하여 진릿값을 표로 나타낸 것을 진리표라고 한다.

③ **진리표의 활용**: 간단한 명제나 논리적 사고를 할 때에는 진리집합을 구하거나 직관적으로 그 명제의 참, 거짓을 쉽게 판별할 수 있다. 하지만 여러 명제들로 이루어진 복잡한 명제의 참, 거짓을 판별하거나 논리적인 사고를 할 때에는 진리표를 이용하여 모든 경우에 대한 참, 거짓을 꼼꼼하게 가려내는 것이 매우 효과적이다.

(2) 여러 명제에 대한 진리표

앞서 명제에서 학습한 내용들을 하나씩 진리표로 표현해 보고, 수학적으로 엄밀하진 않더라도 일상적인 예시들을 통해 어떤 경우 주어진 명제가 참(T)으로 판별될 수 있는지 생각해보도록 하자.

① **명제 $\sim p$의 진리표**

명제 p가 참(T)이면 명제 $\sim p$는 거짓(F), 명제 p가 거짓(F)이면 명제 $\sim p$는 참(T)이다.

보기 p : 나는 박하맛 아이스크림을 좋아한다. ⇨ $\sim p$: 나는 박하맛 아이스크림을 좋아하지 않는다. (만약 p가 참이면 $\sim p$는 거짓이고, p가 거짓이면 $\sim p$는 참이다.)

▶▶ $\sim p$의 진리표

p	$\sim p$
T	F
F	T

② **명제 'p 그리고 q'의 진리표**

두 명제 p, q에 대하여 명제 'p 그리고 q'의 진릿값은 p와 q의 진릿값이 모두 참일 때만 참이고, 그 밖의 경우에는 모두 거짓이다.

보기 p : 나는 수학을 좋아한다. q : 나는 수학을 잘한다. ⇨ 'p 그리고 q' : 나는 수학을 좋아하고, 잘한다. (만약, 내가 수학을 좋아하지만 잘하지 않거나, 좋아하진 않지만 잘하거나, 좋아하지도 잘하지도 않는 경우 'p 그리고 q'는 거짓이다.)

▶▶ 'p 그리고 q'의 진리표

p	q	p 그리고 q
T	T	T
T	F	F
F	T	F
F	F	F

③ **명제 'p 또는 q'의 진리표**

두 명제 p, q에 대하여 명제 'p 또는 q'의 진릿값은 p와 q의 진릿값이 모두 거짓일 때만 거짓이고, 그 밖의 경우에는 모두 참이다.

보기 p : 나는 발열 증상이 있다. q : 나는 인후통 증상이 있다. ⇨ 'p 또는 q' : 나는 발열 증상이나 인후통 증상이 있다. (만약, 내가 발열 증상이나 인후통의 증상 중 어느 하나라도 있는 경우 'p 또는 q'는 참이다.)

▶▶ 'p 또는 q'의 진리표

p	q	p 또는 q
T	T	T
T	F	T
F	T	T
F	F	F

④ 명제 'p이면 q이다.'의 진리표

두 명제 p, q에 대하여 명제 'p이면 q이다.'의 진릿값은 p의 진릿값이 참이면서 q의 진릿값은 거짓일 때에만 거짓이고, 그 밖의 경우에는 모두 참이다.

보기 p : 내 말이 사실이 아니다. q : 내 손에 장을 지진다. ⇨ 'p이면 q이다.' : 내 말이 사실이 아니면 내 손에 장을 지진다. (만약, 내 말이 사실이 아닌데 내 손에 장을 지지지 않을 경우 'p이면 q이다.'는 거짓

이다. 하지만, 내 말이 사실일 경우 내 손에 장을 지지든, 지지지 않든 상관없으므로 'p이면 q이다.'는 참이다.)

▶▶ 'p이면 q이다.'의 진리표

p	q	'p이면 q이다.'
T	T	T
T	F	F
F	T	T
F	F	T

확인 문제 3

다음 진리표의 빈칸을 채우시오.

p	q	p 그리고 q	$\sim$(p 그리고 q)
T	T		
T	F		
F	T		
F	F		

┃수학으로 풀어보기

먼저 'p 그리고 q'의 진릿값을 구하고, '$\sim$(p 그리고 q)'의 진릿값을 구한다.

📖 (각각 위의 칸에서부터 순서대로)

'p 그리고 q'의 진릿값: T, F, F, F, '$\sim$(p 그리고 q)'의 진릿값: F, T, T, T

---

⑤ 논리적으로 서로 같은 명제

다음은 두 명제 p와 $\sim$($\sim p$), 두 명제 'p이면 q이다.'와 '$\sim q$이면 $\sim p$이다.'의 진릿값을 비교하여 나타낸 것이다.

▶▶ p와 $\sim$($\sim p$)의 진릿값의 비교

p	$\sim p$	$\sim$($\sim p$)
T	F	T
F	T	F

▶▶ 'p이면 q이다.'와 '$\sim q$이면 $\sim p$이다.'의 진릿값의 비교

p	q	'p이면 q이다.'	'$\sim q$이면 $\sim p$이다.'
T	T	T	T
T	F	F	F
F	T	T	T
F	F	T	T

두 명제 p, q에 대하여 가능한 모든 경우에 두 명제의 참(T)과 거짓(F)이 서로 같은 경우 두 명제는 '논리적으로 서로 같다'고 한다. 어떤 명제의 참, 거짓을 판별할 때, 그 명제와 논리적으로 서로 같은 명제의 참, 거짓에 대한 판별의 결과를 대신하여 이용할 수 있다.

보기 p : 비가 내린다. q : 나는 소풍을 가지 않는다.

⇨ 'p이면 q이다.' : 비가 내리면 나는 소풍을 가지 않는다.

⇨ '$\sim q$이면 $\sim p$이다.' : 내가 소풍을 갔다면 비가 내리지 않는 것이다.

(만약, 비가 내린다면 나는 소풍을 가지 않는다고 했기 때문에 내가 소풍을 갔다면 비가 내리지 않는다는 것을 뜻한다.)

확인 문제 4

어떤 집에서는 센서 장치와 사물인터넷 기술에 따라 다음 조건을 모두 만족시키면 환기를 위해 창문을 열도록 안내하는 방송이 나오도록 설정되어 있다고 한다.

> (가) 실내 이산화탄소 농도가 기준치보다 높다.
> (나) 창밖에 미세먼지 농도가 기준치보다 낮다.

현재 안내방송이 나오지 않고 있을 때, 다음 중 항상 옳은 것을 고르시오.

① 실내 이산화탄소 농도가 기준치보다 높지 않다.
② 창밖에 미세먼지 농도가 기준치보다 낮지 않다.
③ 실내 이산화탄소 농도가 기준치보다 높지 않거나 창밖에 미세먼지 농도가 기준치보다 낮지 않다.
④ 실내 이산화탄소 농도가 기준치보다 높지 않고, 창밖에 미세먼지 농도가 기준치보다 낮지 않다.

┃수학으로 풀어보기
두 조건 (가), (나)를 각각 p, q라고 각각 놓고, 안내방송이 나오는 것을 r라고 놓으면 주어진 상황은 '(p 그리고 q)이면 r이다.'로서 '$\sim r$이면 $\sim(p$ 그리고 $q)$이다.'와 논리적으로 서로 같다.
현재 안내방송이 나오고 있지 않으므로 $\sim(p$ 그리고 $q)$, 즉 ($\sim p$ 또는 $\sim q$)이다.
따라서 항상 옳은 것은 ③뿐이다.

답 ③

3 인공지능의 문제 해결 과정

들어가기 내용 인공지능으로 문제를 해결하는 단계는 어떻게 나눌 수 있을까?

　　인공지능의 문제 해결 과정을 단계별로 나누면 크게 [문제 정의하기] → [데이터 수집 및 탐색하기] → [인공지능 모델 학습시키기] → [인공지능 모델 평가하기] → [인공지능 활용하기]와 같이 5단계로 나눌 수 있다. 이러한 단계들을 적용하여 꽃을 종류별로 분류하거나 영화 리뷰를 분류해 보고 인구수도 예측해 보는 실습을 해 보도록 한다.

▲ 꽃의 종류 분류하기

긍정 리뷰　　　　부정 리뷰

▲ 영화 리뷰 분류하기

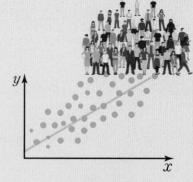

▲ 인구수 예측하기

이 단원에서는 무엇을 알아볼까?

　　인공지능의 문제 해결 단계를 바탕으로 꽃의 종류와 영화 리뷰를 분류해 보고, 인구수도 예측해 보자.

01 인공지능의 문제 해결 단계

본 문제 해결 과정은 인공지능 영역에서 기계 학습 방식을 중점으로 한 내용으로 기술되었다.

인공지능의 문제 해결 과정은 다음과 같이 크게 5단계로 구분해 볼 수 있다.

[1단계] 문제 정의하기

- 인공지능으로 문제를 해결하기 위해서는 먼저 그 문제는 무엇이고, 해결할 목표가 어떤 것인지 명확히 정의하여야 한다.
- 인공지능으로 해결할 수 있는 문제인지도 살펴보아야 한다.

■ 전처리
데이터를 기계 학습에 적합한 형태로 가공하는 것을 의미한다.

[2단계] 데이터 수집 및 탐색하기

- 정의한 문제를 해결하기 위해 데이터를 수집하고 핵심 속성을 파악하며 전처리한다.
- 인공지능의 학습에 사용할 데이터(훈련 데이터)와 평가를 위한 데이터(테스트 데이터)를 준비한다.

훈련 데이터와 테스트 데이터의 비율은 보통 8 : 2 또는 7 : 3으로 설정하지만, 상황에 따라 다르게 비율을 정할 수 있다.

[3단계] 인공지능 모델 학습시키기

- 문제 해결에 적합한 인공지능 모델을 선택하고 데이터를 입력하여 인공지능 모델을 학습시킨다. 이때, 훈련 데이터와 테스트 데이터의 적절한 비율을 결정하여 입력한다.
- 인공지능 모델은 훈련 데이터를 사용하여 학습하게 되며, 테스트 데이터를 통해 학습이 잘되었는지 테스트를 한다.

인공지능 모델의 성능을 평가하는 지표는 정확도뿐만 아니라 혼동 행렬이나 정밀도, 재현율 등이 있다.

[4단계] 인공지능 모델 평가하기

- 학습과 테스트를 마친 인공지능 모델의 성능을 평가한다. 보통 정확도(accuracy)로 인공지능 모델의 성능을 평가한다.
- 만약 인공지능 모델의 성능이 만족스럽지 못한 결과를 내었다면 다시 이전 단계인 [2단계]나 [3단계]로 돌아가서 단계별 수행 내용을 수정한다.

[5단계] 인공지능 활용하기

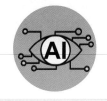

인공지능 모델의 성능 평가를 통해 우수하다고 판단되면 해당 모델을 선택하여 정의한 문제를 해결하는 데 활용한다.

02 인공지능으로 문제 해결 과정 체험하기

(1) 티처블 머신 사용하기

각 실습 결과는 실습 환경에 따라 교재의 내용과 다를 수 있다.

구글의 티처블 머신(Teachable Machine)은 별도의 코딩 없이도 인공지능 모델을 학습시킬 수 있는 플랫폼이다. 아래 그림과 같이 구글의 티처블 머신(https://teachablemachine.withgoogle.com/)에 접속하면 이미지, 오디오, 포즈 세 가지의 프로젝트 중 하나를 선택하여 실습을 할 수 있다.

티처블 머신 홈페이지에서 [시작하기]를 클릭하면 나타나는 화면

이미지 프로젝트

파일 또는 웹캠에서 가져온 이미지를 기반으로 학습시키세요.

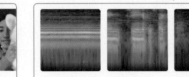

오디오 프로젝트

파일 또는 마이크에서 가져온 1초 분량의 사운드를 기반으로 학습시키세요.

포즈 프로젝트

파일 또는 웹캠에서 가져온 이미지를 기반으로 학습시키세요.

▲ 티처블 머신의 세 가지 프로젝트 유형

활동 1

구글의 티처블 머신에서 [이미지 프로젝트]를 선택하여 꽃(장미, 해바라기, 튤립)을 분류하는 인공지능 모델을 만들어 보자.

[STEP 1] 데이터 셋 다운로드하기

캐글에서 데이터를 다운로드하기 위해서는 회원 가입 후 로그인을 해야 가능하다.

❶ 각종 꽃의 이미지 데이터들을 수집하기 위해 캐글(Kaggle)의 이미지 데이터(image data) 사이트 (https://www.kaggle.com/tags/image-data)에 접속한 후, 검색창에 'Flowers Recognition'을 입력한다.

❷ 이어서 나타나는 검색 결과 화면에서 "Flowers Recognition"을 클릭한다.

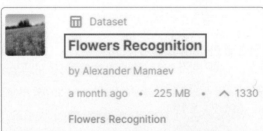

❸ 데이터 셋을 다운로드하면 rose(장미), sunflower(해바라기), tulip(튤립) 등 총 다섯 가지 꽃의 수많은 이미지들이 폴더로 구분되어 있다.

다운로드한 다섯 가지 종류의 꽃 데이터 셋 폴더는 다음과 같다.

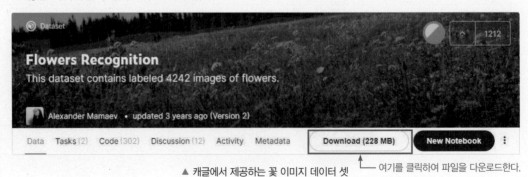

▲ 캐글에서 제공하는 꽃 이미지 데이터 셋 ── 여기를 클릭하여 파일을 다운로드한다.

[STEP 2] 클래스와 이미지 업로드하기

❶ 구글의 티처블 머신의 세 가지 프로젝트에서 [이미지 프로젝트]를 선택하여 클래스를 정의한다.

❷ 클래스(class)는 rose(장미), sunflower(해바라기), tulip(튤립)과 같이 3개를 만들고, 각 클래스마다 20~30장 정도의 이미지들을 업로드한다.

▲ 3개의 클래스 중 rose(장미) 클래스에 이미지 데이터 업로드 예

[STEP 3] 모델 학습하기

모델을 학습시키기 위해 [모델 학습시키기]를 클릭하여 실행한다.

▲ 모델 학습시키기

[STEP 4] 이미지의 정확도 확인하기

학습한 인공지능 모델이 꽃을 잘 분류하는지 확인하기 위해 rose(장미), sunflower(해바라기), tulip(튤립) 클래스에 각각 새로운 이미지를 찾아 업로드하여 정확도를 확인한다.

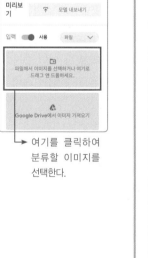

여기를 클릭하여 분류할 이미지를 선택한다.

| rose(장미) | sunflower(해바라기) | tulip(튤립) |

▲ 새로운 이미지에 대한 인공지능 모델의 분류 결과(정확도)

[STEP 5] 링크 생성하기

꽃을 분류할 수 있는 인공지능 모델을 웹 사이트에서 사용하기 위해 [모델 내보내기]를 실행하고 [업로드(공유 가능한 링크)]를 선택한 후, [모델 업로드]를 실행하면 하단에 공유 가능한 링크가 생성된다. 이를 복사하면 다른 사람에게 전달하여 사용할 수 있다.

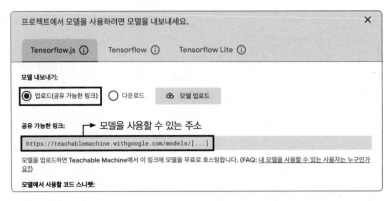

▲ 인공지능 모델 사용을 위한 링크 생성 화면

 스스로 해 보기 이러한 이미지 분류 프로젝트 외에도 실생활의 소재를 가지고 사운드와 포즈 프로젝트를 각각 학습시키는 실습을 해 보자.

(2) 엔트리 사용하기

엔트리의 인공지능을 사용하여 텍스트(문장)를 분류하고, 수치를 예측해 보자.

먼저 엔트리(https://playentry.org/)에 접속하여 회원 가입 후 로그인을 한다.

활동 2

영화에 관한 리뷰(댓글)를 긍정 평가와 부정 평가 데이터로 나누어 텍스트 모델에 학습시킨 후, 새로운 리뷰에 대해 긍정적인 리뷰인지 부정적인 리뷰인지를 분류하는 인공지능 모델을 만들어 보자.

[STEP 1] 영화 리뷰 관련 데이터 셋 다운로드하기

❶ N사에서 제공하는 영화 리뷰 관련 데이터 제공 사이트(https://github.com/e9t/nsmc)에 접속하여 'ratings_train.txt' 파일을 다운로드한다. 이 파일을 살펴보면 다음과 같이 한 리뷰 당 여러 숫자가 붙여진 식별자(id)와 리뷰 문장이 쓰여진 내용(document), 그리고 0[부정] 또는 1[긍정]의 레이블(label)이 있다.

❷ 'ratings_train.txt' 파일은 크기가 14MB로 용량이 상당히 큰 파일이므로 적절한 실습을 위해서는 파일 내용의 일부를 추출하여 사용하도록 한다. 먼저 엑셀 프로그램과 같은 환경에서 txt 파일을 열고 다시 csv 파일로 저장한 후에 정렬을 한 다음 필요한 내용을 추출하여 '긍정 리뷰.csv' 파일과 '부정 리뷰.csv' 파일로 각각 구분하여 저장한다.

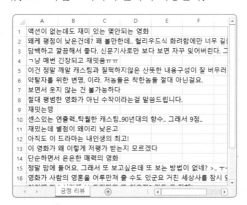 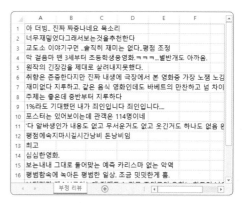

▲ 긍정 리뷰와 부정 리뷰를 2개의 csv 파일로 구분한 경우

[STEP 2] 모델 학습시키기

엔트리 홈페이지에서 [만들기]-[작품 만들기]를 선택한다.

❶ 엔트리의 블록 메뉴에서 인공지능(인공지능) 버튼-[인공지능 모델 학습하기]를 클릭한 후, 다양한 유형의 학습 모델에서 [분류: 텍스트] 모델을 선택하고 [학습하기]를 누른다.

▲ [인공지능] 메뉴에서 [분류: 텍스트] 학습하기 선택 화면

❷ 텍스트 모델의 제목을 작성하고 긍정 리뷰와 부정 리뷰 두 개의 클래스를 만든 다음, 각 클래스에 '긍정 리뷰.csv' 파일과 '부정 리뷰.csv' 파일을 각각 업로드한 후, [모델 학습하기]를 실행한다.

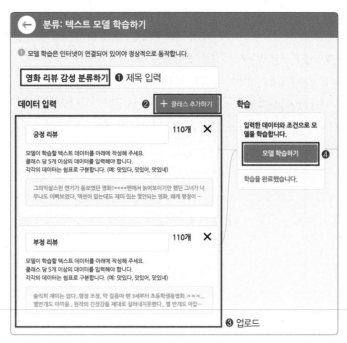

▲ 각 클래스에 리뷰 파일 업로드와 모델 학습 예

❸ 영화 리뷰의 긍정과 부정을 분류하기 위한 모델이 만들어졌다. 이때 영화 리뷰 데이터 셋은 모델의 학습을 위한 'ratings_train.txt' 파일뿐만 아니라, 테스트를 위한 'ratings_test.txt' 파일도 있다.

[STEP 3] 긍정 리뷰와 부정 리뷰 분류하기

이제 ratings_test.txt의 일부 리뷰를 가지고 학습한 인공지능 모델을 사용하여 분류해 보자.

인공지능 모델의 테스트를 위한 긍정 리뷰로는 '눈에 보이는 반전이었지만 영화의 흡인력은 사라지지 않았다.'와 부정 리뷰로는 '인물 관계나 스토리가 너무 뻔함. 시간이 아까움.'을 선택하고 각각 입력하여 분류 결과를 확인한다.

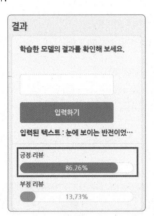 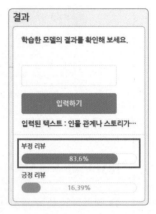

▲ 긍정 리뷰와 부정 리뷰를 테스트한 결과(예시)

분류가 잘되었는지를 알 수 있는 신뢰도를 살펴보면 긍정 리뷰 테스트에서는 86.26%, 부정 리뷰 테스트에서는 83.6% 임을 알 수 있다. 신뢰도를 더 높이기 위해서는 훈련에 사용할 데이터를 더 많이 추가하는 것이 좋다.

[STEP 4] 신뢰도 출력을 위한 코딩하기

이번에는 영화의 리뷰를 입력하고 긍정적인 리뷰인지 부정적인 리뷰인지 분류하여 신뢰도를 출력하는 코드를 작성해 보자.

▲ 영화 리뷰 감성 분류 코드(예시)

실행 결과

'눈에 보이는 반전이었지만 영화의 흡인력은 사라지지 않았다.'의 리뷰를 입력하면 다음 그림과 같은 결과를 얻는다.

▲ 영화 리뷰 입력 후 결과(예시): 긍정/부정 평가의 신뢰도 반복 출력 화면

활동 3

총인구 데이터를 바탕으로 미래의 인구를 예측하는 프로그램을 작성해 보자.

[STEP 1] 총인구 데이터 추가하기

❶ 엔트리의 블록 메뉴 중 데이터 분석(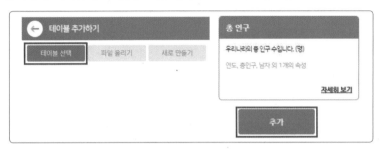) 버튼을 선택하여 [테이블 불러오기]−[테이블 추가하기]

를 클릭한다. 다양한 테이블 중에서 [총인구] 데이터를 선택하고 [추가] 버튼을 클릭한다.

▲ [데이터 분석] 메뉴에서 [총인구] 데이터 추가하기

❷ 추가한 [총인구] 데이터의 속성을 살펴보면 연도, 총인구, 남자, 여자와 같이 네 가지이고, 연도별(1990~2019년)로 각 속성의 인구수가 기록되어 있음을 알 수 있다.

속성	A	B	C	D
1	연도	총인구	남자	여자
2	1990	42869283	21568181	21301102
3	1991	43295704	21783914	21511790
30	2018	51606633	25863502	25743131
31	2019	51709098	25913295	25795803

❸ [차트]에서 선 그래프를 선택하여 연도에 따른 총인구, 남자, 여자의 인구수를 다음과 같이 그래프로 표현해 보자.

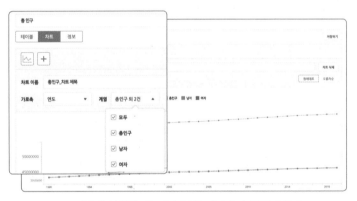

▲ [데이터 분석] 메뉴에서 총인구 데이터 시각화하기 화면

[STEP 2] 총인구 예측하기

❶ 이제 인공지능으로 미래의 총인구를 예측해 보자. 엔트리의 블록 메뉴 중 인공지능() 버튼을 선

택하여 [인공지능 모델 학습하기]에서 [예측: 숫자] 모델을 선택한다.

▲ [인공지능] 메뉴에서 [예측: 숫자] 선택 화면

❷ 제목은 '인구 예측하기', 데이터 입력에는 '총인구', 핵심 속성에는 '연도', 예측 속성에는 '총인구'를 끌어다 놓은 후, [모델 학습하기]를 실행하면 ❼과 같은 결과가 나타난다.

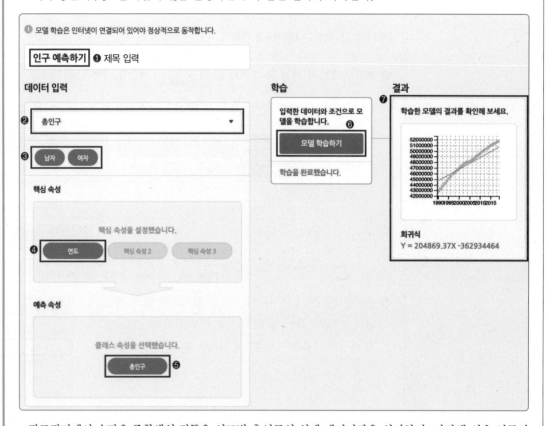

좌표평면에서 수많은 주황색의 점들은 연도별 총인구의 실제 데이터값을 의미하며, 파란색 선은 인공지능이 생성한 추세선을 의미한다. 추세선이란 점의 분포의 경향성을 직선으로 표현한 것을 의미하며, 이 추세선의 방정식은 'Y=204869.37X−362934464'로 표현되어 있으며, 이를 통해 미래의 총인구를 예측할 수 있다.

[STEP 3] 총인구 예측을 위한 코딩하기

학습한 예측 모델의 '적용하기' 버튼을 클릭하고, 2030년의 총인구를 예측하기 위한 코드를 작성해 보자.

인공지능(![인공지능])을 통해 생성된 블록 중 '연도 ( )의 예측값'과 생김새 및 계산 메뉴에 있는 블록을 조합하여 다음과 같이 블록들을 결합한다.

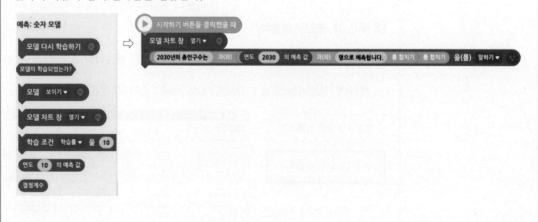

엔트리에서는 추세선의 방정식은 '회귀식'이라 표현한다.

실행 결과

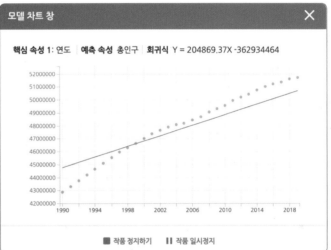

[실행 결과]를 살펴보면 학습 모델의 차트 창에 연도별 총인구가 점으로 표현되고, 추세선이 그려지며 엔트리 로봇은 예측값인 2030년의 총인구를 말한다.

스스로 해 보기

이 외에도 [데이터 분석]과 [인공지능] 메뉴를 사용하여 다양한 예측을 할 수 있다. [총인구] 외에 다른 데이터를 이용하여 인공지능을 통해 예측하는 실습을 해 보자.

| 관련 영상 QR 코드

산점도와 상관관계

1 산점도

① 산점도: 두 변량 x, y의 순서쌍 (x, y)를 좌표평면 위에 나타낸 그림을 산점도라고 한다.

② 산점도의 활용: 자료를 산점도로 나타낼 경우 다음과 같은 장점이 있다.

> (ⅰ) 각 변량의 특성을 직관적으로 알 수 있다.
> (ⅱ) 한 변량의 변화에 따른 다른 변량의 변화의 경향성을 한눈에 쉽게 알아볼 수 있다.
> (ⅲ) 자료에 포함된 특이한 사례를 쉽게 알아볼 수 있다.

보기

다음은 어느 고등학교 학생 20명의 수학 과목 1차 시험과 2차 시험의 성적을 조사하여 산점도로 나타낸 것이다.

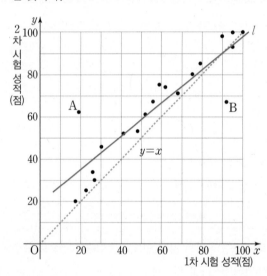

산점도를 활용한 자료의 분석

(ⅰ) 1차 시험 성적과 2차 시험 성적은 정비례하는 경향성을 띄고 있다.

(ⅱ) 점들이 직선 $y=x$보다 위쪽에 분포하므로 학생들의 1차 시험 성적보다 2차 시험 성적이 대체로 더 높다고 볼 수 있다.

(ⅲ) 두 학생 A, B가 1차 시험에 비하여 2차 시험에서 성적이 많이 상승했거나 많이 하락한 특이한 사례로 보여진다.

2 추세선

① 추세선: 보통 어떤 현상이 일정한 방향으로 나아가는 경향을 추세라고 한다. 자료를 나타내는 산점도에서 어느 한 변량의 변화에 따른 다른 변량의 추세를 알기 쉽도록 선으로 나타낸 것을 추세선이라고 한다.

② 추세선의 종류: 추세선은 직선이나 곡선 등 여러 가지 모양으로 설정할 수 있다.

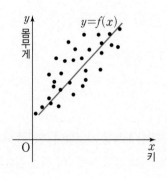
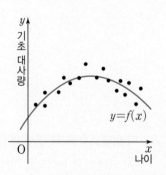
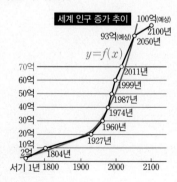

▲ 여러 가지 자료에 따른 추세선의 종류의 예시

③ 추세선을 정교하게 결정하려면 주어진 자료의 변량들과의 오차를 계산해야 하므로 수식으로 표현할 수 있도록 정한다. 또한 실제의 자료에서 추세선을 구하려면 많은 양의 계산을 필요로 함에 따라 추세를 잘 나타내면서도 식이 간단한 '일차함수' 즉, 직선 형태의 추세선을 정하는 것이 일반적이다.

참고 오차를 계산하여 추세선을 구하는 방법은 다소 복잡한 계산을 포함하므로 여기서는 자세히 다루지 않는다. 이 장에서는 추세선의 정의와 그 활용에 대한 이해에 초점을 맞추어 살펴보도록 하자.

3 추세선을 활용한 연속형 수치의 예측

자료의 두 변량 x, y 사이의 관계를 잘 나타내는 추세선 $y=f(x)$를 이용하면 임의의 x에 따른 y의 값을 $f(x)$로 예측할 수 있다. 이에 따라 자료를 바탕으로 가까운 미래를 예측하거나 자료에 포함되지 않은 x의 값에 대한 y의 값을 수학적으로 예측하는 것이 가능하다.

보기

38쪽 **보기** 의 그래프에서 좌표평면 위의 직선 l은 계산기를 이용하여 구한 추세선이다. 직선 l의 방정식을 $y=f(x)$로 놓으면 $f(x)=0.79x+18.82$이다. 따라서 1차 시험의 성적이 72점인 가상의 학생이 있다면 2차 시험의 성적을 추세선의 방정식을 이용하여 다음과 같이 예측할 수 있다.

$$f(72)=0.79\times72+18.82=75.7(점)$$

확인 문제 1

다음 그림은 어느 빙수 가게에서 여름철 한 달 동안 낮 최고 기온 $x(℃)$과 빙수 판매량 y(개)를 조사한 자료를 산점도로 나타낸 것이다. 직선 $y=7x-70.8$이 추세선일 때, 다음 물음에 답하시오.

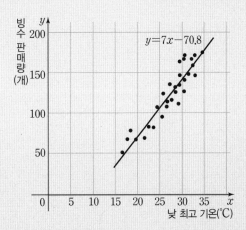

(1) 낮 최고 기온이 20℃일 때, 추세선을 이용하여 예측한 빙수의 판매량을 구하시오.
(2) 전날에 비하여 낮 최고 기온이 10℃만큼 상승할 때, 추세선을 이용하여 예측한 빙수 판매의 증가량을 구하시오.

수학으로 풀어보기

(1) 낮 최고 기온 $x(℃)$에 따른 빙수의 예상 판매량 $f(x)$(개)는 $f(x)=7x-70.8$이므로
　$f(20)=7\times20-70.8=69.2$(개)

(2) 전날의 낮 최고 기온을 $a(℃)$, 판매량을 b(개)로 각각 놓으면 $f(a)=7a-70.8=b$에서
　$f(a+10)=7(a+10)-70.8=b+70$이므로 구하는 빙수 판매의 증가량은 70(개)이다.

답 (1) 69.2개　(2) 70개

PART II

인공지능과 데이터

이 단원에서 무엇을 배울까

인공지능은 데이터를 기반으로 하므로 실생활에서 접할 수 있는 여러 가지 데이터의 특성을 알아보고 데이터를 전처리, 분석, 시각화하는 과정을 체험해 본다. 또한 정형 데이터와 비정형 데이터를 처리하는 과정도 실습해 본다.

1 데이터와 데이터 분석

들 어 가 기 내 용 데이터를 분석하면 어떤 정보들을 알아낼 수 있을까?

우리 생활 속에서 넘쳐나는 데이터는 우리의 생활 모습을 담고 있다. 우리가 일상생활에서 물건을 구매하고, 대중교통을 이용하고, 여가 생활을 하는 등의 모든 활동에서 데이터가 생성된다.

대중교통 이용하기
음식 주문하기
책 대출하기
승차 이력
주문 이력
대출 이력
인터넷 검색 이력
데이터
진료 기록
사용 이력
상품 매출 이력
병원에서 진찰받기
인터넷 하기
편의점에서 음식 사기
체육 시설 이용하기

인공지능은 수많은 데이터를 학습 자료로 사용하여 이미지를 인식하고, 글을 읽고, 데이터들을 분석하여 사람들이 앞으로의 일을 예측하고 결정하도록 도와준다.

이 단원에서는 무엇을 알아볼까?

데이터를 통하여 현대 사회의 다양한 문제와 현상들을 분석하고 예측하여 정치, 사회, 경제, 문화 등 사회 전 영역에서 가치 있는 정보를 제공해 보자.

01 데이터

(1) 데이터의 정의

데이터란 관찰이나 측정을 통해 수집한 값이나 사실을 말한다. 데이터, 문서, 파일뿐만 아니라 실생활에서 관찰한 모든 것이 데이터가 될 수 있다. 스마트폰으로 검색한 뉴스, 친구들과 찍은 사진과 영상, 소셜 네트워크 서비스(SNS)에서 확인한 친구의 소식 등과 같이 다양한 형태의 데이터를 볼 수 있다.

일상생활에서 관찰하고 수집한 데이터 중 학습에 필요한 데이터와 그렇지 않은 데이터를 구분하여 잘 활용하면 새로운 정보를 창출할 수 있다.

(2) 데이터의 활용 사례

일상생활에서 수집되는 여러 데이터들은 선거, 의료, 기상 정보, 번역, 교통, 기업 경영, 마케팅 등 여러 분야에서 다양하게 활용되고 있다.

사례	내용
서울시 심야버스 노선 수립	이동 통신사가 보유한 위치 정보 데이터를 활용하여 심야 시간대의 유동 인구 현황을 과학적으로 분석하고, 이를 버스 노선 수립에 활용
아마존의 고객별 추천	전자 상거래 회사인 아마존(Amazon)은 고객들의 구매 내역을 데이터베이스에 기록·분석하여 모든 고객의 소비 성향과 관심사를 파악하고, 이를 활용하여 고객별로 추천 상품과 광고를 제공
119 구급차 배치·운영 최적화	119 종합 상황실에 접수된 재난 재해별 출동 이력 정보와 재난 지점 주소, 재해 유형, 119 구급 차량 이동 정보, 119 안전 센터 등의 정보를 바탕으로 응급 출동 취약 지역을 도출하고 안전 센터 신규 설치 등의 판단에 활용

02 데이터의 속성

(1) 데이터 속성의 의미

데이터는 다양한 속성(feature)을 가진다. 데이터를 수집하여 특정 기준에 따라 분류·정리하면 문제 해결에 필요한 데이터를 쉽게 얻을 수 있는데, 이런 특정 기준을 '데이터 속성'이라고 한다. 예를 들어, 어떤 학교 학생의 데이터가 있다면 학년, 반, 번호, 이름, 담임교사, 가입한 동아리명 등이 데이터 속성이 될 수 있다. 그리고 이런 데이터들은 표의 형태로 나타낼 수 있다. 학생 데이터의 속성 중 '학년', '반', '번호'는 수치형 데이터로 저장하고, '이름', '담임교사', '동아리명' 등은 문자형 데이터로 저장할 수 있다.

데이터 속성은 데이터가 갖는 데이터의 성질이며 정형 데이터의 경우 표로 나타낼 수 있고, 각 열은 데이터의 속성이라고 할 수 있다.

➡ 학생 데이터 속성의 예

학년	반	번호	이름	담임교사	동아리명	→ 데이터 속성명
1	1	1	김○○	박○○	연극반	
1	2	2	박○○	정○○	수학반	
1	3	5	전○○	최○○	미술반	→ 속성값(데이터)
2	2	3	송○○	이○○	컴퓨터반	
2	3	5	이○○	김○○	미술반	

데이터의 속성 중에는 데이터의 사용 목적에 따라 필요한 속성과 그렇지 않은 속성이 있다. 예를 들면, 위의 데이터에서 '수학반' 동아리의 전체 학생 명단을 알아야 할 때는 '동아리명', '학년', '반', '번호', '이름'의 데이터 속성이 필요하다. 또는 1학년 1반의 학생 수를 알아야 할 때는 '학년', '반', '번호'의 데이터 속성이 필요하다.

이처럼 데이터 분석이나 기계 학습을 위해 데이터의 모든 속성이 필요한 것은 아니다. 필요한 속성을 추출하여 사용해야 하기 때문에 알맞은 데이터의 속성을 찾고 추출하는 전처리 과정이 중요하다.

(2) 데이터 속성값의 분류

데이터는 크게 수치형 데이터와 범주형 데이터로 구분할 수 있다.

수치형 데이터(numerical data)는 숫자로 표현 가능한 데이터를 의미한다. 예를 들어, 시험 성적, 키, 음식점의 매출액, 휴대 전화 사용 시간 등 숫자로 측정되는 데이터이다.

범주형 데이터(categorical data)는 수치로 측정이 불가능한 데이터이다. 관측 결과가 몇 개의 범주나 항목의 형태로 나타나며 예를 들어, 남녀의 성별, '좋다', '싫다' 등의 선호도, 도시의 이름, 동물의 종류 등과 같이 수치로 표현할 수 없는 것들이 범주형 데이터이다. 범주형 데이터는 약간의 처리 과정을 통해 수치형 데이터로 표현할 수 있다. 즉, 남자는 0, 여자는 1로 표현하거나, '좋다'는 1, '싫다'는 0으로 표현하는 등 범주형 데이터를 수치형으로 변경하여 표현할 수 있다.

▶▶ 데이터 속성값의 분류

구분		특징	예시
수치형 데이터	연속형 데이터	구간 안의 모든 값을 숫자 데이터로 표현할 수 있음(실수형 데이터).	키, 몸무게, 매출액
	이산형 데이터	셀 수 있으며, 구간 안에는 정해진 몇 개의 값이 있음.	나이, 판매 수량
범주형 데이터	순위형 데이터	순서가 정해져 있음.	등급, 학점
	범주형 데이터	분류는 가능하지만, 데이터 간에 순서는 없음.	성별, 혈액형, 지역

03 데이터 분석

인공지능이 우수한 판단을 할 수 있게 하거나, 인공지능을 활용하여 문제를 해결하기 위해서는 데이터가 필수적이다. 또한 다량의 데이터를 분석해서 의미 있는 정보를 만들어 내기 위해 인공지능 기술이 쓰이기도 한다. 인공지능은 데이터를 기반으로 학습하기 때문에 적합한 데이터를 수집하고 사용에 알맞게 전처리하여 활용하는 것이 중요하다.

데이터 분석은 데이터를 탐구하여 그 특징과 숨겨진 의미 있는 정보를 찾아내는 것으로, 그 데이터 분석 프로세스는 다음과 같다.

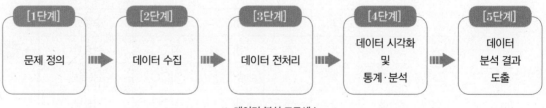

▲ 데이터 분석 프로세스

이번 단원에서는 공공 데이터를 수집하여 파이선으로 데이터를 읽어 전처리하고 시각화 및 통계 분석까지의 과정을 실습해 보자. 다음 단원에서 Numpy와 Pandas 라이브러리를 활용하여 데이터 분석 문제해결을 자세하게 다루므로, 이번 단원에서는 데이터 분석의 전체 프로세스를 따라해 보는 경험을 해 보자.

(1) 문제 정의

이 과정에서는 데이터 분석의 목표를 명확하게 할 수 있도록 문제를 구체적으로 정의해야 한다. 데이터 분석을 통해 최종적으로 얻고자 하는 것이 무엇인지 명확하게 정의해야 필요한 데이터를 파악하고 관련 데이터를 수집할 수 있다.

(2) 데이터 수집

이 과정은 정의한 문제를 해결할 수 있는 데이터를 수집하는 단계이다. 데이터를 수집할 때는 관련된 데이터를 누락 없이 수집하고, 문제 해결에 필요한 핵심 데이터를 중심으로 수집해야 한다. 데이터를 수집하는 방법은 설문 조사나 여러 센서 등의 인식을 통해 데이터를 직접 수집하거나 정부에서 제공하는 공공 데이터나 민간에서 제공하는 데이터를 얻는 방법 등이 있다.

공공 데이터	민간 데이터
• 공공 데이터 포털(https://www.data.go.kr/) • 서울 열린데이터 광장(https://data.seoul.go.kr/) • 경기데이터드림(https://data.gg.go.kr/) • 데이터 스토어(https://www.datastore.or.kr/) • 마이크로데이터 통합서비스 (https://mdis.kostat.go.kr/index.do)	• 캐글(https://www.kaggle.com) • Google 트렌드(https://trends.google.com/) • Amazone 알렉사닷컴(https://www.alexa.com/) • 네이버 데이터랩(https://datalab.naver.com/)

활동 1

서울시의 각 기관별로 설치되어 있는 CCTV 설치 수량을 다운로드해 보자.

[STEP 1] 공공 데이터 가져오기

❶ 서울 열린데이터 광장(https://data.seoul.go.kr)에 접속하여 '서울특별시 자치구 목적별 CCTV 설치 수량'을 검색한다.

❷ 화면에서 csv 파일을 내려받아 cctv.csv로 저장한다.

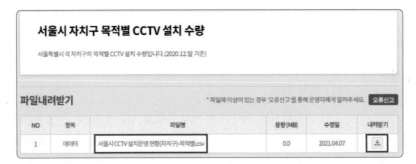

[STEP 2] 데이터 정제하기

내려받은 csv 파일을 엑셀 프로그램을 이용하여 기본적인 데이터 정제를 한다. 이때, 숫자 데이터의 셀 서식을 '숫자'로 변경한다. 만약 필요 없는 데이터들이 있으면 삭제하거나 필드명을 조정할 수도 있다.

❶ 숫자 데이터의 셀 서식을 '숫자'로 변경하기

변경할 숫자 셀의 블록을 설정한 후, 마우스 오른쪽 버튼의 [셀 서식] 메뉴를 선택한다. [셀 서식] 창에서 [표시 형식]으로 '숫자'를 선택한 후 [확인] 버튼을 클릭하여 cctv.csv 파일을 저장한다.

❷ 필요 없는 행 삭제하기

[총계] 행은 데이터 분석에 알맞지 않은 데이터이므로 삭제하고, cctv.csv 파일을 저장한다.

구분	총계	방범	어린이 보호구역	공원·놀이터	쓰레기 무단투기	시설안전·8	교통단속	교통정보수	기타다른법령
총 계	75431	52359	7711	5942	1258	2012	5439	31	679
종로구	1729	1360	41	109	0	110	109	0	0
중구	2001	1180	75	165	62	62	290	8	159
용산구	2383	1740	164	154	0	0	252	0	73
성동구	3515	2834	0	177	151	15	338	0	0
광진구	2556	2011	301	98	71	5	70	0	0

— 행 삭제

활동 2

[완성 파일: 2-1.ipynb]

다운로드한 cctv.csv 파일을 통해 기관별로 어떤 특징이 있는지 알아보자.

[STEP 1] 파이선으로 데이터 읽기

❶ 실습을 위하여 구글 드라이브에 'EBS'라는 이름의 폴더를 생성한 후에 앞에서 정제한 cctv.csv 파일을 [EBS] 폴더에 옮겨 놓는다. 그 다음 구글 드라이브와 코랩의 연결을 위해 다음과 같이 코드를 작성한다(소스 코드(완성 파일)도 [EBS] 폴더에 저장한다.).

```
1    from google.colab import drive
2    drive.mount('/gdrive')
```

❷ 코드를 실행한 후 출력된 URL 링크를 클릭하여 계정 로그인을 하고 화면에 표시된 코드를 빈칸 (authorization code)에 붙여 넣고 Enter↵를 누른다.

여기를 클릭해서 계정 로그인을 한 후, 제시하는 코드를 복사하여 ㉠에 붙여 넣기한다.

```
# 드라이브의 파일 불러오기
from google.colab import drive
drive.mount('/gdrive')

Go to this URL in a browser: https://accounts.google.com/o/oauth2/auth?client_id=94

Enter your authorization code:
[                    ] → ㉠
```

❸ 코랩 화면 왼쪽 파일 모음 아이콘(□)을 클릭하여 드라이브 안의 해당 csv 파일을 선택한 후 마우스 오른쪽 버튼을 클릭하여 [경로 복사]를 선택한 후 해당 파일의 경로를 복사한다.

❹ 복사한 경로를 파일 경로 변수('path')에 저장한다.

```
3    path = '/gdrive/MyDrive/EBS/cctv.csv'
```

❺ pandas 라이브러리를 이용하여 csv 파일 읽기

pandas는 데이터 조작 및 분석을 위해 다양한 기능을 제공하는 파이선 라이브러리로, 데이터 프레임 (dataframe)이라는 자료형을 사용하는데, 데이터 프레임은 엑셀의 스프레드시트와 비슷한 개념이다.

```
4    import pandas as pd
5    file_cctv = pd.read_csv(path, encoding = 'cp949')
6    file_cctv.head( )
```

4행: pandas 라이브러리를 가져온다.

5행: path에 저장된 경로의 cctv.csv 파일을 file_cctv 라는 이름의 데이터 프레임 형태로 저장한다. 단, cctv.csv 파일은 'cp949' 형식으로 인코딩되어 있다.

6행: file_cctv 데이터 프레임의 첫 5줄을 출력한다.

실행 결과

	구분	총계	방범	어린이\n보호구역	공원 · 놀이터	쓰레기\n무단투기	시설안전 · 화재예방	교통단속	교통정보수집 · 분석	기타다른법령
0	종로구	1729	1360	41	109	0	110	109	0	0
1	중구	2001	1180	75	165	62	62	290	8	159
2	용산구	2383	1740	164	154	0	0	252	0	73
3	성동구	3515	2834	0	177	151	15	338	0	0
4	광진구	2556	2011	301	98	71	5	70	0	0

[STEP 2] 데이터의 구성 정보 알아보기

info( )를 이용하여 데이터 프레임의 행과 열의 구성 정보를 출력한다.

7	file_cctv.info( )

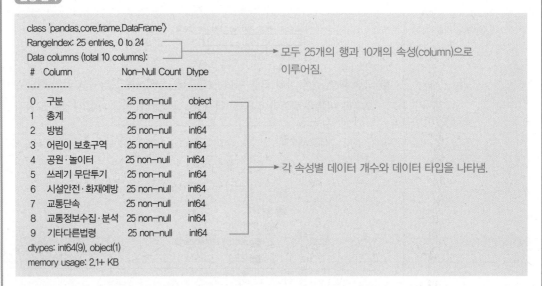

실행 결과

```
class 'pandas.core.frame.DataFrame'〉
RangeIndex: 25 entries, 0 to 24
Data columns (total 10 columns):
 #   Column          Non-Null Count  Dtype
---  ------          --------------  -----
 0   구분              25 non-null     object
 1   총계              25 non-null     int64
 2   방범              25 non-null     int64
 3   어린이 보호구역       25 non-null     int64
 4   공원·놀이터         25 non-null     int64
 5   쓰레기 무단투기       25 non-null     int64
 6   시설안전·화재예방      25 non-null     int64
 7   교통단속           25 non-null     int64
 8   교통정보수집·분석      25 non-null     int64
 9   기타다른법령         25 non-null     int64
dtypes: int64(9), object(1)
memory usage: 2.1+ KB
```

모두 25개의 행과 10개의 속성(column)으로 이루어짐.

각 속성별 데이터 개수와 데이터 타입을 나타냄.

[실행 결과]에서 cctv.csv 파일은 25개의 행과 10개의 속성으로 구성되어 있고, '구분' 속성은 문자열 데이터(object), '총계', '방범', '어린이 보호구역', '공원·놀이터', '쓰레기 무단투기', '시설안전·화재예 방', '교통단속', '교통정보수집·분석', '기타다른법령' 속성은 정수형 데이터(int64)임을 확인할 수 있다.

참고 수치 계산을 해야 하거나 그래프를 그려야 할 때, 각 속성이 데이터 처리에 알맞은 타입인지 확인 해야 한다.

(3) 데이터 전처리

데이터의 전처리는 데이터의 결측값, 이상치, 중복값 등을 처리하여 품질이 좋은 데이터로 재구성하는 과정으로 원본 데이터를 분석하기 좋은 형태로 수정한다.

- 결측값은 누락된 값을 의미하며, 결측값의 처리는 그 데이터를 삭제하거나 누락된 부분을 평균, 중앙 값, 최빈값 등의 대푯값을 활용하여 채울 수 있다.
- 이상치는 다른 데이터들과 동떨어진 관측값을 의미하며, 삭제하거나 수정할 수 있다.
- 중복값은 중복된 여러 데이터 중에 하나만 남기고 삭제할 수도 있다.

- isna( ) 메서드: 결측값의 여부를 확인하며, 결측값이 있는 부분은 'True', 결측값이 아닌 경우는 'False' 를 반환한다.
- isna( ).sum( ) 메서드: 결측값의 개수를 출력한다.
- fillna( ) 메서드: 결측값을 특정한 값으로 채운다.
  예 file_cctv.fillna(0)
  → file_cctv 데이터 프레임의 결측값을 0으로 채운다.
- dropna( ) 메서드: 결측값을 가진 행을 삭제한다.
  예 file_cctv.dropna( )
  → file_cctv 데이터 프레임에서 결측값을 갖는 행을 삭제한다.

활동 2-1

다운로드한 cctv.csv 파일에서 결측값이나 특이값 등의 이상값이 있는지 확인하고 이를 처리해 보자.

[STEP 3] 결측값 확인 및 처리하기

pandas 라이브러리에서 결측값은 NaN(Not a Number)로 표현하며, 결측값 처리를 위해 isna( ), isna( ).sum( ), fillna( ), dropna( ) 등을 사용한다.

8	file_cctv.isna( )

실행 결과

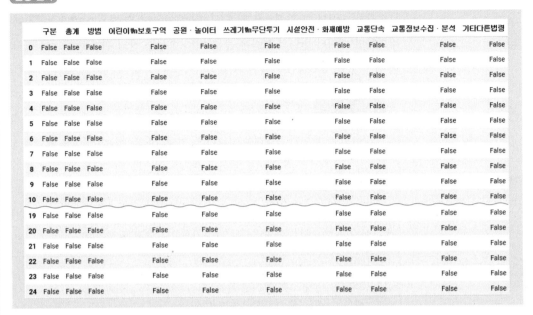

	구분	총계	방범	어린이\n보호구역	공원·놀이터	쓰레기\n무단투기	시설안전·화재예방	교통단속	교통정보수집·분석	기타다른법령
0	False	False	False		False	False	False	False	False	False	False
1	False	False	False	False	False	False	False	False	False	False
2	False	False	False	False	False	False	False	False	False	False
3	False	False	False	False	False	False	False	False	False	False
4	False	False	False	False	False	False	False	False	False	False
5	False	False	False	False	False	False	False	False	False	False
6	False	False	False		False	False	False	False	False	False	False
7	False	False	False	False	False	False	False	False	False	False
8	False	False	False	False	False	False	False	False	False	False
9	False	False	False	False	False	False	False	False	False	False
10	False	False	False	False	False	False	False	False	False	False
19	False	False	False	False	False	False	False	False	False	False
20	False	False	False	False	False	False	False	False	False	False
21	False	False	False	False	False	False	False	False	False	False
22	False	False	False	False	False	False	False	False	False	False
23	False	False	False	False	False	False	False	False	False	False
24	False	False	False	False	False	False	False	False	False	False

[STEP 4] 결측값의 개수 확인하기

결측값의 개수를 나타내기 위해 isna( ).sum( )을 사용한다.

9	file_cctv.isna( ).sum( )

실행 결과

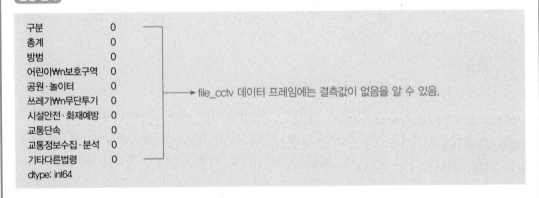

```
구분                    0
총계                    0
방범                    0
어린이\n보호구역          0
공원·놀이터            0
쓰레기\n무단투기         0
시설안전·화재예방         0
교통단속                0
교통정보수집·분석         0
기타다른법령             0
dtype: int64
```

▶ file_cctv 데이터 프레임에는 결측값이 없음을 알 수 있음.

[STEP 5] 결측값을 특정한 값으로 채우기

데이터 프레임의 결측값을 fillna( )를 사용하여 특정한 값으로 채울 수 있다.

10	file_cctv.fillna(0)	# 결측값을 0으로 채움.

[STEP 6] 결측값을 가진 행 삭제하기

이번에는 데이터 프레임의 dropna( )을 사용하여 행을 삭제한다. 경우에 따라서 결측값을 가진 행을 제외하고 데이터를 처리하는 것이 더 효율적일 수 있다.

11	file_cctv.dropna( )

(4) 데이터 시각화

수집한 데이터 그 자체로는 전체를 파악하기 어려운 경우가 많다. 이런 경우 데이터를 다양한 형태로 시각화하면 데이터 변화의 흐름은 물론 여러 속성들 간의 관계도 한눈에 파악할 수 있다. 또한 시각화를 통해 숨어 있는 정보를 찾아낼 수도 있으며 연속적인 값의 변화와 패턴을 파악하는 데도 활용할 수 있다.

활동 2-2

file_cctv 데이터 프레임을 선그래프, 막대그래프, 박스플롯으로 표현해 보자.

[STEP 7] 한글 폰트 설치하기

❶ 구글 코랩에서 matplotlib 라이브러리로 그래프를 그릴 때, 한글이 제대로 출력되도록 하기 위해서 아래와 같이 코드를 입력하여 '나눔바른고딕' 폰트를 설치한다.

```
12  import matplotlib as mpl
13  import matplotlib.pyplot as plt
14  !apt -qq -y install fonts-nanum              # 한글 폰트 설치
15
16  # 해당 폰트가 기본 폰트가 되도록 설정
17  import matplotlib.font_manager as fm          # 한글 폰트 경로 설정
18
19  fontpath = '/usr/share/fonts/truetype/nanum/NanumBarunGothic.ttf'
20  font = fm.FontProperties(fname = fontpath, size = 9)
21  plt.rc('font', family = 'NanumBarunGothic')   # 코랩의 한글 폰트를 '나눔바른고딕'으로 설정
22  mpl.font_manager._rebuild( )                   # 폰트 설정 관련 리빌드
```

❷ '나눔바른고딕' 폰트를 사용하기 위해서는 코랩의 메뉴 [런타임]−[런타임 다시 시작] 선택 후, 재실행해야 한다.

[STEP 8] 선그래프 그리기

파이선에서 시각화의 대표적인 도구로 활용되는 matplotlib 라이브러리는 선그래프, 막대그래프, 히스토그램, 산점도 등의 다양한 2차원 평면 그래프를 지원하여 고품질의 그래프를 표현할 수 있다.

(참고) csv 파일의 숫자로 표시된 데이터들이 '문자' 형태일 경우 그래프로 표현할 수 없으므로 엑셀 프로그램에서 csv 데이터를 읽어, [셀 서식]을 '숫자'로 변경해야 한다(46쪽 참고).

```
23  import matplotlib.pyplot as plt
24  plt.figure(figsize = (12, 4))
25  plt.title('각 자치구별 CCTV 개수', fontsize = 16)
26  plt.plot(file_cctv['구분'], file_cctv['총계'])
27  plt.show( )
```

23행: 그래프 출력을 위한 matplotlib 라이브러리를 가져온다.

25행: 그래프의 제목과 폰트 크기를 설정한다.

26행: file_cctv 데이터 프레임의 '구분'과 '총계'를 각각 x축과 y축으로 하여 선 그래프(plot)를 그린다.

27행: 그래프를 출력한다.

실행 결과

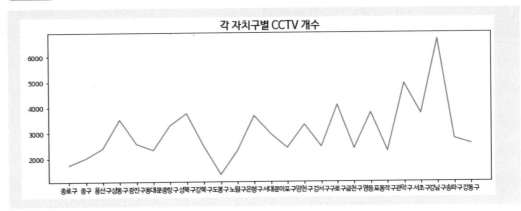

[STEP 9] 막대그래프 그리기

```
28    import matplotlib.pyplot as plt
29    plt.figure(figsize = (12, 4))
30    plt.title('각 자치구별 쓰레기무단투기용 CCTV 개수', fontsize = 16)
31    plt.bar(file_cctv['구분'], file_cctv['쓰레기₩n무단투기'], color = 'green')
32    plt.show( )
```

파이선 그래프 함수 종류
• 막대그래프: bar( )
• 히스토그램: hist( )
• 산점도: scatter( )

28행: 그래프 출력을 위한 matplotlib 라이브러리를 가져온다.

30행: 그래프의 제목과 폰트 크기를 설정한다.

31행: file_cctv 데이터 프레임의 '구분'과 '쓰레기₩n무단투기'를 x축과 y축으로 하여 막대그래프(bar)를 그린다.

32행: 그래프를 출력한다.

실행 결과

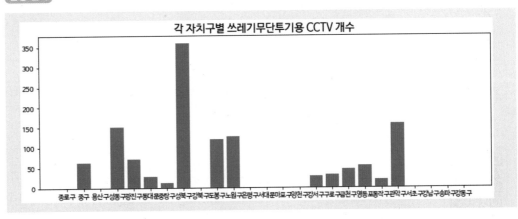

[STEP 10] 박스플롯 그리기

박스플롯은 한 개의 변수에 대한 분포를 나타내는 그래프로, 이를 통해 사분위수, 이상치 등을 시각적으로 확인해 볼 수 있다.

```
33    import matplotlib.pyplot as plt
34
35    plt.title('각 기관별 CCTV 총계', fontsize = 16)
36    plt.boxplot(file_cctv['총계'], labels = ['CCTV'])
37    plt.show( )
```

33행: 그래프 출력을 위한 matplotlib 라이브러리를 가져온다.

35행: 그래프의 제목과 폰트 크기를 설정한다.

36행: file_cctv 데이터 프레임의 '총계'를 박스플롯(boxplot)으로 그린다.

37행: 그래프를 출력한다.

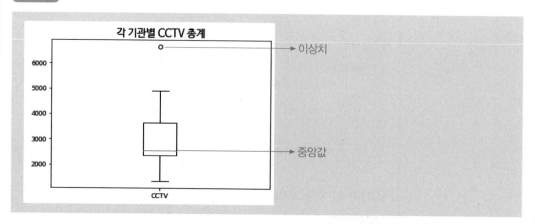

[실행 결과]에서 사각형 중간의 오렌지 선은 데이터의 중앙값을 표현한다. 전체 데이터에서 중앙값이 아래쪽으로 치우친 것을 알 수 있다. 최상단의 동그라미(○)는 이상치를 나타낸다. 최댓값과 최솟값의 범위를 벗어나는 이상치로 이런 값은 삭제하거나 수정한다. 박스플롯을 활용하여 데이터의 전반적인 분포 상황을 알 수 있다.

데이터 시각화를 통해 이상치나 결측치가 있는지 살펴보고 이를 토대로 문제 해결 목적에 맞게 적합한 형태로 데이터 전처리를 하기도 한다.

 스스로 해 보기   [STEP 7]~[STEP 10]의 코드를 활용하여 산점도, 히스토그램 등을 다양하게 그려 보자.

LINK 4   관련 수학 개념 설명_ 히스토그램, 산점도, 박스플롯

| 관련 영상 QR 코드

어떻게 표현하고 해석할까?

시각화

시각화는 자료의 분석 결과를 이해할 수 있도록 시각적으로 표현하여 효과적으로 전달하는 과정이다. 시각화에는 주로 표나 그래프를 이용하고 자료의 특성을 파악하여 적합한 방법을 선택하는 것이 매우 중요하다. 시각화하는 방법에는 선그래프, 막대그래프, 산점도, 히스토그램, 박스플롯(상자그림), 단어 구름 등 다양한 방법이 있으며 이 중에서 히스토그램, 산점도, 박스플롯(상자그림)에 대하여 알아본다.

1 히스토그램

도수분포표의 각 계급의 양 끝 값을 가로축에 표시하고 그 계급의 도수를 세로축에 표시하여 직사각형 모양으로 나타낸 그래프를 히스토그램이라고 한다.

(1) 도수분포표

주어진 자료를 몇 개의 계급으로 나누고 각 계급에 속하는 도수를 조사하여 나타낸 표를 도수분포표라고 한다.

・계급: 변량을 일정한 간 격으로 나눈 구간
・계급의 크기: 구간의 너비
・도수: 각 계급에 속하는 변량의 개수

보기 다음은 어느 공원에 있는 나무들의 키를 조사하여 도수분포표로 나타낸 것이다.

▶▶ 공원에 있는 나무들의 키

나무키(cm)	(그루)
$200^{이상} \sim 250^{미만}$	4
$250 \quad \sim 300$	5
$300 \quad \sim 350$	6
$350 \quad \sim 400$	3
$400 \quad \sim 450$	1
합계	19

(2) 히스토그램 작성 방법

❶ 가로축에 각 계급의 양 끝 값을 적는다.

❷ 세로축에 도수를 적는다.

❸ 각 계급에서 계급의 크기를 가로로 하고, 도수를 세로로 하는 직사각형을 그린다.

다음은 (1)의 보기 의 도수분포표를 히스토그램으로 나타낸 것이다.

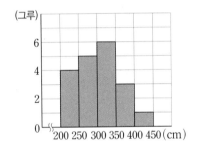

2 산점도

두 변수 간의 관계를 알아보기 위하여 직교좌표의 평면에 관측점을 찍어 만든 통계 그래프를 산점도라고 한다. 예를 들어, 표본집단에 속한 학생들의 중간고사 점수와 기말고사 점수 사이의 관계를 알아보기 위해 x축은 기말고사 성적을, y축은 중간고사 성적을 나타내는 변수로 하여 좌표평면 위에 모든 학생들의 두 변수의 값을 점으로 표시하면 산점도가 된다.

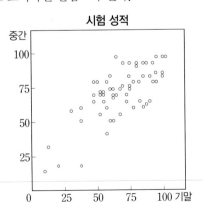

시험 성적

두 변량 x와 y 사이에 x의 값이 변함에 따라 y의 값이 변하는 관계가 있을 때, 이 관계를 상관관계라 한다.

❶ 양의 상관관계: x의 값이 증가함에 따라 y의 값도 대체로 증가하는 관계

❷ 음의 상관관계: x의 값이 증가함에 따라 y의 값이 감소하는 관계

❸ 상관관계가 없다: x의 값이 증가함에 따라 y의 값이 증가하는지 감소하는지 분명하지 않은 관계

▲ 양의 상관관계　　　▲ 음의 상관관계　　　▲ 상관관계가 없음

3 박스플롯(상자그림)

네모상자에 제1사분위, 제2사분위(중앙값), 제3사분위의 값과 두 극단값인 최댓값, 최솟값을 사용하여 자료의 특성을 한눈에 알아볼 수 있도록 나타낸 그림을 박스플롯(상자그림)이라고 한다.

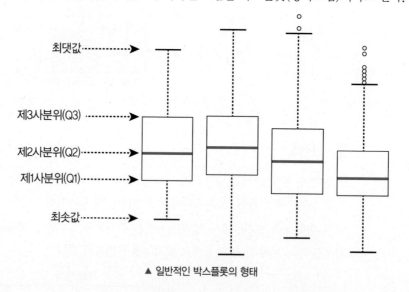

▲ 일반적인 박스플롯의 형태

(1) 박스플롯의 5개의 대표적인 값

❶ 최솟값: Q3−Q1=IQR라 하면 Q1−1.5×IQR인 지점

❷ 제1사분위(Q1): 25%의 위치

❸ 제2사분위(Q2): 50%의 위치(중앙값)

❹ 제3사분위(Q3): 75%의 위치

❺ 최댓값: Q3−Q1=IQR라 하면 Q3+1.5×IQR인 지점

(2) 박스플롯과 정규분포의 연관성

박스플롯을 잘 해석하려면, 정규분포와 연관하여 해석하는 연습이 필요하다. 다음 그림을 통해 박스플롯과 정규분포의 관계를 익히도록 하자.

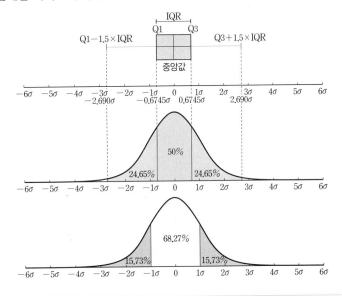

(5) 데이터 통계 · 분석

주어진 데이터 셋을 분석하기 위해 통계를 활용할 수 있다. 전체 데이터 셋의 특징이나 경향을 대표할 수 있도록 평균값, 중앙값, 최빈값과 같은 대푯값을 이용하거나 최댓값, 최솟값 등 여러 기초 통계량을 이용하기도 한다.

활동 2-3

file_cctv의 데이터 프레임을 이용하여 데이터의 평균값, 중앙값, 최댓값 · 최솟값, 최빈값 등의 통계값을 출력해 보자.

[STEP 11] 데이터의 평균값 구하기

파이선에서 numpy 라이브러리는 평균값을 구하기 위해 mean( )을 제공한다.

```
38    import numpy as np
39
40    avg = np.mean(file_cctv['총계'])
41    print('CCTV 개수의 평균값: ', avg)
```

38행: 수치 계산을 위한 numpy 라이브러리를 가져온다.

40행: file_cctv 데이터 프레임의 [총계] 속성의 평균값을 구하여 avg 변수에 넣는다.

41행: avg 변숫값을 출력한다.

실행 결과

CCTV 개수의 평균값: 3017.24

[STEP 12] 데이터의 중앙값, 최솟값, 최댓값 구하기

파이선에서 numpy 라이브러리는 중앙값을 구하기 위해 median( ), 최솟값을 구하기 위해 min( ), 최댓값을 구하기 위해 max( ) 내장함수를 제공하고 있다.

```
42    import numpy as np
43    med = np.median(file_cctv['총계'])
44
45    print('CCTV 개수의 중앙값: ', med)                    # 중앙값
46    print('CCTV 개수의 최솟값: ', min(file_cctv['총계']))   # 최솟값
47    print('CCTV 개수의 최댓값: ', max(file_cctv['총계']))   # 최댓값
```

42행: 수치 계산을 위한 numpy 라이브러리를 가져온다.

43행: file_cctv 데이터 프레임의 [총계] 속성의 중앙값을 구하여 med 변수에 넣는다.

45~47행: file_cctv 데이터 프레임의 중앙값, 최솟값, 최댓값을 출력한다.

실행 결과

```
CCTV 개수의 중앙값: 2556.0
CCTV 개수의 최솟값: 1356
CCTV 개수의 최댓값: 6645
```

[STEP 13] 데이터의 통계 요약 확인하기

pandas 라이브러리의 describe( )는 통계적 특성을 나타내어 이상값을 찾아주며, 문자열 데이터는 수치 연산을 할 수 없기 때문에 숫자형 데이터에 한해서 결과를 보여 준다.

```
48    file_cctv.describe( )
```

실행 결과

	총계	방법	어린이n보호구역	공원·놀이터	쓰레기n무단투기	시설안전·화재예방	교통단속	교통정보수집·분석	기타다른법령
count	25.000000	25.000000	25.000000	25.000000	25.000000	25.000000	25.000000	25.000000	25.000000
mean	3017.240000	2094.360000	308.440000	237.680000	50.320000	80.480000	217.560000	1.240000	27.160000
std	1112.814723	770.606897	205.338558	135.737406	81.609701	129.800847	181.327071	4.806939	63.263128
min	1356.000000	747.000000	0.000000	98.000000	0.000000	0.000000	43.000000	0.000000	0.000000
25%	2365.000000	1682.000000	188.000000	155.000000	0.000000	1.000000	93.000000	0.000000	0.000000
50%	2556.000000	1949.000000	271.000000	174.000000	19.000000	59.000000	137.000000	0.000000	0.000000
75%	3660.000000	2489.000000	394.000000	282.000000	62.000000	108.000000	290.000000	0.000000	5.000000
max	6645.000000	4525.000000	775.000000	543.000000	359.000000	642.000000	781.000000	23.000000	244.000000

* [mean]: 평균값, [std]: 표준편차, [min]: 최솟값, [max]: 최댓값

[실행 결과]에서 문자열 데이터는 수치 연산을 할 수 없기 때문에 문자열 데이터인 '구분' 속성은 출력되지 않음을 확인할 수 있다.

[STEP 14] 히스토그램을 이용하여 최빈값 구하기

히스토그램은 각 데이터의 빈도를 나타내는 그래프로서, 데이터의 빈도가 높을수록 막대의 높이가 높다. 따라서 가장 높은 막대의 데이터를 최빈값으로 볼 수 있다.

```
49    import matplotlib.pyplot as plt
50
51    plt.title('각 기관별 CCTV 총계', fontsize = 16)
52    plt.hist(file_cctv['총계'], bins = 50)
53    plt.show( )
```

49행: 그래프 출력을 위한 matplotlib 라이브러리를 가져온다.

51행: 그래프의 제목과 폰트 크기를 설정한다.

52행: hist( )를 사용하여 file_cctv 데이터 프레임의 '총계'를 히스토그램으로 그린다. 이때, bins는 나누는 영역의 개수이다.

53행: 그래프를 출력한다.

실행 결과

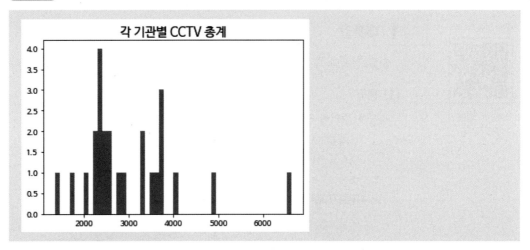

[실행 결과]를 살펴보면 '각 기관별 CCTV 총계' 히스토그램에서 2300~2400 부근의 데이터가 가장 많은 것을 확인할 수 있다.

(6) 데이터 분석 결과 도출

이 과정은 문제를 정의하고 필요한 데이터를 수집한 후 수집한 데이터의 전처리 및 데이터 시각화와 통계 분석을 통해 데이터의 특징을 파악하고 문제에 대한 결과를 도출하는 단계이다.

활동 1 ~ 활동 2-3 을 통해 서울시의 각 기관별로 설치되어 있는 CCTV 설치 수량을 시각화하여 분석한 결과 CCTV의 개수는 강남구가 제일 많으며, 쓰레기 무단투기용 CCTV는 성북구가 제일 많고, 각 지역별 CCTV 개수의 평균값, CCTV 개수의 최댓값, 최솟값, 최빈값 등의 통계 정보를 알 수 있다.

1 대푯값

자료 전체의 특징을 하나의 수로 나타낸 값으로 평균, 중앙값, 최빈값 등이 있다.

(1) 평균

평균은 주어진 자료를 더한 합계를 자료의 개수로 나눈 것을 의미한다. 즉,

$$(평균) = \frac{(자료)의 합계}{(자료)의 개수}$$

도수분포표에서 평균 구하기

도수분포표에서 평균을 구할 때에는 각 계급에 속하는 모든 자료가 그 계급의 계급값과 같다고 보고 계산한다. 즉,

$$(평균) = \frac{\{(계급값) \times (도수)\}의 총합}{(도수)의 총합}$$

확인 문제 **1**

1. 다음은 준희네 반 학생 20명을 대상으로 자유투를 10번 던져 성공한 횟수를 조사하여 나타낸 것이다. 자유투 성공 횟수의 평균을 구하시오.

자유투 성공 횟수

(단위: 회)

5	4	7	2	4
6	2	8	6	3
4	9	4	3	1
10	7	6	2	5

수학으로 풀어보기

$$(평균) = \frac{(자료)의 합계}{(자료)의 개수} = \frac{98}{20} = 4.9(회)$$

답 4.9회

2. 다음 도수분포표는 어느 고등학교 1학년 학생 30명의 발의 길이를 조사하여 나타낸 것이다. 학생 30명의 발의 길이의 평균을 구하시오.

발의 길이 (mm)	210이상 ~ 220미만	220 ~ 230	230 ~ 240	240 ~ 250	250 ~ 260	260 ~ 270	합계
학생 수(명)	1	3	7	9	7	3	30

수학으로 풀어보기

$$(평균) = \frac{215 \times 1 + 225 \times 3 + 235 \times 7 + 245 \times 9 + 255 \times 7 + 265 \times 3}{30} = \frac{7320}{30} = 244(mm)$$

답 244 mm

(2) 중앙값

변량을 큰 것부터 차례로 나열하여도 중앙값은 같다.

중앙값은 변량을 크기순으로 나열하였을 때, 가운데에 위치한 값을 의미한다. 예를 들어, 변량 1, 9, 3, 10, 8을 작은 값부터 차례로 나열하면 1, 3, 8, 9, 10이므로 중앙값은 8이고, 변량 1, 9, 3, 10, 8, 5를 작은 값부터 차례로 나열하면 1, 3, 5, 8, 9, 10이므로 중앙값은 세 번째와 네 번째 변량의 평균인 $\dfrac{5+8}{2}=6.5$이다.

변량의 개수가 n개일 때, 중앙값 구하기

❶ n이 홀수인 경우

변량을 크기순으로 나열하였을 때, 중앙값은 $\dfrac{n+1}{2}$번째 변량이다. 즉, 변량이 15개이면 $\left(\dfrac{15+1}{2}\right)$번째 변량이다.

❷ n이 짝수인 경우

변량을 크기순으로 나열하였을 때, 중앙값은 $\dfrac{n}{2}$번째와 $\left(\dfrac{n}{2}+1\right)$번째 변량의 평균이다. 즉, 변량이 14개이면 $\dfrac{14}{2}$번째와 $\left(\dfrac{14}{2}+1\right)$번째 변량의 평균이다.

---

(3) 최빈값

최빈값은 변량 중에서 가장 많이 나타난 값을 의미한다. 예를 들어, 변량 225, 230, 230, 235, 235, 235, 240, 240, 240, 245, 250에 대하여 가장 많이 나오는 변량은 235(3회), 240(3회)로 최빈값은 235, 240이다.

확인 문제 ❷

다음은 혁주네 반 학생 20명을 대상으로 1분 동안의 맥박 수를 조사하여 나타낸 것이다. 다음을 구하시오.

(1) 맥박 수의 중앙값

(2) 맥박 수의 최빈값

맥박 수

(단위: 회)

90	89	90	88	89	91	92	94	91	93
91	90	93	87	94	90	88	92	85	90

▌수학으로 풀어보기

(1) 맥박 수를 작은 값부터 차례로 나열하면

85, 87, 88, 88, 89, 89, 90, 90, 90, 90, 90, 91, 91, 91, 92, 92, 93, 93, 94, 94

이므로 중앙값은 10번째와 11번째 변량의 평균인 90회이다.

(2) 맥박수 90회가 5번으로 가장 많이 나타나므로 최빈값은 90회이다.

🖹 (1) 90회 (2) 90회

정형 데이터

우리 주변에서 정형 데이터를 찾아보자. 정형 데이터의 특징은 무엇이 있을까?

정형 데이터는 미리 정해 놓은 형식과 구조에 따라 체계적으로 저장되도록 구성된 데이터이다. 지정된 행과 열로 표현할 수 있는 표 형태의 데이터를 말하며 대표적으로 엑셀 프로그램의 스프레드시트 형태의 데이터가 있다. 정형 데이터는 표와 같이 명확한 구조를 가지고 있기 때문에 컴퓨터가 접근하기 쉽고, 데이터를 삽입하거나 수정하는 등의 관리가 용이하므로 데이터를 분석하거나 기계 학습의 학습 데이터로 사용하기에 편리하다.

비정형 데이터의 출처
https://edition.cnn.
com/2021/07/08/tech/
ransomware-attacks-
prosecution-extradition/
index.html

ID	Name	Age	Degree
1	John	18	B.Sc.
2	David	31	Ph.D.
3	Robert	51	Ph.D.
4	Rick	26	M.Sc.
5	Michael	19	B.Sc.

▲ 정형 데이터

```
⟨h:table⟩
  ⟨h:tr⟩
    ⟨h:td⟩Apples⟨/h:td⟩
    ⟨h:td⟩Bananas⟨/h:td⟩
  ⟨/h:tr⟩
⟨/h:table⟩

⟨f:table⟩
  ⟨f:name⟩African Coffee Table⟨/f:name⟩
  ⟨f:width⟩80⟨/f:width⟩
  ⟨f:length⟩120⟨/f:length⟩
⟨/f:table⟩
```

▲ 반정형 데이터

A spate of ransomware attacks in recent months has compromised critical infrastructure and disrupted daily life across the United States and globally, with one massive attack last week on software vendor Kaseya potentially impacting more than 1,000 companies around the world. Cyber researchers say the attack was carried out by REvil, a group with suspected ties to Russia that also hit meat processing company JBS Foods last month, Apple (AAPL) supplier Quanta Computer in April and electronics maker Acer in March.

▲ 비정형 데이터

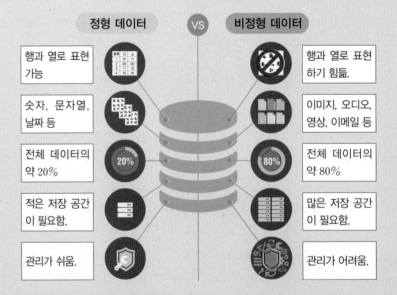

정형 데이터	VS	비정형 데이터
행과 열로 표현 가능		행과 열로 표현 하기 힘듦.
숫자, 문자열, 날짜 등		이미지, 오디오, 영상, 이메일 등
전체 데이터의 약 20%		전체 데이터의 약 80%
적은 저장 공간 이 필요함.		많은 저장 공간 이 필요함.
관리가 쉬움.		관리가 어려움.

이 단원에서는 무엇을 알아볼까?

정형 데이터를 직접 찾아보고, 찾은 정형 데이터를 pandas 라이브러리를 활용하여 전처리하고 시각화하는 데이터 분석 과정을 실습해 보자.

01 정형 데이터의 수집

공공 데이터 포털이나 민간 데이터 포털에서 얻을 수 있는 대부분의 csv 파일이나 xlsx 파일은 정형 데이터이다. 또한 데이터베이스에서 관리가 가능한 DB 파일 형태의 데이터라고 할 수 있다.

(1) 공공 데이터 포털에서 데이터 찾아보기

공공 데이터 포털(www.data.go.kr)에 접속하면 '국가중점데이터'나 '이슈데이터' 또는 카테고리별로 데이터를 검색할 수 있다. 이곳의 데이터는 다양한 분야의 데이터가 있다는 장점이 있지만, 각 주제별로 데이터 속성과 값이 고르지 못하거나 범주형 데이터로 표현이 되는 등 데이터 분석이나 기계 학습에 사용하기 위해 전처리 과정이 필요하기도 하다.

(2) 캐글 사이트에서 데이터 찾아보기

캐글(www.kaggle.com)은 2010년에 설립된 빅데이터 솔루션 대회 플랫폼 회사이다. 기업 및 단체에서 상을 걸고 데이터와 해결 과제를 등록하고 전 세계 사람들이 이를 해결하기 위한 경쟁을 하는 시스템이다. 이곳의 데이터는 대회를 위한 데이터이기 때문에 문제 해결에 알맞도록 어느 정도 전처리가 되어 있고 테스트를 위한 데이터 셋을 제공하기도 한다.

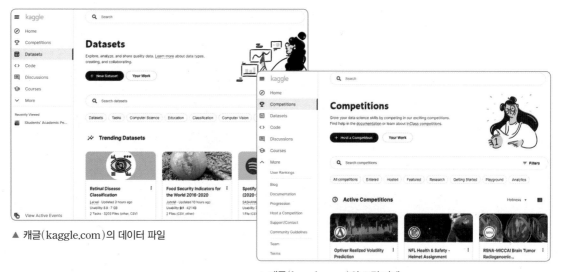

▲ 캐글(kaggle.com)의 데이터 파일

▲ 캐글(kaggle.com)의 도전 과제

> **스스로 해 보기** 데이터를 수집할 수 있는 사이트에서 관심 있는 데이터를 찾아 csv 파일이나 xlsx 파일을 다운로드해 보자.

02 정형 데이터의 표현

인공지능 기계 학습에서 컴퓨터가 정형 데이터를 표현하는 대표적인 방법에는 리스트와 배열이 있으며 이것은 수학에서의 벡터, 행렬과 비슷하다.

리스트(list)는 데이터들을 순서대로 연결해 놓은 자료 구조로, 필요할 때마다 메모리를 할당하여 데이터를 저장하여 관리한다. 배열(array)은 데이터들을 하나의 이름으로 모아 놓은 자료 구조로, 배열을 생성할 때에 메모리를 미리 할당하며, 인덱스를 이용하여 데이터의 삽입, 삭제, 검색 등에서 효율적이다.

• 리스트의 예: numbers = {10, 20, 30, 40, 50}

• 배열의 예: numbers[5] = {10, 20, 30, 40, 50}

파이선에서의 리스트는 데이터의 순서가 있는 시퀀스 데이터이며 인덱스는 데이터가 있는 위치를 나타낸다. numbers[0]은 첫 번째 자리의 데이터를 말한다.

정형 데이터는 표로 표현될 수 있으며, 표의 데이터를 리스트와 배열로 표현할 수 있다.

▶▶ 서울시 4개 지역별 표시 과목 병원의 수

표시 과목	강남구	강동구	강서구	구로구
내과	79	60	50	31
외과	25	8	6	3
정형외과	28	28	26	17
소아청소년과	28	28	25	23
안과	68	18	15	14

위의 표는 행과 열의 속성이 각각 지역과 병원의 표시 과목으로 정해져 있는 정형 데이터의 대표적인 형태이다. 강남구의 병원 수를 리스트로 표현하면 다음과 같다.

강남구 = [79, 25, 28, 28, 68]

4개 지역의 표시 과목별 병원 수 데이터를 하나의 배열로 표현하면 다음과 같다.

$$병원의 수 = \begin{bmatrix} 79 & 60 & 50 & 31 \\ 25 & 8 & 6 & 3 \\ 28 & 28 & 26 & 17 \\ 28 & 28 & 25 & 23 \\ 68 & 18 & 15 & 14 \end{bmatrix}$$

LINK 6 관련 수학 개념 설명_ 벡터, 행렬

1 벡터

(1) 벡터의 뜻

• 크기만을 갖는 양을 스칼라(scalar)라고 한다.
• 화살표의 방향은 벡터의 방향을 나타낸다.

① 길이, 넓이, 부피, 속력 등은 그 양을 하나의 실수로 나타낼 수 있다. 그러나 바람의 상태, 힘, 속도, 가속도 등은 그 양을 크기뿐만 아니라 방향도 함께 나타내어야 한다. 이와 같이 크기와 방향을 함께 갖는 양을 벡터라고 한다.

② 오른쪽 그림과 같이 점 A에서 점 B로 향하는 방향과 크기가 주어진 선분 AB 를 벡터 AB라고 하며, 이것을 기호로 $\overrightarrow{AB}$와 같이 나타낸다.

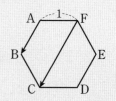

③ 점 A를 $\overrightarrow{AB}$의 **시점**, 점 B를 $\overrightarrow{AB}$의 **종점**이라고 한다.

④ 선분 AB의 길이를 벡터 $\overrightarrow{AB}$의 **크기**라고 하며, 이것을 기호로 $|\overrightarrow{AB}|$와 같이 나타낸다.

확인 문제 1

오른쪽 그림과 같이 한 변의 길이가 1인 정육각형 ABCDEF에서 다음에 답하시오.

(1) $\overrightarrow{AB}$와 방향이 같은 벡터를 모두 찾으시오.

(2) $|\overrightarrow{FC}|$를 구하시오.

수학으로 풀어보기

(1) $\overrightarrow{AB}$와 방향이 같은 벡터는 $\overrightarrow{FC}$와 $\overrightarrow{ED}$이다.

(2) $|\overrightarrow{FC}| = 2|\overrightarrow{AB}|$, $|\overrightarrow{AB}| = 1$이므로
$|\overrightarrow{FC}| = 2$이다.

답 (1) $\overrightarrow{FC}$, $\overrightarrow{ED}$ (2) 2

(2) 위치벡터

① 한 점 O를 고정하면 임의의 벡터 $\vec{p}$에 대하여 $\vec{p} = \overrightarrow{OP}$인 점 P의 위치가 하나로 정해진다. 역으로 임의의 점 P에 대하여 $\overrightarrow{OP} = \vec{p}$인 벡터 $\vec{p}$가 하나로 정해진다.

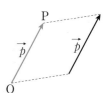

② 시점을 한 점 O로 고정하면 $\overrightarrow{OP}$와 평면 위의 점 P는 일대일대응 관계가 있다.

③ 이와 같이 평면에서 한 점 O를 시점으로 하는 벡터 $\overrightarrow{OP}$를 점 O에 대한 점 P의 **위치벡터**라고 한다. 일반적으로 평면에서 위치벡터의 시점 O는 좌표평면의 원점으로 잡는다.

(3) 벡터의 성분

① 좌표평면에서 위치벡터 $\vec{a}$의 종점의 좌표가 (a_1, a_2)일 때 $\vec{a}$는 점 (a_1, a_2)와 일대일대응 관계가 있으므로, 이것을 기호로
$\vec{a} = (a_1, a_2)$와 같이 나타낸다.
이때, 실수 a_1, a_2를 벡터 $\vec{a}$의 **성분**이라고 하며 a_1을 $\vec{a}$의 x성분, a_2를 $\vec{a}$의 y성분이라고 한다.

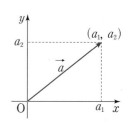

② 일반적으로 n개의 수 x_1, x_2, $\cdots$, x_n을 괄호 속에 순서대로 나열하여 나타낸 $\overrightarrow{X} = (x_1, x_2, \cdots, x_n)$을 성분의 개수가 n인 벡터라 한다. 이때, x_1, x_2, $\cdots$, x_n을 벡터 $\overrightarrow{X}$의 성분이라 하고, x_1을 첫째 성분, x_2를 둘째 성분, $\cdots$, x_n을 n째 성분이라 한다.

보기 $\overrightarrow{X} = (1, 0, 3, 4)$에서 3은 벡터 $\overrightarrow{X}$의 셋째 성분이고 벡터 $\overrightarrow{X}$의 둘째 성분은 0이다.

2 행렬

(1) 행렬의 뜻

① 몇 개의 수나 문자를 직사각형 모양으로 배열하여 괄호로 묶어 나타낸 것을 **행렬**이라고 하며 행렬을 이루는 각각의 수나 문자를 그 행렬의 성분이라고 한다.

② 행렬에서 성분을 가로로 배열한 줄을 행이라 하고, 위에서부터 차례로 제1행, 제2행, …이라고 한다. 또, 성분을 세로로 배열한 줄을 열이라 하고, 왼쪽에서부터 차례로 제1열, 제2열, …이라고 한다.

제1행 → $\begin{pmatrix} 2 & 3 & 4 \\ 3 & 2 & 2 \end{pmatrix}$ ← 제2행

제1열 제2열 제3열

③ 일반적으로 m개의 행과 n개의 열로 이루어진 행렬을 $m \times n$ 행렬 또는 m행 n열의 행렬이라고 한다. 특히, 행과 열의 개수가 같은 행렬을 정사각행렬이라 하고, $n \times n$ 행렬을 n차 정사각행렬이라고 한다.

> **보기** 행렬 $\begin{pmatrix} 1 & 3 & 5 \\ 2 & 4 & 4 \end{pmatrix}$는 2×3 행렬이고, 제1행은 $(1 \ 3 \ 5)$, 제2열은 $\begin{pmatrix} 3 \\ 4 \end{pmatrix}$이다.

④ 일반적으로 행렬은 알파벳의 대문자 A, B, C, …를 사용하여 나타내고, 행렬의 성분은 알파벳의 소문자 a, b, c, …를 사용하여 나타낸다. 또, 행렬 A의 제i행과 제j열이 만나는 위치에 있는 성분을 행렬 A의 (i, j) 성분이라 하고, 기호로 a_{ij}와 같이 나타낸다.

제j열
제i행 $\begin{pmatrix} a_{11} & \cdots & a_{1j} & \cdots \\ \vdots & & \vdots & \\ a_{i1} & \cdots & a_{ij} & \cdots \\ \vdots & & \vdots & \end{pmatrix}$

> **보기** 예를 들어, 행렬 $\begin{pmatrix} 11 & 7 \\ 13 & 6 \end{pmatrix}$에서 $(1, 2)$ 성분 a_{12}는 7이고, $(2, 2)$ 성분 a_{22}는 6이다.

확인 문제 ②

2×3 행렬 A의 (i, j) 성분 a_{ij}가 $a_{ij} = i + j - 2$일 때, 행렬 A를 구하시오.

▌수학으로 풀어보기

$a_{11} = 1 + 1 - 2 = 0$, $a_{12} = 1 + 2 - 2 = 1$, $a_{13} = 1 + 3 - 2 = 2$,
$a_{21} = 2 + 1 - 2 = 1$, $a_{22} = 2 + 2 - 2 = 2$, $a_{23} = 2 + 3 - 2 = 3$이므로
$A = \begin{pmatrix} 0 & 1 & 2 \\ 1 & 2 & 3 \end{pmatrix}$

답 $A = \begin{pmatrix} 0 & 1 & 2 \\ 1 & 2 & 3 \end{pmatrix}$

(2) 서로 같은 행렬

① 두 행렬 A, B의 행의 수와 열의 수가 각각 같을 때, 두 행렬 A, B는 서로 같은 꼴의 행렬이라고 한다. 특히, 두 행렬 A, B가 서로 같은 꼴의 행렬이고 대응하는 성분이 각각 같을 때, 두 행렬 A, B는 서로 같다고 하고, 기호로 $A = B$와 같이 나타낸다.

② 2×2 행렬 A, B가 서로 같을 조건은

$A = \begin{pmatrix} a_{11} & a_{12} \\ a_{21} & a_{22} \end{pmatrix}$, $B = \begin{pmatrix} b_{11} & b_{12} \\ b_{21} & b_{22} \end{pmatrix}$일 때 $A = B \iff a_{11} = b_{11}, \ a_{12} = b_{12}, \ a_{21} = b_{21}, \ a_{22} = b_{22}$

확인 문제 ③

다음 등식을 만족시키는 실수 x, y, z의 값을 구하시오.

$$\begin{pmatrix} x - 2y & 4 \\ z + 3 & 2x - 3y \end{pmatrix} = \begin{pmatrix} -6 & 4 \\ 6 & -3 \end{pmatrix}$$

▌수학으로 풀어보기

두 행렬이 서로 같으면 대응하는 성분이 각각 같으므로

$x - 2y = -6$ ……… ㉠　　　　$2x - 3y = -3$ …… ㉡　　　　$z + 3 = 6$ …… ㉢

㉠, ㉡, ㉢에서 $x = 12$, $y = 9$, $z = 3$

답 $x = 12$, $y = 9$, $z = 3$

(1) NumPy 라이브러리를 활용한 정형 데이터 표현

■ **NumPy의 특징**

• 다차원 배열을 지원한다.
• 일반 리스트에 비해 빠르고, 메모리를 효율적으로 사용한다.
• 반복문 없이 데이터 배열에 대한 처리를 지원하여 빠르고 편리하다.

NumPy(Numerical Python)는 대표적인 파이선 기반 수치 해석 라이브러리로 고성능 과학 계산과 컴퓨팅 데이터 분석에 필요한 라이브러리이다. 기본적으로 다차원의 배열과 배열 연산을 수행하는 다양한 함수를 기본적으로 제공하며, 딥러닝 구현에서 행렬과 수치 계산 등의 데이터 조작을 도와준다.

NumPy는 벡터 및 행렬 연산에 있어서 매우 편리한 기능을 제공하며, 기본적으로 배열 단위로 자료를 관리하고 이에 대한 연산을 수행한다. NumPy 라이브러리에서는 ndarray라는 다차원 배열 자료 구조를 지원하고 array( ) 메소드를 이용하여 파이선 리스트 자료 구조를 NumPy 배열 형태인 ndarray로 변환한다.

활동 3   [완성 파일: 2-2.ipynb]

numpy 라이브러리를 사용하여 62쪽 표의 4개 지역의 병원 수를 리스트로 저장한 후 배열로 출력해 보자.

```
1    import numpy as np
2    내과 = [79, 60, 50, 31]
3    외과 = [25, 8, 6, 3]
4    정형외과 = [28, 28, 26, 17]
5    소아청소년과 = [28, 28, 25, 23]
6    안과 = [68, 18, 15, 14]
7    병원수 = np.array([내과, 외과, 정형외과, 소아청소년과, 안과])
8    print(병원수)
9    print(병원수.shape)
```

1행: numpy 라이브러리를 가져온다.

2~6행: 각 표시 과목별 병원 수를 리스트로 저장한다.

7행: '병원수' 배열에 각 리스트를 저장한다. 이때, np.array( )는 리스트를 넣어 배열로 만드는 함수이다.

8행: '병원수' 배열을 출력한다.

9행: '병원수' 배열의 크기를 출력한다.

실행 결과

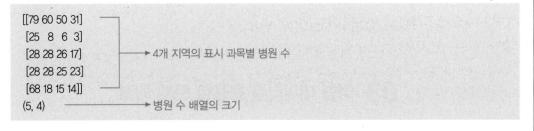

```
[[79 60 50 31]
 [25  8  6  3]
 [28 28 26 17]      →  4개 지역의 표시 과목별 병원 수
 [28 28 25 23]
 [68 18 15 14]]
(5, 4)              →  병원 수 배열의 크기
```

[실행 결과]를 살펴보면 5개의 리스트가 (5, 4) 크기의 배열에 저장되어 출력되었고, 배열의 크기를 확인할 수 있다.

(2) pandas 라이브러리를 활용한 정형 데이터 표현

① pandas 라이브러리의 특징

pandas는 데이터를 분석하기 위한 파이선 라이브러리로, 상대적으로 많은 양의 데이터를 정리하는 가장 기본적인 도구이다. pandas는 엑셀을 다루듯이 파이선으로 데이터 구조를 만들 수 있으며, 행과 열로 이루어진 데이터 객체를 만들이 다룰 수도 있다. pandas와 함께 배열 구조나 랜덤 값 생성 등의 기능을 활용하기 위해 NumPy 라이브러리를 함께 불러오기도 한다.

② pandas 라이브러리의 자료 구조

분석을 위해 수집하는 데이터는 형태나 속성이 다양한데, 데이터 분석을 위해서는 컴퓨터가 이해할 수 있는 동일한 형태와 구조로 정리해야 한다. pandas는 시리즈(series)와 데이터 프레임(data frame)이라는 구조화된 데이터 형식을 제공하는데 시리즈는 1차원 배열의 형태를 가지고, 데이터 프레임은 2차원 배열의 형태를 갖는다.

▶▶ 시리즈와 데이터 프레임의 비교

구분	특징	저장 방식
시리즈	• 순차적으로 나열된 1차원 배열의 형태 • 리스트와 같이 데이터들과 그 데이터를 가리키는 인덱스로 구성	인덱스(노란색)라는 한 가지 기준에 의하여 저장 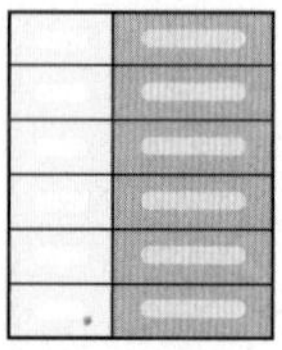
데이터 프레임	• 2차원 배열의 형태 • 엑셀 프로그램의 스프레드시트와 비슷하게 행과 열로 만들어지는 자료 구조이므로 데이터 프레임의 행과 열은 엑셀 파일의 행과 열로 대응됨. • 여러 개의 시리즈들이 모여 행과 열을 이루는 구조로, 데이터 프레임의 열이 각각의 시리즈임. • 같은 인덱스를 기준으로 여러 개의 시리즈가 결합되어 있는 형태	인덱스(노란색)와 컬럼(파란색)이라는 두 가지 기준에 의하여 표 형태처럼 저장 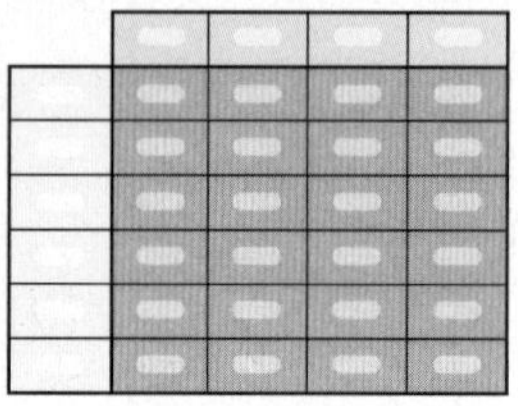

pandas의 특징

• NumPy 라이브러리를 기반으로 하고 있어 처리 속도가 빠르다.
• 누락 데이터의 처리가 용이하다.
• 데이터 프레임의 열의 삽입, 삭제가 가능하다.
• SQL같은 일반 데이터베이스 처리 언어처럼 데이터를 합치거나 관계 연산을 할 수 있다.

03 정형 데이터를 활용한 문제 해결

pandas 라이브러리를 사용하여 정형 데이터를 활용한 문제 해결 사례를 실습해 보자.

(1) 문제 정의

1912년에 발생한 여객선 타이타닉호의 침몰 사고의 실제 데이터를 활용하여 승객의 생존 여부와 관련 있는 정보들이 어떤 것이 있는지 살펴본다.

(2) 데이터 수집

캐글 사이트(www.kaggle.com)에서 타이타닉 관련 데이터를 다운로드한다.
① www.kaggle.com에 접속하여 로그인한다.
② 상단 검색창에 'titanic'을 입력하고 [Competition] 영역을 선택하여 나타나는 'Titanic-Machine Learning from Disaster'를 선택한다.

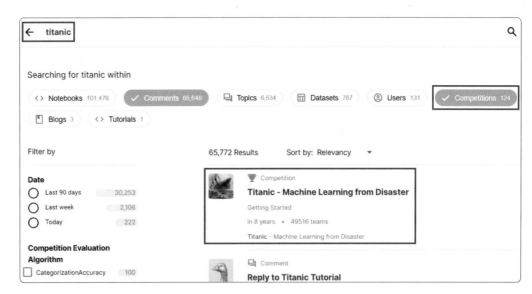

③ 상단의 [Data]를 클릭하고 왼쪽 아래의 'train.csv'를 선택하여 다운로드한다.

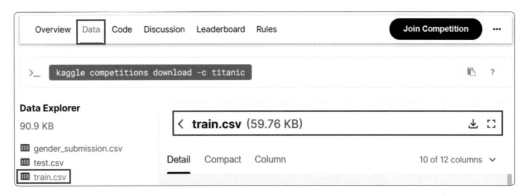

참고 train.csv 파일은 승객의 생존 여부에 대한 데이터가 포함되어 있고, test.csv는 기계 학습의 평가를 위하여 승객의 생존 여부 데이터가 없다. 보통 train 파일로 기계를 학습시키고 test 파일로 성능을 측정하는데, 지금은 모든 데이터를 활용하여 데이터들의 상관관계를 알아보려고 하므로 모든 데이터가 있는 train.csv 파일을 활용한다.

(3) 데이터 전처리

먼저 csv 파일의 데이터 구조를 살펴보고 결측 데이터의 값을 전처리해 본다.

① 데이터 구조 살펴보기

활동 4   [완성 파일: 2-3.ipynb]

pandas 라이브러리를 사용하여 train.csv 파일을 불러오고 그 구조를 알아보자.

[STEP 1] 구글 코랩으로 데이터 불러오기

다운로드한 파일의 이름을 'titanic_train.csv'로 변경하여 구글 드라이브의 [EBS] 폴더에 저장하고, 구글 드라이브와 코랩의 연결을 위해 다음과 같이 코드를 작성한다.

```
1    from google.colab import drive
2    drive.mount('/gdrive')
```

코드를 실행한 후 출력된 URL 링크를 클릭하여 계정 로그인을 하고 화면에 표시된 코드를 빈칸 (authorization code)에 붙여 넣고 Enter↵ 를 누른다. 드라이브에 연결한다. 이후, 코랩 화면 오른쪽 파일 모음 아이콘(☐)을 클릭하여 드라이브 안의 해당 csv 파일을 찾는다. 파일을 선택한 후 마우스 오른쪽 버튼을 클릭하여 [경로 복사]하여 해당 파일의 경로를 복사한다. 복사한 경로를 아래와 같이 파일 경로 변수('path')에 저장한다.

```
3    path = '/gdrive/MyDrive/EBS/titanic_train.csv'
```

[STEP 2] pandas 라이브러리를 이용하여 csv 파일 읽기

```
4    import pandas as pd
5    titanic = pd.read_csv(path)
```

4행: pandas 라이브러리를 가져온다.

5행: 3행의 path에 저장된 titanic_train.csv 파일을 'titanic'이라는 이름의 데이터 프레임 형태로 저장한다.

[STEP 3] 데이터 프레임의 전체 크기와 구성 정보 확인하기

```
6    print('titanic 데이터 프레임의 크기:', titanic.shape)
7    print('*************************')
8    print('titanic 데이터 프레임의 정보:')
9    print(titanic.info( ))
```

6행: titanic.shape는 titanic 데이터 프레임의 행과 열의 크기를 알려 준다.

9행: titanic.info( )는 titanic 데이터 프레임의 행과 열의 구성 정보를 알려 준다.

실행 결과

```
titanic 데이터프레임의 크기: (891, 12)
*************************************
titanic 데이터프레임의 정보:
⟨class 'pandas.core.frame.DataFrame'⟩
RangeIndex: 891 entries, 0 to 890
Data columns (total 12 columns):
 #   Column        Non-Null Count   Dtype
---  ------        --------------   -----
 0   PassengerId   891 non-null     int64
 1   Survived      891 non-null     int64
 2   Pclass        891 non-null     int64
 3   Name          891 non-null     object
 4   Sex           891 non-null     object
 5   Age           714 non-null     float64
 6   SibSp         891 non-null     int64
 7   Parch         891 non-null     int64
 8   Ticket        891 non-null     object
 9   Fare          891 non-null     float64
 10  Cabin         204 non-null     object
 11  Embarked      889 non-null     object
dtypes: float64(2), int64(5), object(5)
memory usage: 83.7+ KB
None
```

[실행 결과]를 분석하면 shape( )의 결과로 데이터 프레임은 891개의 행과 12개의 열로 구성되어 있음을 알 수 있고, info( )의 결과로 12개 열의 속성명과 각 속성마다 몇 개의 데이터가 있는지 알 수 있다. 예를 들어, 'PassengerId' 속성은 891개의 데이터가 있고, 정수형 데이터(Int64)임을 알 수 있다. 'Age' 속성은 714개의 데이터가 있고 실수형 데이터(float64)이다. 데이터 프레임은 891개의 행이 있는데 'Age' 속성은 714개의 데이터가 있다는 것은 177개(891−714=177)의 결측값이 있다고 볼 수 있다.

[STEP 4] titanic 데이터 프레임의 내용 확인하기

10	titanic.head( )

10행: titanic 데이터 프레임의 첫 5줄의 데이터를 테이블 형태로 출력한다.

전체 데이터를 출력하기 위해서는 10행의 코드를 다음 코드와 같이 데이터 프레임의 이름만 입력한다.

10	titanic

실행 결과

	PassengerId	Survived	Pclass	Name	Sex	Age	SibSp	Parch	Ticket	Fare	Cabin	Embarked
0	1	0	3	Braund, Mr. Owen Harris	male	22.0	1	0	A/5 21171	7.2500	NaN	S
1	2	1	1	Cumings, Mrs. John Bradley (Florence Briggs Th...	female	38.0	1	0	PC 17599	71.2833	C85	C
2	3	1	3	Heikkinen, Miss. Laina	female	26.0	0	0	STON/O2. 3101282	7.9250	NaN	S
3	4	1	1	Futrelle, Mrs. Jacques Heath (Lily May Peel)	female	35.0	1	0	113803	53.1000	C123	S
4	5	0	3	Allen, Mr. William Henry	male	35.0	0	0	373450	8.0500	NaN	S

[STEP 5] titanic 데이터 프레임의 속성명과 인덱스 정보 확인하기

11	print('*** titanic 데이터 프레임의 속성 이름 ***')
12	print(titanic.columns)
13	
14	print('*** titanic 데이터 프레임의 인덱스 정보 ***')
15	print(titanic.index)

12행: titanic.columns는 titanic 데이터 프레임의 속성의 이름을 알려 준다.

15행: titanic.index는 titanic 데이터 프레임의 인덱스의 정보를 알려 준다.

실행 결과

```
*** titanic 데이터 프레임의 속성 이름 ***
Index(['PassengerId', 'Survived', 'Pclass', 'Name', 'Sex', 'Age', 'SibSp',
    'Parch', 'Ticket', 'Fare', 'Cabin', 'Embarked'],
    dtype = 'object')
*** titanic 데이터 프레임의 인덱스 정보 ***
RangeIndex(start = 0, stop = 891, step = 1)
```

[실행 결과]를 살펴보면 columns 명령의 결과로 데이터 프레임의 속성 이름들을 나열하고, index 명령의 결과로 0부터 890까지 1씩 증가하며 891개의 인덱스가 생성된 것을 알 수 있다.

[STEP 6] titanic 데이터 프레임의 속성별 고유한 데이터의 개수 확인하기

16	print('titanic 데이터 프레임의 속성별 고유한 데이터의 개수')
17	titanic.nunique( )

17행: titanic.nunique( )는 titanic 데이터 프레임의 속성별 고유한 데이터의 개수를 알려 준다.

실행 결과

```
titanic 데이터 프레임의 속성별 고유한 데이터의 개수
PassengerId    891
Survived         2
Pclass           3
Name           891
Sex              2
Age             88
SibSp            7
Parch            7
Ticket         681
Fare           248
Cabin          147
Embarked         3
dtype: int64
```

[실행 결과] 내용은 각 속성별로 중복되지 않은 고유한 데이터의 개수를 알려 준다. 예를 들어, 'PassengerId'는 승객의 일련번호이므로 고유한 데이터가 행의 개수만큼인 891개가 출력되고, 'Survived'나 'Sex'는 두 가지 중 한 가지로 표현될 것이므로 고유한 데이터는 2개로 출력된다.

[STEP 7] titanic 데이터 프레임의 속성별 데이터의 범주 확인하기

```
18   titanic['Survived'].unique( )
19   titanic['Sex'].unique( )
20   titanic['Pclass'].unique( )
21   titanic['Embarked'].unique( )
```

18~21행: unique( )를 사용하여 속성의 고유 데이터의 목록을 출력한다.

(참고) 코드를 작성할 때, 하나의 칸에는 한 줄의 명령어만 입력하고 각각 실행한다.

실행 결과

```
array([0, 1])  ◀── 18행 실행 결과
array(['male', 'female'], dtype=object)  ◀── 19행 실행 결과
array([3, 1, 2])  ◀── 20행 실행 결과
array(['S', 'C', 'Q', nan], dtype=object)  ◀── 21행 실행 결과
```

[실행 결과]를 살펴보면 'Survived' 속성은 (0, 1)의 범주를 가지며, 'Sex' 속성은 ('male', 'female')의 범주를 갖는다. 또한 'Pclass' 속성은 (1, 2, 3)의 범주를, 'Embarked' 속성은 ('S', 'C', 'Q')의 범주를 가지며 두 속성의 데이터는 문자형 데이터(object)임을 알 수 있다.

[STEP 5]~[STEP 7]의 실습을 통해 titanic 데이터 프레임의 데이터의 구조는 다음과 같음을 알 수 있다.

연번	속성명	내용	데이터 범주	데이터 타입
1	PassengerId	승객 일련번호		정수형
2	Survived	생존 여부	0 = 사망, 1 = 생존	정수형
3	Pclass	티켓 등급	1 = 1등석, 2 = 2등석, 3 = 3등석	정수형
4	Name	이름		문자형
5	Sex	성별	male = 남성, female = 여성	문자형
6	Age	나이		실수형
7	SibSp	같이 탑승한 배우자 또는 형제자매의 수		정수형
8	Parch	같이 탑승한 부모 또는 자녀의 수		정수형
9	Ticket	티켓 번호		문자형
10	Fare	여객 운임		실수형
11	Cabin	객실 번호		문자형
12	Embarked	승선한 항구	C = Cherbourg, Q = Qeenstown S = Southampton	문자형

[STEP 8] titanic 데이터 프레임의 통계 정보와 데이터 분포 확인하기

```
22   titanic.describe( )
```

22행: describe( )는 titanic 데이터 프레임의 통계 정보와 데이터의 분포를 출력한다.

	PassengerId	Survived	Pclass	Age	SibSp	Parch	Fare
count	891.000000	891.000000	891.000000	714.000000	891.000000	891.000000	891.000000
mean	446.000000	0.383838	2.308642	29.699118	0.523008	0.381594	32.204208
std	257.353842	0.486592	0.836071	14.526497	1.102743	0.806057	49.693429
min	1.000000	0.000000	1.000000	0.420000	0.000000	0.000000	0.000000
25%	223.500000	0.000000	2.000000	20.125000	0.000000	0.000000	7.910400
50%	446.000000	0.000000	3.000000	28.000000	0.000000	0.000000	14.454200
75%	668.500000	1.000000	3.000000	38.000000	1.000000	0.000000	31.000000
max	891.000000	1.000000	3.000000	80.000000	8.000000	6.000000	512.329200

[실행 결과]는 describe( ) 메소드를 사용하여 숫자형 데이터가 있는 속성의 통계 정보를 출력한 것으로 문자형 데이터가 있는 'Name', 'Sex', 'Ticket' 등의 속성은 나타나 있지 않음을 알 수 있다. 참고로 통계 항목 중 count는 Not Null(빈값이 아닌)인 데이터의 개수, mean은 전체 데이터의 평균값, std는 표준편차, min은 최솟값, max는 최댓값을 나타내고, 25%는 25 percentile 값, 50%는 50 percentile 값, 75%는 75 percentile 값을 의미한다.

② 결측 데이터를 찾아 전처리하기

앞에서 살펴본 데이터 프레임의 속성별 데이터 정보를 통해 결측값을 처리한다. 결측값 처리 과정은 추후 데이터를 이용한 예측 등의 활동에서 오류나 오차를 일으킬 수 있기 때문에 필요하며, 빈 데이터가 포함된 행 전체를 삭제하거나 다른 값으로 대체한다. 예를 들면, 수치형 데이터의 경우에는 중앙값, 평균 등으로 채울 수 있고, 범주형 데이터의 경우 최빈값 등으로 채울 수 있다.

활동 4-1

titanic 데이터 프레임의 속성별 결측 데이터의 개수를 출력해 보자.

[STEP 9] 결측 데이터 확인하기

23	titanic.isna( ).sum( )

23행: isna( ).sum( )은 titanic 데이터 프레임의 속성별 결측 데이터 개수의 합을 출력한다.

실행 결과

```
PassengerId    0
Survived       0
Pclass         0
Name           0
Sex            0
Age          177
SibSp          0
Parch          0
Ticket         0
Fare           0
Cabin        687
Embarked       2
dtype: int64
```

[실행 결과]를 통해 'Age', 'Cabin', 'Embarked' 속성은 결측값을 가지며 그 개수가 각각 177, 687, 2임을 알 수 있다.

결측값이 있는 속성 중 'Cabin' 속성은 titanic 데이터에서 승객의 생존 여부와 큰 관련이 없다고 판단할 수 있으므로 'Cabin' 속성의 결측값은 따로 처리하지 않거나, 임의의 값으로 채워도 큰 문제는 없을 것이다. 'Age' 속성의 결측값은 전체 'Age'의 평균값으로, 'Embarked'는 최빈값으로 채우도록 한다.

[STEP 10] 'Age'의 결측 데이터를 평균으로 채우기

24	titanic['Age'] = titanic['Age'].fillna(titanic['Age'].mean( ))

24행: fillna( )는 빈값을 괄호 안의 데이터로 대체하는 메소드이고 mean( )은 평균값을 계산하는 메소드이다. 'Age' 속성의 결측값은 전체 'Age'의 평균값을 계산하여 채운다.

[STEP 11] 'Embarked' 결측 데이터의 최빈값 찾기

25	titanic.groupby('Embarked')['PassengerId'].count( )

25행: 'Embarked' 데이터를 그룹별로 묶어서 그룹별 'PassengerId'의 개수를 세어 출력하므로, 'Embarked' 데이터의 범주별 개수를 알 수 있다.

실행 결과

```
Embarked
C   168
Q    77
S   644
Name: PassengerId, dtype: int64
```

[실행 결과]를 살펴보면 'Embarked' 속성의 범주별 데이터의 개수는 'S' 데이터가 644개로 가장 많으므로 결측 데이터를 'S'로 채운다.

[STEP 12] 'Embarked'의 결측 데이터 채우기

26	titanic['Embarked'] = titanic['Embarked'].fillna('S')
27	titanic.isnull( ).sum( )

26행: 'Embarked' 데이터의 결측 데이터를 'S'로 채운다.
27행: titanic 데이터 프레임의 결측 데이터를 출력하여 'Embarked' 속성의 결측 데이터의 변화를 확인한다.

실행 결과

```
PassengerId    0
Survived       0
Pclass         0
Name           0
Sex            0
Age            0
SibSp          0
Parch          0
Ticket         0
Fare           0
Cabin        687
Embarked       0
dtype: int64
```

[실행 결과]를 살펴보면 'Cabin'을 제외하고 결측 데이터가 없음을 알 수 있다. 같은 방법으로 'Cabin' 속성의 결측 데이터도 전처리할 수 있다.

(4) 데이터 시각화

데이터의 속성들 중 성별이나 티켓의 등급, 승객이 탄 항구 등에 따라 생존 여부에 차이가 있는지 그래프로 시각화하여 속성별 특성을 알아본다.

활동 4-2

titanic 데이터 프레임의 성별 속성과 생존 여부와의 관계를 그래픽을 통해 살펴보자.

[STEP 13] titanic 데이터 프레임의 성별 속성의 그룹별 생존자 수 확인하기

```
28    titanic.groupby(['Sex', 'Survived'])['Survived'].count( )
```

28행: 'Sex' 속성과 'Survived' 속성을 그룹으로 묶어서 그룹별 'Survived'의 개수를 세어서 출력한다.

실행 결과

```
Sex      Survived
female   0           81
         1          233
male     0          468
         1          109
Name: Survived, dtype: int64
```

[실행 결과]에서 탑승객은 여성이 314명, 남성이 577명으로 남성이 더 많다. 하지만 생존 여부를 살펴보면 남성은 468명이 죽고, 109명이 살아남아 약 18.9%가 생존하였고, 여성은 81명이 죽고, 233명이 살아남아 약 74.2%가 생존했음을 알 수 있다.

[STEP 14] seaborn 라이브러리를 활용하여 그래프로 시각화하기

seaborn 라이브러리는 기본적으로 matplotlib를 기반으로 하지만 조금 더 시각적으로 예쁘고, 간결하다. 또한 pandas의 데이터 프레임을 잘 이해하고 연동하여 데이터 프레임의 값들을 집계하여 쉽게 차트로 요약할 수 있다. 같은 그래프를 matplotlib 라이브러리만 사용하면 많은 명령문이 필요하지만 seaborn을 이용하면 짧은 코드로 훨씬 편하게 그래프를 작성할 수 있다.

```
29    import matplotlib.pyplot as plt
30    import seaborn as sns
31
32    sns.barplot(x = 'Sex', y = 'Survived', data = titanic)
```

29행: seaborn 라이브러리는 matplotlib를 기반으로 하기 때문에 matplotlib도 함께 가져온다.

30행: seaborn 라이브러리를 가져온다.

32행: seaborn 라이브러리를 활용하여 x축은 성별, y축은 생존 여부를 가리키는 막대그래프를 그린다. barplot( )은 막대그래프를 그리는 명령어로, data는 사용할 데이터 프레임 객체명을 입력한다.

참고로 seaborn의 barplot은 모든 데이터를 그대로 가져와서 보여 주는 것이 아니라 그룹별로 모아서 보여 준다.

실행 결과

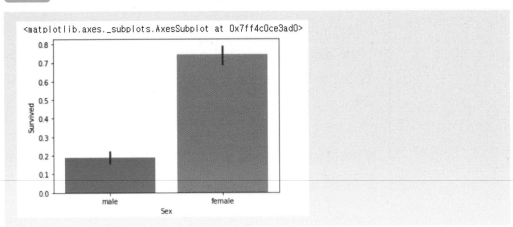

[실행 결과]의 그래프를 살펴보면 여성의 생존율이 남성에 비해 훨씬 높음을 알 수 있다.

[STEP 15] titanic 데이터 프레임의 'Pclass' 속성의 그룹별 생존자 수 확인하기

33	titanic.groupby(['Pclass', 'Survived'])['Survived'].count( )

33행: 'Pclass' 속성과 'Survived' 속성을 그룹으로 묶어서 그룹별 'Survived'의 개수를 출력한다.

실행 결과

```
Pclass  Survived
1       0           80
        1           136
2       0           97
        1           87
3       0           372
        1           119
Name: Survived, dtype: int64
```

[실행 결과]에서 1, 2, 3등석의 티켓 등급에 따라 생존율을 살펴보면, 1등석 객실의 생존율이 높은 것을 알 수 있다.

[STEP 16] seaborn 라이브러리를 활용하여 그래프로 시각화하기

34	import matplotlib.pyplot as plt
35	import seaborn as sns
36	
37	sns.barplot(x = 'Pclass', y = 'Survived', hue = 'Sex', data = titanic)

37행: seaborn 라이브러리를 활용하여 x축은 티켓 등급, y축은 생존 여부를 의미하는 막대그래프 (barplot)를 그린다. barplot( )의 옵션으로 data는 사용할 데이터 프레임 객체명을 입력하고, 성별과의 관계도 함께 고려하기 위하여 hue를 추가하여 성별을 함께 보여 주도록 한다.

실행 결과

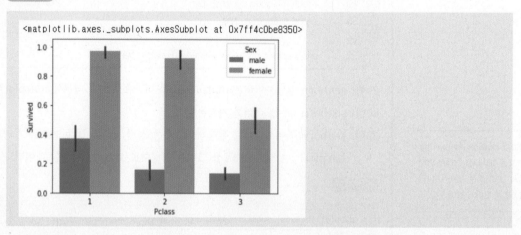

[실행 결과]를 살펴보면 여성의 경우 1, 2등석에서의 생존율의 차이는 많이 크지 않으나 3등석에서는 생존률이 많이 낮아지는 것을 알 수 있다. 남성의 경우는 1등석의 생존률이 2, 3등석보다 높은 것을 알 수 있다.

[STEP 17] titanic 데이터 프레임의 'Embarked' 속성의 그룹별 생존자 수 확인하기

38	titanic.groupby(['Embarked', 'Survived'])['Survived'].count( )

38행: 'Embarked' 속성과 'Survived' 속성을 그룹으로 묶어서 그룹별 'Survived'의 개수를 출력한다.

Embarked	Survived	
C	0	75
	1	93
Q	0	47
	1	30
S	0	427
	1	217

Name: Survived, dtype: int64

[실행 결과]에서 'C', 'Q', 'S'의 각 항구에서 승선한 사람들의 생존율을 살펴보면, 'C' 항구에서 승선한 사람의 생존율이 상대적으로 높은 것을 알 수 있다.

[STEP 18] seaborn 라이브러리를 활용하여 시각화하기

```
39    import matplotlib.pyplot as plt
40    import seaborn as sns
41    sns.barplot(x = 'Embarked', y = 'Survived', data = titanic)
```

41행: x축은 승선한 항구, y축은 생존 여부를 의미하는 막대그래프(barplot)를 그린다.

실행 결과

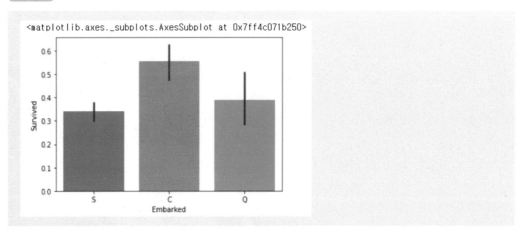

[실행 결과]를 살펴보면 'C' 항구에서 승선한 승객의 생존율이 약 55%로 'S' 항구나 'Q' 항구에서 승선한 승객의 생존율보다 더 높은 것을 알 수 있다.

(5) 데이터 분석 결과 도출하기

titanic의 데이터를 pandas 라이브러리를 활용하여 분석하고 그래프로 시각화하여 본 결과, 승객의 성별, 티켓 등급, 승선한 항구 등이 생존 여부와 관련이 있음을 알 수 있다.

 스스로
해 보기

titanic 데이터 프레임에서 승객의 나이('Age')와 승객번호('PassengerId')를 산점도로 시각화해 보자. 또한 산점도를 통해 titanic호에 승선한 승객 나이의 분포도를 살펴보고 그 특징을 알아보자.

3 비정형 데이터

들 어 가 기 내 용 우리는 하루 종일 얼마나 많은 비정형 데이터를 만들어 낼까?

하루 일과 동안에 생산되는 비정형 데이터가 무엇이 있는지 생각해 보자.

스마트폰과 소셜 미디어 서비스(SNS), 인터넷 포털 등의 사용으로 많은 양의 문자, 채팅, 영상 등의 비정형 데이터가 생산된다. 이런 비정형 데이터는 전체 데이터에서 대부분을 차지할 만큼 많은 양이 생성되기 때문에 이를 분석하고 활용하여 새로운 가치를 만들어 내는 것이 중요하다.

이 단원에서는 무엇을 알아볼까?

우리 주변에서 볼 수 있는 비정형 데이터의 문제 해결 사례를 알아보고, 이미지 데이터와 텍스트 데이터를 처리하는 과정을 실습해 보자.

01 비정형 데이터의 문제 해결 사례

(1) 비정형 데이터의 정의

비정형 데이터는 이메일이나 문자 메시지, 사진 등의 이미지, 음성 데이터, 영상 데이터 등 정해진 규칙이 없고 구조화되지 않은 데이터를 말한다. 정보 통신의 발달로 전 세계에서는 수많은 데이터가 만들어지고 있으며 이 중 상당수가 비정형 데이터이다. 비정형 데이터는 데이터의 특성을 파악하기 어렵다. 비정형 데이터를 분석하거나 기계 학습에 사용할 때에는 수많은 비정형 데이터를 비교·분석하고 특징을 찾아 데이터를 정형화하는 전처리 작업이 필요하다.

(2) 비정형 데이터의 기계 학습 활용 사례

기계 학습에서 이미지, 자연어, 소리 데이터를 활용한 사례를 알아보자.

① **이미지 처리 응용 사례:** 이미지 처리는 이미지의 색, 픽셀 간의 상호 관계, 다른 미세한 세부 항목 등 이미지의 다른 속성을 사용해 윤곽선, 색 등 유용한 정보를 추출하는 것이다.

• **의학 영상 처리:** 서울○○병원 피부과 교수팀은 딥러닝 기반 AI 모델에 악성 흑색종과 기저 세포암 등 12개 종류의 피부 종양 사진 2만여 장을 학습시켜 흑색종의 양성 및 악성 여부를 90%정도로 정확하게 감별했다. 얼핏 보기에 검은 반점처럼 생긴 악성 흑색종은 피부암의 한 종류로 조기에 진단받으면 치료가 쉽지만 적절한 시기를 놓쳐 간이나 폐로 전이되면 생명에 위협이 될 수 있다. 이와 같이 의학 분야에서의 기계 학습을 활용한 이미지 처리로 질병의 조기 진단과 효과적인 치료에 도움을 줄 수 있다.

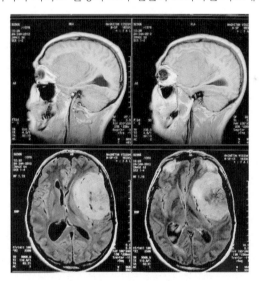

▲ 의학 영상 처리 관련 이미지

• **보안 이미지 처리:** 이미지 처리는 효율적인 보안 시스템을 개발하는 데 도움이 되고 있다. 지문 인식 잠금 장치와 생체 인식 보안 시스템, 침입 탐지 시스템 등에 활용된다.

▶▶ 보안 이미지 처리의 예

홍채 인식	• 사람 홍채가 같을 확률은 10억 분의 1이며 홍채는 266개의 고유 패턴으로 인식되어 지문에 비해 훨씬 정교함. • 적외선 카메라로 홍채를 인식한 후, 홍채의 명암 패턴 등을 분석하여 기존에 저장된 홍채 정보와 비교하여 인식함.
안면 인식	• 3D 스캐닝과 인공지능을 통한 딥러닝을 활용하여 기술이 발전하고 있음. • 3D 스캐닝은 적외선으로 얼굴에 수많은 점을 뿌린 후 점들의 위치를 통합하여 3D 모델을 만들어 눈과 입, 콧구멍, 턱 사이의 각도와 거리, 광대뼈 등 돌출 정도를 파악하여 신원을 확인함.

• **이미지 복원**: 오래된 사진이나 영상물을 복원하는 데에도 AI 기술이 활용되고 있다. 편집되거나 손상된 이미지를 복원하고 모자이크 이미지를 복원해 주기도 한다. 흑백 필름에 색을 입혀 컬러 화면을 만들 수도 있고, 해상도를 높여 더 선명한 사진을 만들 수도 있다.

▲ 딥러닝으로 흑백 사진을 컬러 사진으로 재복원

② **자연어 처리 응용 사례**: 자연어 처리는 컴퓨터가 사람처럼 언어를 이해하고 구사할 수 있도록 하는 기술이다. 소셜 미디어뿐만 아니라 제품 사양, 간행물, 뉴스 등의 다양한 곳에 텍스트가 사용되고 있으며 이런 자연어 처리를 통해 데이터의 숨겨진 가치를 찾을 수 있다.

▶▶ 자연어 처리 응용의 예

챗봇	• 컴퓨터가 실제 사람과 대화를 하듯이 텍스트를 주고받음. • 고객들의 주문을 받고, 주문 상태를 확인하고, 정보를 분류하고, 티켓을 예약하는 등의 역할을 수행함. • 사용자가 입력하는 내용을 이해하고 해석하여 적절히 대응할 수 있도록 자연어 처리의 기술이 발달되고 있음.
번역	• 외국어를 입력하면 다른 언어로 번역해 주는데, 자연어 처리 기술의 발달로 보다 더 자연스러운 문장으로 번역이 가능해짐. • 이미지 처리를 함께하여 사진 속 외국어를 다른 언어로 번역해 주기도 함.
텍스트 분석	• 많은 사람들이 사용하는 트위터나 페이스북, 여러 메신저의 SNS 서비스의 텍스트들, 사용자의 제품 리뷰 등을 분석하여 비즈니스 분야에 활용함. • 텍스트 데이터 내용의 감정을 해석하고 분류하기도 함. ▲ 텍스트 분석 및 워드 클라우드 시각화

③ 소리 처리 응용 사례: 기계가 소리를 인식하고 소리 데이터에서 특징을 추출하여 학습하고 분류한다.

• 음성 복원 및 합성: 음소거된 영상에서 소리를 복원한다. 사람이 다른 사람의 입모양을 읽을 수 있듯이, 기계 학습은 입모양과 소리를 반복 학습 후 영상에서 예상되는 소리를 만들어 낸다. 또, 수십 분의 음성 데이터만으로 특정 사람의 전체적인 목소리를 구현하기도 하고, 청력을 잃었거나 후천적으로 목소리를 잃은 사람의 목소리를 만들어주기도 한다.

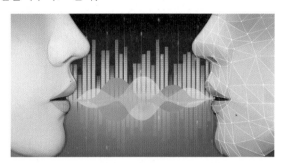

• 음성 어시스턴트: 인간의 음성을 인식하고 의도를 이해하며 적절하게 반응한다. 집에서는 여러 가전 기기에 음성으로 명령을 내릴 수 있다. 문이나 창문을 조작하고, 전등을 조작하는 이런 기술은 장애인들에게도 많은 도움을 주고 있다. 시리, 구글 어시스턴트, 아마존 알렉사 등이 있다.

02 이미지 데이터 처리하기

(1) 컴퓨터 비전(computer vision)이란

사람이 사물을 눈으로 보고 인식하는 것처럼 컴퓨터가 사물을 보고 인식하는 능력을 구현하는 것을 컴퓨터 비전(computer vision)이라고 한다. 이미지나 영상과 같은 데이터를 컴퓨터가 입력받아 이해하도록 처리하는 것이며, 인간의 시각이 할 수 있는 일을 보조하거나 대체하는 시스템을 만드는 것이 목표이다. 이미지 인식은 이미지의 정보를 식별하는 기술이며 이미지에 포함된 객체를 인식하고 분류한다.

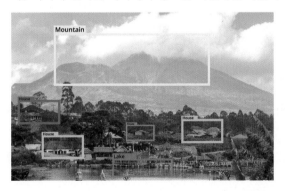

▲ 컴퓨터 비전의 사례

(2) 컴퓨터가 이미지를 표시하고 저장하는 방법

컴퓨터는 이미지를 컴퓨터가 알아볼 수 있는 숫자 형태의 픽셀로 수치화하여 표현하고 저장한다. 픽셀이란 이미지나 화면을 구성하는 최소 단위로 컴퓨터는 픽셀로 이미지를 표현한다. 이미지는 컴퓨터에서 2차원 배열로 표현되며 배열 안의 하나의 원소를 픽셀이라고 할 수 있다. 배열의 각 위치에서의 빛의 세기에 대응하는 값이며 0은 검은색이고 화소값이 커질수록 밝은 값을 표현한다.

① 흑백 사진의 저장 방법: 흑백 사진의 경우 흰색과 검정색 사이의 여러 가지 음영의 회색이 존재하며, 0부터 255까지의 숫자로 표현한다면 검은색은 0, 흰색은 255, 회색은 음영 정도에 따라 0과 255사이의 여러 값으로 표현될 수 있다.

230	194	147	108	90	98	84	96	91	101
237	206	188	195	207	213	163	123	116	128
210	183	180	205	224	234	188	122	134	147
195	189	210	227	229	232	200	125	127	135
249	241	237	244	232	226	202	116	125	126
251	254	241	239	230	217	196	102	103	99
243	255	240	231	227	214	203	116	95	91
204	231	208	200	207	201	200	121	95	95
144	140	120	115	125	127	143	118	92	91
121	121	108	109	122	121	134	106	86	97

② 컬러 사진의 저장 방법

- 색상이 있는 사진의 경우 빨강(R), 초록(G), 파랑(B)이 혼합되어 색을 표현한다.
- 3가지의 각 색상의 0부터 255사이의 숫자로 표현된다. 색상이 있는 사진의 경우, 한 픽셀 당 3가지 색을 표현하도록 3개의 숫자가 필요하다.

③ 0은 색상이 없는 것을 뜻하고, 255는 특정 색상의 강도를 최대로 한 것이라고 볼 수 있다. 모든 색이 0 이면 검은색, 모든 색이 255이면 흰색을 표현한다.

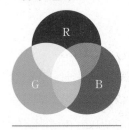

■ 빛의 3원색

233	188	137	96	90	95	63	73	73	82
237	202	159	120	105	110	88	107	112	121	109
226	191	147	110	101	112	98	123	110	119	142	131
221	191	176	182	203	214	169	144	133	145	155	122
185	160	161	184	205	223	186	137	147	161	140	115
181	174	189	207	206	215	194	136	142	151	133	87
245	237	237	231	208	206	192	122	142	144	111	74
254	254	241	224	199	192	181	99	122	117	117	74
239	248	232	207	187	182	184	110	114	110	113	74
293	215	293	167	158	164	181	114	112	111	105	82
113	119	110	111	113	123	135	120	188	186	113
93	97	91	103	107	111	122	112	104	114

(3) OpenCV를 활용하여 이미지 데이터 처리하기

이미지 처리의 핵심은 색, 픽셀 간의 상호 관계, 물체 배치 등과 같은 이미지의 다른 속성을 사용하여 물체, 윤곽선 등 이미지 특징이라고 부르는 유용한 정보를 추출하는 것이다. 파이선의 이미지 처리 및 컴퓨터 비전을 위한 오픈 소스 라이브러리인 OpenCV를 활용하여 이미지 처리를 해 보자.

① 이미지 호출 및 출력하기

활동 5   [완성 파일: 2-4.ipynb]

이미지 처리를 위한 모듈을 이용하여 이미지 데이터를 출력해 보자.

[STEP 1] 이미지 처리 모듈 가져오기

```
1   import cv2
2   from google.colab.patches import cv2_imshow
3
4   import numpy as np
```

1행: OpenCV 라이브러리를 가져온다.

2행: 구글 코랩에서 cv2 출력을 위한 모듈을 가져온다.

4행: 이미지 데이터를 행렬로 처리하기 위한 numpy 라이브러리를 가져온다.

[STEP 2] 이미지 데이터 불러오기

```
5    from google.colab import drive
6    drive.mount('/gdrive')
```

코드 실행 후 출력된 URL 링크를 클릭하여 계정 로그인을 한다. 화면에 표시된 코드를 복사하여 빈칸 (authorization code)에 입력하고 Enter← 를 눌러 드라이브에 연결한 후, 코랩 화면 오른쪽 파일 모음 아이콘(🗀)을 클릭하여 드라이브 안의 해당 이미지 파일을 찾는다. 파일을 선택 후 마우스 오른쪽 버튼을 클릭하여 [경로 복사]하여 해당 파일의 경로를 복사한다. 복사한 경로를 아래와 같이 파일 경로 변수 ('path')에 저장한다. (이미지 파일 이름: pensu.PNG)

```
7    path = '/gdrive/MyDrive/EBS/pensu.PNG'
```

[STEP 3] 이미지의 데이터 타입 출력하기

```
8    img = cv2.imread(path)
9    print(type(img))
```

8행: path 경로의 이미지를 읽어와서 img 변수에 저장한다.

9행: img 변수의 데이터의 타입을 출력한다.

실행 결과

⟨class 'numpy.ndarray'⟩

[실행 결과]를 살펴보면 img 데이터가 numpy의 행렬로 저장되어 있음을 확인할 수 있다. 이미지는 다차원 행렬의 형태로 저장된다.

[STEP 4] 이미지 표시와 크기 출력하기

```
10   img = cv2.imread(path)
11   cv2_imshow(img)
12
13   print(img.shape)
14   print(img.size)
15   print(img.dtype)
```

10행: path 경로의 이미지를 읽어와서 img 변수에 저장한다.

11행: cv2_imshow( )는 이미지를 표시한다.

13행: img.shape는 이미지의 크기를 y축 크기(높이), x축 크기(가로), 채널(색)의 수 순으로 알려 준다.

14행: img.size는 이미지의 크기를 세로×가로×색으로 알려 준다.

15행: img.dtype은 img의 데이터 타입을 알려 준다.

(387, 677, 3)
785997
uint8

[실행 결과]에서 이미지 데이터는 높이가 387, 가로가 677이고 컬러 이미지이기 때문에 3가지 색상의 채널을 가지고 있다. size는 785997(＝세로 387×가로 677×채널 3)이고, 데이터 타입은 uint8이다.

② 이미지 색상 변경하기

이미지 색상 변경을 위하여 cv2.imread(filename, flag) 형태로 사용하며, filename은 이미지 파일의 경로이고 flag는 이미지 파일을 읽을 때의 옵션이다.

▶▶ flag의 옵션

옵션	내용
cv2.IMREAD_COLOR	이미지 파일을 color로 읽음. default 설정, OpenCV는 BGR 순서의 3채널
cv2.IMREAD_GRAYSCALE	이미지 파일을 grayscale로 읽음. 1채널

활동 5-1

펭수 이미지의 색상을 변경하고 이미지의 크기를 출력해 보자.

[STEP 5] 이미지의 색상 변경과 크기 출력하기

```
16    gray = cv2.imread(path, cv2.IMREAD_GRAYSCALE)
17    cv2_imshow(gray)
18
19    print(gray.shape)
```

16행: cv2.IMREAD_GRAYSCALE 옵션을 사용하여 이미지를 흑백으로 읽어 gray 변수에 저장한다.
17행: gray 변수에 저장된 이미지를 출력한다.
19행: gray 이미지의 크기를 출력한다.

(387, 677)

[실행 결과]를 통해 흑백 이미지 데이터의 크기는 color 이미지와 같으나 마지막의 채널 값이 출력되지 않음을 알 수 있다.

③ 이미지 데이터의 픽셀값 확인하기

활동 5-2

펭수 이미지 데이터의 픽셀값을 출력해 보자.

[STEP 6] 이미지 데이터의 변숫값(픽셀값) 출력하기

20	img

20행: img 변수에 들어있는 값을 확인한다.

실행 결과

```
array([[255, 255, 255, ..., 255, 255, 255],
       [255, 255, 255, ..., 255, 255, 255],
       [255, 255, 255, ..., 255, 255, 255],

       [255, 255, 95, ..., 87, 85, 95],
       [255, 255, 255, ..., 255, 255, 255],
       [255, 255, 255, ..., 255, 255, 255]], dtype=uint8)
```

[실행 결과]를 통해 이미지는 0부터 255의 숫자들로 구성된 다차원 행렬 형태로 저장되어 있음을 알 수 있다.

[STEP 7] 이미지 데이터의 최솟값, 최댓값 출력하기

21	img = cv2.imread(path)
22	
23	print(img.min( ))
24	print(img.max( ))

21행: path 경로의 이미지를 읽어와서 img 변수에 저장한다.

23행: img 데이터의 최솟값(픽셀값)을 출력한다.

24행: img 데이터의 최댓값(픽셀값)을 출력한다.

실행 결과

```
0
255
```

[실행 결과]를 살펴보면 픽셀값이 0부터 255로 구성되어 있음을 알 수 있다.

[STEP 8] 이미지 데이터의 특정 좌푯값의 색상 변경하기

25	px = img[200, 200]
26	print(px)
27	
28	img[200, 200] = [255, 255, 255]
29	cv2_imshow(img)

25, 26행: img 중 좌표 (200, 200) 부분의 픽셀을 px 변수에 저장하고 px값을 출력한다.

28, 29행: img 중 좌표 (200, 200)의 색상값을 (255, 255, 255)로 변경하고 img를 출력한다.

[255, 255, 255]는 흰색이다.

[21 22 20]

→ 좌표 (200, 200)

OpenCV는 색상을 B(파랑)G(초록)R(빨강)의 순서로 표현된다. [실행 결과]에서 (200, 200) 부분의 픽셀의 색상값은 B=21, G=22, R=20이며, 색상값을 변경함으로써 펭수의 턱의 검정 부분에 흰색 점이 있는 것을 확인할 수 있다. 즉, 좌표 (200, 200)의 픽셀이 흰색으로 변경되었다.

④ 이미지 분할하기

펭수의 이미지를 일부 잘라 내어 본래의 이미지와 함께 출력해 보자.

[STEP 9] 이미지 잘라 내기

```
30    img = cv2.imread(path)
31    subimg = img[140:250, 400:620]
32
33    cv2_imshow(subimg)
```

31행: img 중 높이의 140~250, 가로의 400~620 부분을 잘라 내어 subimg 변수에 저장한다.
33행: subimg를 출력한다.

[STEP 10] [STEP 9]에서 자른 이미지를 본래의 이미지에 대체하기

```
34    img = cv2.imread(path)
35    subimg = img[140:250, 400:620]
36    img[0:110, 0:220] = subimg
37
38    cv2_imshow(img)
```

36행: img 중 높이 0~110, 가로의 0~220 부분을 위에서 자른 subimg로 대체한다.
38행: img를 출력한다.

⑤ 이미지 크기 변환 및 합치기

두 개의 이미지를 더하는 식은 'img＝img1＋img2'로 쓸 수 있다. 이렇게 두 개의 이미지를 더해 새로운 이미지를 생성하려면 img1과 img2는 동일한 크기의 동일한 데이터 타입이어야 한다. 이 연산에서 각 픽셀들을 더한 값이 255보다 크면 그 값을 256으로 나눈 나머지가 픽셀값이 된다. 예를 들어, 두 픽셀을 더한 값이 260이라면, 픽셀값은 4로 변환된다.

활동 5-4

펭수 이미지와 꽃 이미지를 같은 크기로 변환하여 합해 보자.

[STEP 11] 꽃 이미지 출력하기

```
39    img2 = cv2.imread('/gdrive/MyDrive/EBS/flower.jpg')
40    img2 = cv2.resize(img2, (677, 387), interpolation = cv2.INTER_LINEAR)
41
42    cv2_imshow(img2)
```

39행: 구글 드라이브에 꽃 이미지를 저장하고 img2 변수에 불러온다.

40행: resize( )는 이미지의 크기를 바꾸어 주며 꽃 이미지를 펭수 이미지의 크기로 변환한다.
　　　또한 'interpolation＝cv2.INTER_LINEAR'는 이미지를 확대하면서 생기는 빈 공간을 채워주는 알고리즘이다.

42행: img2를 출력한다.

[STEP 12] 펭수 이미지와 꽃 이미지를 합하기

```
43    img1 = cv2.imread(path)
44    img = img1 + img2
45
46    cv2_imshow(img)
```

43행: img1은 앞에서 불러온 펭수 이미지이다.

44행: img1과 img2를 더하기 연산을 하여 img에 저장한다.

46행: img를 출력한다.

[STEP 13] OpenCV의 add( )를 사용하여 이미지 결합하기

이번에는 이미지 결합 방법으로 OpenCV의 add( )를 이용해 본다. add( )를 이용하면 두 픽셀을 더한 값이 255보다 크면 255로 정한다. **[STEP 12]**의 더하기(＋) 연산과 **[STEP 13]**의 add( ) 두 방법의 결과를 비교해 보자.

```
47    img1 = cv2.imread(path)
48    img = cv2.add(img1, img2)
49    cv2_imshow(img)
```

47행: img1은 앞에서 불러온 펭수 이미지이다.

48, 49행: img1과 img2를 cv2.add( )를 사용하여 더하고 img에 저장한 후 img를 출력한다.

LINK 7 관련 수학 개념 설명_ 행렬의 연산

1 행렬의 덧셈

영행렬

모든 성분이 0인 행렬을 영행렬이라고 한다.

$(0 \ 0), \begin{pmatrix} 0 \\ 0 \end{pmatrix}, \begin{pmatrix} 0 & 0 \\ 0 & 0 \end{pmatrix},$

$\begin{pmatrix} 0 & 0 & 0 \\ 0 & 0 & 0 \end{pmatrix}$ 은 모두 영행렬이다.

같은 꼴의 두 행렬 A, B에 대하여 A와 B의 대응하는 성분의 합을 성분으로 하는 행렬을 A와 B의 합이라고 하며, 이것을 기호로 $A+B$와 같이 나타낸다.

보기 2×2 행렬의 덧셈은 다음과 같다.

$$A=\begin{pmatrix} a_{11} & a_{12} \\ a_{21} & a_{22} \end{pmatrix}, B=\begin{pmatrix} b_{11} & b_{12} \\ b_{21} & b_{22} \end{pmatrix} \text{일 때 } A+B=\begin{pmatrix} a_{11}+b_{11} & a_{12}+b_{12} \\ a_{21}+b_{21} & a_{22}+b_{22} \end{pmatrix}$$

확인 문제 1

다음을 계산하여라.

⑴ $(0 \ \ 2)+(-1 \ \ 3)$

⑵ $\begin{pmatrix} -2 & -1 & 0 \\ 1 & -1 & 6 \end{pmatrix}+\begin{pmatrix} 3 & 3 & -2 \\ -4 & 1 & -3 \end{pmatrix}$

답 ⑴ $(-1, \ 5)$ ⑵ $\begin{pmatrix} 1 & 2 & -2 \\ -3 & 0 & 3 \end{pmatrix}$

2 행렬의 뺄셈

같은 꼴의 두 행렬 A, B에 대하여 A에 B의 덧셈에 대한 역원 $-B$를 더한 $A+(-B)$를 기호로 $A-B$와 같이 나타내고, 이것을 행렬 A에서 행렬 B를 뺀 차라고 한다. 이를 테면 2×2 행렬의 뺄셈은 다음과 같다.

$$A=\begin{pmatrix} a_{11} & a_{12} \\ a_{21} & a_{22} \end{pmatrix}, B=\begin{pmatrix} b_{11} & b_{12} \\ b_{21} & b_{22} \end{pmatrix} \text{일 때, } A-B=\begin{pmatrix} a_{11}-b_{11} & a_{12}-b_{12} \\ a_{21}-b_{21} & a_{22}-b_{22} \end{pmatrix}$$

확인 문제 2

두 행렬 $A=\begin{pmatrix} -1 & 3 \\ 2 & -2 \end{pmatrix}, B=\begin{pmatrix} 1 & 4 \\ 1 & -1 \end{pmatrix}$에 대하여 $A-B$를 구하시오.

▌수학으로 풀어보기

$$A-B=\begin{pmatrix} -1 & 3 \\ 2 & -2 \end{pmatrix}-\begin{pmatrix} 1 & 4 \\ 1 & -1 \end{pmatrix}=\begin{pmatrix} -1-1 & 3-4 \\ 2-1 & -2-(-1) \end{pmatrix}=\begin{pmatrix} -2 & -1 \\ 1 & -1 \end{pmatrix}$$

답 $A-B=\begin{pmatrix} -2 & -1 \\ 1 & -1 \end{pmatrix}$

3 행렬의 실수배

일반적으로 임의의 실수 k에 대하여 행렬 A의 각 성분을 k배 한 것을 성분으로 하는 행렬을 행렬 A의 k배라고 하며, 이것을 기호로 kA와 같이 나타낸다.

이를 테면 2×2 행렬의 실수배는 다음과 같다.

행렬 $A=\begin{pmatrix} a_{11} & a_{12} \\ a_{21} & a_{22} \end{pmatrix}$와 실수 k에 대하여 $kA=\begin{pmatrix} ka_{11} & ka_{12} \\ ka_{21} & ka_{22} \end{pmatrix}$

두 행렬 $A = \begin{pmatrix} 3 & -2 \\ 1 & -4 \end{pmatrix}$, $B = \begin{pmatrix} -1 & 2 \\ 2 & -3 \end{pmatrix}$에 대하여 등식 $2X - (A+B) = 3(A-B)$을 만족시키는 행렬 X를 구하시오.

▍수학으로 풀어보기

주어진 등식을 간단히 하면 $2X = 4A - 2B$

이 식의 양변에 $\dfrac{1}{2}$을 곱하면 $\dfrac{1}{2}(2X) = \dfrac{1}{2}(4A - 2B)$

$\qquad X = 2A - B$

이 식에 $A = \begin{pmatrix} 3 & -2 \\ 1 & -4 \end{pmatrix}$, $B = \begin{pmatrix} -1 & 2 \\ 2 & -3 \end{pmatrix}$을 대입하면

$$X = 2\begin{pmatrix} 3 & -2 \\ 1 & -4 \end{pmatrix} - \begin{pmatrix} -1 & 2 \\ 2 & -3 \end{pmatrix} = \begin{pmatrix} 6 & -4 \\ 2 & -8 \end{pmatrix} - \begin{pmatrix} -1 & 2 \\ 2 & -3 \end{pmatrix} = \begin{pmatrix} 7 & -6 \\ 0 & -5 \end{pmatrix}$$

답 $X = \begin{pmatrix} 7 & -6 \\ 0 & -5 \end{pmatrix}$

4 행렬의 곱셈

일반적으로 두 행렬 A, B에 대하여 행렬 A의 열의 개수와 행렬 B의 행의 개수가 같을 때, 행렬 A의 제i행의 성분과 행렬 B의 제j열의 성분을 각각 차례로 곱하여 더한 값을 (i, j)성분으로 하는 행렬을 두 행렬 A, B의 곱이라고 하며, 이것을 기호로 AB와 같이 나타낸다.

▲ 행렬 A　　　　▲ 행렬 B　　　　▲ 행렬 AB

참고 두 행렬 A, B의 곱 AB는 행렬 A의 열의 개수와 행렬 B의 행의 개수가 같을 때에만 정의된다. 이때, $m \times l$ 행렬 A와 $l \times n$ 행렬 B의 곱 AB는 $m \times n$ 행렬이다. 이를테면 2×2 행렬의 곱셈은 다음과 같다.

$$A = \begin{pmatrix} a_{11} & a_{12} \\ a_{21} & a_{22} \end{pmatrix}, \quad B = \begin{pmatrix} b_{11} & b_{12} \\ b_{21} & b_{22} \end{pmatrix} \text{일 때, } AB = \begin{pmatrix} a_{11}b_{11} + a_{12}b_{21} & a_{11}b_{12} + a_{12}b_{22} \\ a_{21}b_{11} + a_{22}b_{21} & a_{21}b_{12} + a_{22}b_{22} \end{pmatrix}$$

행렬의 곱셈에서는 일반적으로 교환법칙이 성립하지 않는다. 즉,
$$AB \neq BA$$

다음을 계산하여라.

(1) $\begin{pmatrix} 3 & 4 \\ -1 & 0 \end{pmatrix}\begin{pmatrix} 2 \\ -3 \end{pmatrix}$
　　　　　　　　(2) $\begin{pmatrix} 5 & 2 \\ -7 & 4 \end{pmatrix}\begin{pmatrix} 2 & -1 \\ 0 & 1 \end{pmatrix}$

▍수학으로 풀어보기

(1) $\begin{pmatrix} 3 & 4 \\ -1 & 0 \end{pmatrix}\begin{pmatrix} 2 \\ -3 \end{pmatrix} = \begin{pmatrix} 3 \times 2 + 4 \times (-3) \\ (-1) \times 2 + 0 \times (-3) \end{pmatrix} = \begin{pmatrix} -6 \\ -2 \end{pmatrix}$

(2) $\begin{pmatrix} 5 & 2 \\ -7 & 4 \end{pmatrix}\begin{pmatrix} 2 & -1 \\ 0 & 1 \end{pmatrix} = \begin{pmatrix} 5 \times 2 + 2 \times 0 & 5 \times (-1) + 2 \times 1 \\ (-7) \times 2 + 4 \times 0 & (-7) \times (-1) + 4 \times 1 \end{pmatrix} = \begin{pmatrix} 10 & -3 \\ -14 & 11 \end{pmatrix}$

답 (1) $\begin{pmatrix} -6 \\ -2 \end{pmatrix}$ (2) $\begin{pmatrix} 10 & -3 \\ -14 & 11 \end{pmatrix}$

⑥ 이미지 이동하기

이미지를 이동하는 것은 이미지의 모든 픽셀을 원래 좌표에서 x축, y축 방향으로 일정한 양만큼 더해서 새로운 좌표로 옮기는 것이다. OpenCV 라이브러리는 행렬의 좌표를 변환시켜 주는 warpAffine( )을 제공하는데 그 형식은 다음과 같다.

$$warpAffine(src, mtrx, dsize)$$

이미지의 경로 ◀──   ──▶ 이미지의 크기

──▶ 변환 행렬

이미지의 한 픽셀을 (t_x, t_y)만큼 이동을 나타내는 행렬은 다음과 같다.

$$M = \begin{bmatrix} 1 & 0 & t_x \\ 0 & 1 & t_y \end{bmatrix}$$

활동 5-5

펭수 이미지를 $(100, 100)$으로 이동하여 결과를 출력해 보자.

[STEP 14] 이미지 이동시키기

```
50    img = cv2.imread(path)
51    r, c = img.shape[0:2]
52    M = np.float32([[1, 0, 100], [0, 1, 100]])
53    new_img = cv2.warpAffine(img, M, (c, r))
54    cv2.imshow(new_img)
```

50행: img은 앞에서 불러온 펭수 이미지이다.

51행: 이미지의 크기이다.

52행: M은 변환 행렬이며, x축으로 100, y축으로 100만큼 이동을 설정한다.

53행: new_img는 warpAffine( )을 이용하여 가로, 세로 100만큼 이동한 이미지이고 크기는 원래 크기이다.

54행: new_img를 출력한다.

실행 결과

⑦ 이미지 회전하기

warpAffine( )을 이용하여 이미지 회전을 할 수 있다. 회전을 위한 변환 행렬은 다음과 같다.

$$M = \begin{bmatrix} \cos\theta & -\sin\theta \\ \sin\theta & \cos\theta \end{bmatrix}$$

회전을 위해서는 회전 중심을 지정해서 변환 행렬을 만들어야 하는데, OpenCV에서는 회전 변환 매트릭스를 만들어 주는 getRotationMatrix2D( )를 사용하며, 그 형식은 다음과 같다.

$$getRotationMatrix2D(center, angle, scale)$$

회전축 중심 좌표 ◀──   ──▶ 확대·축소 배율

──▶ 회전 각도

활동 5-6

펭수 이미지를 90° 회전하여 출력해 보자.

[STEP 15] 이미지 회전시키기

```
55    img = cv2.imread(path)
56    r, c = img.shape[0:2]
57    M = cv2.getRotationMatrix2D((c/2, r/2), 90, 1)
58    new_img = cv2.warpAffine(img, M, (c, r))
59    cv2.imshow(new_img)
```

55행: img은 앞에서 불러온 펭수 이미지이다.

56행: 이미지의 크기이다.

57행: M은 변환 행렬이며, 사각형의 중심을 회전축으로 하고, 90° 회전한다.

58행: new_img는 warpAffine( )을 이용하여 위의 변환 행렬로 회전한 이미지이다.

59행: new_img를 출력한다.

실행 결과

LINK 8 관련 수학 개념 설명_ 변환

1 변환

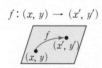

$f : (x, y) \rightarrow (x', y')$

좌표평면 위의 점 $P(x, y)$를 점 $P'(x', y')$으로 대응시키는 함수를 좌표평면 위의 **변환**이라고 하며, 이것을 기호로 $f : (x, y) \rightarrow (x', y')$과 같이 나타낸다. 이때, 점 $P(x, y)$는 변환 f에 의하여 점 $P'(x', y')$으로 옮겨진다고 한다.

예를 들면, 변환 $f : (x, y) \rightarrow (x, -y)$에 의하여 점 $(4, 2)$는 점 $(4, -2)$로 옮겨진다.

확인 문제 ①

변환 $f : (x, y) \rightarrow (y+1, x-2)$에 의하여 다음 점이 옮겨지는 점의 좌표를 구하시오.

(1) $(2, -3)$ (2) $(-4, -1)$

수학으로 풀어보기

(1) 점 $(2, -3)$은 변환 f에 의해 $(-3+1, 2-2)=(-2, 0)$으로 옮겨진다.

(2) 점 $(-4, -1)$은 변환 f에 의해 $(-1+1, -4-2)=(0, -6)$으로 옮겨진다.

답 (1) $(-2, 0)$ (2) $(0, -6)$

2 일차변환

좌표평면 위의 변환 $f : (x, y) \longrightarrow (x', y')$에서

$$\begin{cases} x' = ax + by \\ y' = cx + dy \end{cases} \quad (a, b, c, d\text{는 상수}) \quad \cdots\cdots \text{㉠}$$

와 같이 x', y'이 상수항이 없는 x, y의 일차식으로 나타내어질 때, 이 변환 f를 일차변환이라고 하며, ㉠을 일차변환 f를 나타내는 식이라고 한다.

㉠을 행렬로 나타내면

$$\begin{pmatrix} x' \\ y' \end{pmatrix} = \begin{pmatrix} a & b \\ c & d \end{pmatrix} \begin{pmatrix} x \\ y \end{pmatrix}$$

이므로 $X' = \begin{pmatrix} x' \\ y' \end{pmatrix}$, $A = \begin{pmatrix} a & b \\ c & d \end{pmatrix}$, $X = \begin{pmatrix} x \\ y \end{pmatrix}$로 놓으면 다음과 같다.

$$X' = AX \quad \cdots\cdots \text{㉡}$$

따라서 일차변환 f를 나타내는 식 ㉠이 주어지면 ㉡와 같이 행렬 A가 결정되고, 역으로 행렬 A가 주어지면 ㉡에 의하여 ㉠과 같이 일차변환 f가 정해짐을 알 수 있다. 이때, 행렬 A를 일차변환 f를 나타내는 행렬 또는 일차변환 f의 행렬이라고 한다.

확인 문제 2

행렬 $A = \begin{pmatrix} 2 & -1 \\ 3 & 2 \end{pmatrix}$로 나타내어지는 일차변환 f에 의하여 점 $\mathrm{P}(1, 1)$, $\mathrm{Q}(2, -3)$이 각각 옮겨지는 점 $\mathrm{P'}$, $\mathrm{Q'}$의 좌표를 구하시오.

▌수학으로 풀어보기

점 $\mathrm{P}(1, 1)$, $\mathrm{Q}(2, -3)$이 일차변환 f에 의하여 각각 $\mathrm{P'}(x_1, y_1)$, $\mathrm{Q'}(x_2, y_2)$로 옮겨진다고 하면

$$\begin{pmatrix} x_1 \\ y_1 \end{pmatrix} = \begin{pmatrix} 2 & -1 \\ 3 & 2 \end{pmatrix} \begin{pmatrix} 1 \\ 1 \end{pmatrix} = \begin{pmatrix} 1 \\ 5 \end{pmatrix}$$

$$\begin{pmatrix} x_2 \\ y_2 \end{pmatrix} = \begin{pmatrix} 2 & -1 \\ 3 & 2 \end{pmatrix} \begin{pmatrix} 2 \\ -3 \end{pmatrix} = \begin{pmatrix} 7 \\ 0 \end{pmatrix}$$

따라서 $\mathrm{P'}(1, 5)$, $\mathrm{Q'}(7, 0)$이다.

답 $\mathrm{P'}(1, 5)$, $\mathrm{Q'}(7, 0)$

3 평행이동

좌표평면 위의 변환 $f : (x, y) \longrightarrow (x', y')$에서

$$\begin{cases} x' = x + a \\ y' = y + b \end{cases} \quad (a, b\text{는 상수}) \quad \cdots\cdots \text{㉠}$$

㉠을 행렬로 나타내면

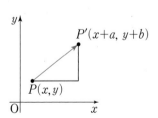

$$\begin{pmatrix} x' \\ y' \end{pmatrix} = \begin{pmatrix} 1 & 0 \\ 0 & 1 \end{pmatrix} \begin{pmatrix} x \\ y \end{pmatrix} + \begin{pmatrix} a \\ b \end{pmatrix} = \begin{pmatrix} 1 & 0 & a \\ 0 & 1 & b \end{pmatrix} \begin{pmatrix} x \\ y \\ 1 \end{pmatrix}$$

와 같이 나타낼 수 있다.

변환 $f : (x, y) \to (x', y')$에서 $\begin{cases} x'=x+2 \\ y'=y-1 \end{cases}$ 일 때 이를 행렬을 이용하여 나타내시오.

┃수학으로 풀어보기

$$\binom{x'}{y'} = \begin{pmatrix} 1 & 0 \\ 0 & 1 \end{pmatrix}\binom{x}{y} + \binom{2}{-1} \text{ 또는 } \binom{x'}{y'} = \begin{pmatrix} 1 & 0 & 2 \\ 0 & 1 & -1 \end{pmatrix}\begin{pmatrix} x \\ y \\ 1 \end{pmatrix}$$

[풀이 참고]

평행이동은 일차변환이
아니다.

4 대칭변환

좌표평면 위의 점 $P(x, y)$를 직선 $y=x$에 대하여 대칭인 점 $P'(x', y')$으로 옮기는 변환을 나타내는 식은

$$\begin{cases} x'=y \\ y'=x \end{cases}, \text{ 즉 } \binom{x'}{y'} = \begin{pmatrix} 0 & 1 \\ 1 & 0 \end{pmatrix}\binom{x}{y}$$

$\begin{cases} x'=0 \times x+1 \times y \\ y'=1 \times x+0 \times y \end{cases}$

이므로 이 변환은 일차변환이다.

이와 같이 좌표평면 위의 점 $P(x, y)$를 직선 또는 점에 대하여 대칭인 점 $P'(x', y')$으로 옮기는 변환을 대칭변환이라고 한다.

x축, y축, 원점 및 직선 $y=x$에 대한 대칭변환은 다음과 같다.

❶ x축에 대한 대칭이동
$(x, y) \to (x, -y)$
❷ y축에 대한 대칭이동
$(x, y) \to (-x, y)$
❸ 원점에 대한 대칭이동
$(x, y) \to (-x, -y)$
❹ 직선 $y=x$에 대한 대칭이동
$(x, y) \to (y, x)$

대칭변환

❶ x축에 대한 대칭변환 $\begin{cases} x'=x \\ y'=-y \end{cases}$ 의 행렬은 $\begin{pmatrix} 1 & 0 \\ 0 & -1 \end{pmatrix}$

❷ y축에 대한 대칭변환 $\begin{cases} x'=-x \\ y'=y \end{cases}$ 의 행렬은 $\begin{pmatrix} -1 & 0 \\ 0 & 1 \end{pmatrix}$

❸ 원점에 대한 대칭변환 $\begin{cases} x'=-x \\ y'=-y \end{cases}$ 의 행렬은 $\begin{pmatrix} -1 & 0 \\ 0 & -1 \end{pmatrix}$

❹ 직선 $y=x$에 대한 대칭변환 $\begin{cases} x'=y \\ y'=x \end{cases}$ 의 행렬은 $\begin{pmatrix} 0 & 1 \\ 1 & 0 \end{pmatrix}$

변환 $\binom{x'}{y'} = \begin{pmatrix} -1 & 0 \\ 0 & 1 \end{pmatrix}\binom{x}{y}$에 의하여 직선 $y=2x+1$이 옮겨지는 도형의 방정식을 구하시오.

┃수학으로 풀어보기

주어진 대칭변환에 의하여 점 (x, y)가 점 (x', y')으로 옮겨진다고 하면

$$\binom{x'}{y'} = \begin{pmatrix} -1 & 0 \\ 0 & 1 \end{pmatrix}\binom{x}{y} = \binom{-x}{y}$$

이므로 $x'=-x$, $y'=y$, 즉 $x=-x'$, $y=y'$

이것을 직선의 방정식 $y=2x+1$에 대입하면

$$y'=-2x'+1$$

이므로 점 (x', y')은 직선 $y=-2x+1$ 위에 있다.

따라서 직선 $y=2x+1$은 주어진 대칭변환에 의하여 직선 $y=-2x+1$로 옮겨진다. $y=-2x+1$

5 닮음변환

좌표평면에서 도형을 확대 또는 축소하는 변환에 대하여 알아보자.

좌표평면 위의 임의의 점 P(x, y)를

$$\begin{cases} x'=kx \\ y'=ky \end{cases} \ (k\text{는 0이 아닌 실수})$$

에 의하여 점 P$'(x', y')$으로 옮기는 일차변환을 원점을 닮음의 중심으로 하고 닮음비가 k인 닮음변환이라고 한다. 닮음변환을 행렬을 이용하여 나타내면 다음과 같다.

$$\begin{pmatrix} x' \\ y' \end{pmatrix} = \begin{pmatrix} k & 0 \\ 0 & k \end{pmatrix} \begin{pmatrix} x \\ y \end{pmatrix}$$

> **닮음변환**
>
> 원점을 닮음의 중심으로 하고 닮음비가 k인 닮음변환의 행렬은
>
> $$\begin{pmatrix} k & 0 \\ 0 & k \end{pmatrix} \ (\text{단, } k\text{는 0이 아닌 실수})$$

확인 문제 ⑤

행렬 $\begin{pmatrix} \dfrac{1}{2} & 0 \\ 0 & \dfrac{1}{2} \end{pmatrix}$로 나타내어지는 닮음변환에 의하여 점 P$(1, 2)$이 옮겨지는 점 P$'$의 좌표를 구하시오.

▌수학으로 풀어보기

점 P$(1, 2)$이 주어진 행렬에 의해 옮겨지는 점을 P$'(x', y')$이라고 하면

$$\begin{pmatrix} x' \\ y' \end{pmatrix} = \begin{pmatrix} \dfrac{1}{2} & 0 \\ 0 & \dfrac{1}{2} \end{pmatrix} \begin{pmatrix} 1 \\ 2 \end{pmatrix} = \begin{pmatrix} \dfrac{1}{2} \\ 1 \end{pmatrix}$$

$\therefore$ P$'\left(\dfrac{1}{2}, 1\right)$

📖 P$'\left(\dfrac{1}{2}, 1\right)$

6 회전변환

좌표평면 위의 점 P(x, y)를 원점을 중심으로 각 θ만큼 회전하여 점 P$'(x', y')$으로 옮기는 변환은 다음과 같다.

오른쪽 그림과 같이 두 점 Q$(x, 0)$, R$(0, y)$를 원점 O를 중심으로 각 θ만큼 회전한 점을 각각 Q$'$, R$'$이라고 하면

　Q$'(x\cos\theta, x\sin\theta)$

　R$'(y\cos(90°+\theta), y\sin(90°+\theta))$

즉, R$'(-y\sin\theta, y\cos\theta)$이다.

이때, 직사각형 OQ$'$P$'$R$'$에서 두 대각선 OP$'$, Q$'$R$'$의 중점이 일치하므로

$$\frac{x'}{2} = \frac{x\cos\theta - y\sin\theta}{2}, \quad \frac{y'}{2} = \frac{x\sin\theta + y\cos\theta}{2}$$

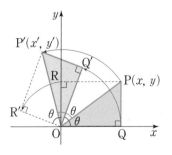

이다. 따라서 다음이 성립한다.

$$\begin{cases} x' = x\cos\theta - y\sin\theta \\ y' = x\sin\theta + y\cos\theta \end{cases}$$

이것을 행렬을 이용하여 나타내면 다음과 같다.

$$\begin{pmatrix} x' \\ y' \end{pmatrix} = \begin{pmatrix} \cos\theta & -\sin\theta \\ \sin\theta & \cos\theta \end{pmatrix} \begin{pmatrix} x \\ y \end{pmatrix}$$

이와 같이 좌표평면 위의 점을 원점을 중심으로 각 θ만큼 회전하여 옮기는 일차변환을 회전변환이라고 한다.

> **회전변환**
>
> 원점을 중심으로 점 $P(x, y)$를 각 θ만큼 회전하여 점 $P'(x', y')$으로 옮기는 회전변환의 행렬은
> $$\begin{pmatrix} \cos\theta & -\sin\theta \\ \sin\theta & \cos\theta \end{pmatrix}$$

$0°, 30°, 45°, 60°, 90°$의 삼각함수의 값

θ	$0°$	$30°$	$45°$	$60°$	$90°$
$\sin\theta$	0	$\dfrac{1}{2}$	$\dfrac{\sqrt{2}}{2}$	$\dfrac{\sqrt{3}}{2}$	1
$\cos\theta$	1	$\dfrac{\sqrt{3}}{2}$	$\dfrac{\sqrt{2}}{2}$	$\dfrac{1}{2}$	0
$\tan\theta$	0	$\dfrac{\sqrt{3}}{3}$	1	$\sqrt{3}$	

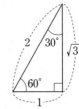

확인 문제 **6**

원점을 중심으로 $30°$만큼 회전하는 회전변환 f에 의하여 점 $P(4, 2)$가 옮겨지는 점 P'의 좌표를 구하시오.

수학으로 풀어보기

원점을 중심으로 $30°$만큼 회전하는 회전변환 f에 의하여 점 $P(4, 2)$가 옮겨지는 점을 $P'(x', y')$이라고 하면

$$\begin{pmatrix} x' \\ y' \end{pmatrix} = \begin{pmatrix} \cos 30° & -\sin 30° \\ \sin 30° & \cos 30° \end{pmatrix} \begin{pmatrix} 4 \\ 2 \end{pmatrix} = \begin{pmatrix} \dfrac{\sqrt{3}}{2} & -\dfrac{1}{2} \\ \dfrac{1}{2} & \dfrac{\sqrt{3}}{2} \end{pmatrix} \begin{pmatrix} 4 \\ 2 \end{pmatrix} = \begin{pmatrix} 2\sqrt{3}-1 \\ 2+\sqrt{3} \end{pmatrix}$$

$P'(2\sqrt{3}-1, 2+\sqrt{3})$

🖪 $P'(2\sqrt{3}-1, 2+\sqrt{3})$

03 텍스트 데이터 처리하기

(1) 텍스트 데이터의 정의

텍스트 데이터는 인간이 사용하는 기본적이고 일상생활에서 많은 비중을 차지하는 대표적인 비정형 데이터이다. 이런 텍스트를 언어학, 수학, 통계학, 컴퓨터 공학 등의 학문적 지식을 이용하여 목적에 맞게 의미 있는 정보를 분석하고 처리하는 과정이 자연어 처리(natural language processing) 분야이다.

(2) 텍스트 데이터의 특징

텍스트 데이터는 인공지능이 이해하기에 모호하고 추상적이며 중의적인 표현과 은유적인 표현으로 가득하다. 또한 단어라도 문장에 따라 의미와 해석이 다르다. 그러므로 문장을 그대로 처리하는 것은 불가능하여 단어로 나눠야 한다. 문장을 단어로 나누기 위해서는 띄어쓰기, 명사, 형태소, 품사 등 다양한 방법이 있다. 또 나눈 단어를 컴퓨터가 처리하려면 숫자로 변환해야 한다. 이미지 데이터도 픽셀 단위의 숫자로 표현한 것과 같이 단어도 숫자로 표시해야 한다. 숫자로 표현된 서로 다른 단어는 하나의 차원을 가지고 있으므로 소설책과 같은 대량의 문장을 분석할 때는 엄청난 차원의 벡터로 표현한다.

(3) 텍스트 데이터의 활용

텍스트 데이터를 활용하여 응용 가능한 인공지능의 주요 영역을 살펴보면 다음과 같다.

▼ 텍스트 데이터의 활용 영역

영역	내용
텍스트 분류	뉴스, 영화의 텍스트 데이터를 분석하여 종류, 영역별로 분류함.
텍스트 유사도	텍스트 문서의 유사한 정도를 분석하여 표절 검사, 문서 검색을 쉽게 할 수 있음.
텍스트 군집화	비슷한 종류의 텍스트 데이터를 자동으로 모을 수 있음.
텍스트 요약	문서의 핵심 단어, 문장을 분석하고 자동으로 요약할 수 있음.
챗봇	음성, 텍스트 챗봇을 통해 인공지능 스피커 등의 서비스를 제공함.
번역	한글을 다른 언어로 쉽게 변환할 수 있음.

(4) 텍스트 데이터의 표현 방법

텍스트 데이터 표현에는 집합을 이용하는 방법과 벡터를 이용하는 방법으로 나눌 수 있다.

① 단어를 집합으로 표현하기

텍스트 데이터는 하나 이상의 문장으로 되어 있고 그 문장들은 단어들의 집합으로 구성되어 있다. 예를 들면, 'I am a boy'라는 문장은 {I, am, a, boy}의 집합으로 표현할 수 있다. 영어는 보통 띄어쓰기를 기준으로 하여 '단어'를 분리하지만, 한글은 띄어쓰기만으로는 분리하기 어렵다. 그 이유는 한글은 띄어쓰기가 영어보다 잘 지켜지지 않으며, 교착어이기 때문에 조사를 분리해 줄 필요가 있기 때문이다. 여기에서 교착어란 '내가', '나에게', '나를', '나와' 같이 '나'라는 글자 뒤에 띄어쓰기 없이 조사가 붙는 것을 의미한다. 따라서 형태소 단위로 분리하는 것이 일반적이다.

본 교재에서 '단어'라는 용어는 형태소, 품사, 명사 등 문장에서 의미 있는 단위를 뜻하는 포괄적인 의미로 사용할 것이다.

활동 6

제시된 텍스트를 형태소, 품사, 명사별로 나누어 출력해 보자.

[STEP 1] konlpy 라이브러리 설치하기

우선 한국어 자연어 처리를 위해 다음과 같이 konlpy 라이브러리를 설치해야 한다.

```
1    !pip install konlpy                          # 코랩은 리눅스 환경이므로 !를 붙임.
```

[STEP 2] 한국어 문장을 단어로 나누어 출력하기

```
2    from konlpy.tag import Okt                    # okt(Open korea text)
3    okt = Okt( )
4    sentence = '자연어 처리는 재미있어요! 즐겁게 배워봐요!'
5    print(okt.morphs(sentence))                   # 형태소
6    print(okt.pos(sentence))                      # 품사(part of speech)
7    print(okt.nouns(sentence))                    # 명사
```

3행: konlpy에서 사용 가능한 형태소 분석기는 Okt(Open korea text), 메캅(Mecab), 꼬꼬마 (KKma) 등이 있다.

5행: morphs( ) 함수는 문장에서 형태소로 분리한다. 여기에서 형태소란 의미를 가진 최소의 단위이다.

6행: pos( ) 함수는 문장에서 품사로 분리한다.

7행: nouns( ) 함수는 문장에서 명사를 분리한다.

실행 결과

['자연어', '처리', '는', '재미있어요', '!', '즐겁게', '배워', '봐요', '!'] ◀── 형태소로 출력
[('자연어', 'Noun'), ('처리', 'Noun'), ('는', 'Josa'), ('재미있어요', 'Adjective'), ('!', 'Punctuation'), ('즐겁게', 'Adjective'), ('배워', 'Verb'), ('봐요', 'Verb'), ('!', 'Punctuation')] ◀── 품사와 함께 출력
['자연어', '처리'] ◀── 명사만 출력

② 단어를 벡터(vector)로 표현하기

벡터는 단어의 집합을 숫자로 표현하는 가장 효율적인 방법으로 단어를 이산적(정수)으로 표현할 수도 있고, 연속적(실수)으로 표현할 수도 있다.

> 본 교재에서는 원핫 벡터, 단어 가방, 워드투 벡터는 학습하고, LSA는 다루지 않는다.

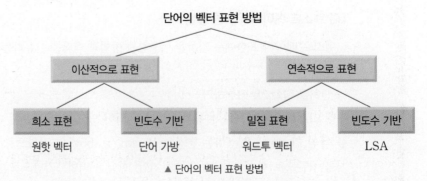

▲ 단어의 벡터 표현 방법

㉠ 원핫 벡터(원핫 인코딩)

> 인코딩이란 문자를 숫자로 바꾸는 것을 의미한다.

벡터는 텍스트 자료를 표현하는 가장 대표적인 방법으로, 순서쌍으로 표현하며 그 순서쌍의 하나하나를 벡터의 성분이라 하고, 벡터의 성분의 개수를 차원이라고 한다. 그중 원핫 벡터는 벡터의 성분에서 하나의 성분만 1로 표현하고 나머지는 0으로 표현하는 방식이다.

서울, 대전, 대구, 부산, 광주, 울산, 인천, 제주의 8개 단어가 있는 문장을 생각해 보자. 이때 성분이 8

개이므로 벡터의 차원은 8이 된다. 예를 들면, '서울'의 원핫 벡터는 8자리로 고정하고 해당 단어의 인덱스만 1로 하고 나머지는 0으로 하여 표현한다.

> ### 원핫 벡터(one hot vector)
>
> ❶ 문장에서 각 단어에 고유한 인덱스(정수)를 부여한다.
> ❷ 표현하고 싶은 단어의 인덱스에 1을 부여하고, 나머지는 0을 부여한다.

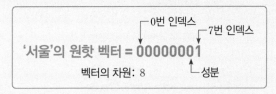

텍스트 데이터를 처리할 때 단어를 고유한 값으로 표현하여 사용하면 거리(distance)의 왜곡이 생긴다. 예를 들면, 서울−대전 간의 거리는 1이지만, 서울−인천 간의 거리는 6이 되어 거리를 기반으로 하는 인공지능에서는 좋지 못한 결과를 가져오므로 거리의 왜곡이 없는 원핫 벡터가 더 많이 사용된다. 원핫 벡터로 표현하면 서울−대전의 거리가 $\sqrt{2}$이고 서울−인천의 거리도 $\sqrt{2}$이다.

단어의 집합에 고유한 값(인덱스)을 부여하면 0부터 7까지 8개의 단어를 표현할 수 있다.

서울−대전
$=\sqrt{(1-0)^2+(0-1)^2}$
$=\sqrt{2}$
여기서 거리는 유클리디안 거리이다.

▶▶ 단어의 원핫 벡터 표현

단어	고유한 값(인덱스로 표현)	원핫 벡터
서울	0	(1, 0, 0, 0, 0, 0, 0, 0)
대전	1	(0, 1, 0, 0, 0, 0, 0, 0)
대구	2	(0, 0, 1, 0, 0, 0, 0, 0)
부산	3	(0, 0, 0, 1, 0, 0, 0, 0)
광주	4	(0, 0, 0, 0, 1, 0, 0, 0)
울산	5	(0, 0, 0, 0, 0, 1, 0, 0)
인천	6	(0, 0, 0, 0, 0, 0, 1, 0)
제주	7	(0, 0, 0, 0, 0, 0, 0, 1)

활동 7　　　　　　　　　　　　　　　　　　　　　　　　　　[완성 파일: 2−6.ipynb]

제시된 단어를 집합으로 변환하고 이를 원핫 벡터로 출력해 보자.

[STEP 1] 단어를 집합으로 변환하여 출력하기

```
1   !pip install konlpy
2   from konlpy.tag import Okt
3   okt = Okt( )
4   sentence = '서울 대전 대구 부산 광주 울산 인천 제주'
5   words = okt.morphs(sentence)
6   print(words)
```

실행 결과

['서울', '대전', '대구', '부산', '광주', '울산', '인천', '제주']

scikit-learn 라이브러리는 데이터를 변환하는 대부분의 로직에서 fit( )과 transform( )을 동시에 사용하는 경우가 많은데 fit( )은 변환을 위한 값의 설정, transform( )은 실제 변환하는 것으로 이해하면 된다.

```
7    from sklearn.preprocessing import LabelEncoder
8    from sklearn.preprocessing import OneHotEncoder
9
10   encoder = LabelEncoder( )              # 모든 문자를 정수형으로 변환
11   encoder.fit(words)
12   result1 = encoder.transform(words)
13   print(result1)
14
15   result2 = result1.reshape(-1, 1)       # 2차원 데이터로 변환
16   print(result2)
17
18   one_hot = OneHotEncoder( )             # 원핫 인코딩 적용
19   one_hot.fit(result2)
20   result3 = one_hot.transform(result2)
21   result4 = result3.toarray( )
22   print(result4)
```

7행: 정수형 인코딩을 위한 모듈을 호출한다.

8행: 원핫 인코딩을 위한 모듈을 호출한다.

10행: encoder 변수에 정수형 인코딩 함수를 저장한다.

11행: fit( )을 이용하여 words 변수의 정수형 인코딩의 값을 설정한다.

12행: 정수형 인코딩으로 변환하여 result1에 저장한다.

13행: result1을 출력한다.

15행: 원핫 벡터로 변환하기 위해 2차원 데이터로 변환한다. (-1, 1)에서 '행은 알아서 변환, 열은 1로 변환한다.'는 의미이다.

16행: result2를 출력한다.

변환을 위해 transform( )과 fit( )과 같이 사용하는 이유는 해당 코드에는 잘 나타나지 않았지만, 11행에서 fit( )을 통해 설정한 값을 다른 데이터에서도 재사용할 수 있기 때문이다.

18행: 원핫 인코딩 함수를 one_hot 변수에 저장한다.

19행: fit( )을 이용하여 result2의 원핫 인코딩의 값을 설정한다.

20행: result2를 원핫 인코딩으로 변환하여 result3에 반환한다.

21행: result3을 array로 변환하여 result4에 반환한다.

22행: result4를 출력한다.

실행 결과

```
[4 2 1 3 0 5 6 7]
[[4]
 [2]
 [1]
 [3]
 [0]
 [5]
 [6]
 [7]]
[[0. 0. 0. 0. 1. 0. 0. 0.]
 [0. 0. 1. 0. 0. 0. 0. 0.]
 [0. 1. 0. 0. 0. 0. 0. 0.]
 [0. 0. 0. 1. 0. 0. 0. 0.]
 [1. 0. 0. 0. 0. 0. 0. 0.]
 [0. 0. 0. 0. 0. 1. 0. 0.]
 [0. 0. 0. 0. 0. 0. 1. 0.]
 [0. 0. 0. 0. 0. 0. 0. 1.]]
```

ⓒ 단어 가방(Bag of words)

단어 가방은 단어를 벡터로 이산적으로 표현하는 방법으로, 문서에 등장하는 단어들의 빈도수를 벡터로 표현하는 방법이다.

활동 7-1

제시된 문장에서 단어들의 빈도수를 출력해 보자.

[STEP 3] 단어별 빈도수 확인하기

```
23    from sklearn.feature_extraction.text import CountVectorizer
24    text = ' ' '
25        집합, 벡터는 텍스트 데이터에서 중요한 수학적 표현 도구입니다.
26        특히 벡터는 단어의 빈도수를 표현할 수 있습니다.
27        따라서 텍스트 데이터에서 벡터는 매우 중요합니다.
28        ' ' '
29    corpus = [text]
30    vector = CountVectorizer( )
31    print(vector.fit_transform(corpus).toarray( ))
32    print(sorted(vector.vocabulary_.items( )))
```

CountVectorizer( )는 간단한 코드로 빈도수 벡터를 만드는 함수이다. 이 함수는 쉼표, 마침표, 느낌표 등 문장 부호는 단어 빈도수에서 제외되므로 이점이 있다. 그러나 띄어쓰기를 기준으로 단어를 분리하므로 영어 분석에는 좋지만 한국어 분석에서는 '단어의', '단어'를 다르게 인식하는 문제가 있다.
본래는 텍스트 데이터에서 불필요한 단어와 기호를 제거한 후, 형태소로 분석하는 것이 일반적인 과정이다. 즉, 형태소로 분석하면 '단어의'는 '단어'와 '의'로 분리되어 빈도 벡터가 다르게 출력되겠지만 본 교재에서는 생략한다.

fit_transform( ) 함수는 fit( )과 transform( )의 기능을 한번에 수행한다.

23행: 빈도수를 벡터로 표현하기 위한 모듈을 호출한다.

24~28행: text 문장을 작성한다.

29행: text 문장(문자열)을 리스트로 변환하여 corpus 변수에 저장한다.

30행: 빈도수를 세는 함수를 vector 변수에 저장한다.

31행: corpus로부터 각 단어의 빈도수를 array로 변환하고 그 결과를 출력한다.

32행: 문장에서 단어와 인덱스가 어떻게 부여되었는지를 출력한다.

실행 결과

[[1 2 1 1 1 3 1 1 1 1 1 1 2 1 1 1]] ⟶ 빈도수 벡터
[('단어의', 0), ('데이터에서', 1), ('도구입니다', 2), ('따라서', 3), ('매우', 4), ('벡터는', 5), ('빈도수를', 6), ('수학적', 7), ('있습니다', 8), ('중요한', 9), ('중요합니다', 10), ('집합', 11), ('텍스트', 12), ('특히', 13), ('표현', 14), ('표현할', 15)]

[실행 결과]에서 첫 행에 빈도수 벡터를 출력한다. 두 번째 행부터는 각 단어의 빈도수를 출력하는데 '데이터에서'의 단어는 빈도수 2번, '벡터는'의 단어는 빈도수 3번으로 나타나는 것을 확인할 수 있다.

[실행 결과]의 "('단어의', 0)"에서 0은 인덱스 번호이므로 0번 인덱스의 빈도수는 첫 행의 빈도수 벡터에서 1임을 알 수 있다. 따라서 단어의 빈도수는 다음과 같다.

'단어의': 1, '데이터에서': 2, '도구입니다': 1, '따라서': 1, '매우': 1, '벡터는': 5

(5) 단어에 의미를 부여하는 방법

① 워드투 벡터(Word2Vec)란

워드투 벡터는 '비슷한 위치에 등장하는 단어들은 비슷한 의미를 가진다.'라는 가정 하에 만들어졌다. 워드투 벡터는 은닉층을 가지고 있는 인공신경망이고 원핫 벡터와는 다르게 단어의 의미를 분산시켜 표현한다. 워드투 벡터를 이용하면 단어를 벡터 공간에 표현할 때 비슷한 단어의 분포를 파악할 수 있다.

100쪽의 왼쪽 그림은 'man'이라는 단어를 검색했을 때 공간에 분포되어 있는 형태이고, 오른쪽 그림은 비슷한 단어를 검색했을 때 출력되는 단어들이다. 즉, woman, men, girl, boy, person 등의 단어는 man과 유사한 형태로 함께 자주 사용되었음을 의미한다.

워드투 벡터 표현과 관련한 사이트 참고 https://projector. tensorflow.org

Nearest points in the original space:
woman
men
girl
boy
person
human
robot
saying
young
book

▲ man을 입력했을 때 워드투 벡터의 표현 　　　　　▲ man과 유사한 단어

② 원핫 벡터와 워드투 벡터의 차이점

오른쪽 표에서 단어의 개수가 4개라고 가정하여 4차원 원핫 벡터를 예시로 만들었다. 이때, 딸 = (1, 0, 0, 0)과 같이 1에 해당하는 부분이 '딸' 단어의 모든 정보를 담고 있다. 반면에 워드투 벡터는 2차원의 실숫값으로 구성되어 있고, '딸'에 대한 정보를 (0.7, 1.2)와 같이 분산하여 저장한다.

(1, 0, 0, 0)은 4개의 성분이 있으므로 4차원 벡터라고 하는데 벡터의 차원이 증가하면 인공지능의 계산량이 많아져 학습 속도가 매우 느려진다.

➡ 원핫 벡터와 워드투 벡터를 벡터의 차원으로 표현한 예시

단어	원핫 벡터	워드투 벡터
딸	(1, 0, 0, 0)	(0.7, 1.2)
아들	(0, 1, 0, 0)	(0.5, 0.5)
소녀	(0, 0, 1, 0)	(1.1, 1.1)
소년	(0, 0, 0, 1)	(1.6, 0.6)

따라서 원핫 벡터는 단어의 개수가 늘어나면 벡터의 차원이 매우 많이 늘어나지만 워드투 벡터는 차원을 많이 줄여 표현할 수 있다.

위 표를 이용하여 원핫 벡터와 워드투 벡터를 공간에 표현해 보면 아래 그림과 같다. 원핫 벡터는 단어들이 축에 각각 수직으로 표현되므로 단어 간의 상관관계를 유추하기 어렵다. 하지만 워드투 벡터는 비슷한 의미를 사용을 하는 단어는 비슷한 공간에 분포하게 되므로 유사한 단어를 찾아내기 쉽다. 이러한 특징으로 +, − 연산도 가능하다.

▲ 원핫 벡터　　　　　▲ 워드투 벡터

Korean Word2Vec 사이트(http://w.elnn.kr)에서 간단한 단어 간의 연산을 해 볼 수 있다.

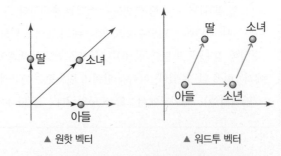

〈연산 가능 입력 예시〉
아들−딸+소녀=소년
여자−여왕+왕=남자
한국+도쿄−서울=일본
왕−남자+공주=여왕
삼성전자−삼성+LG=LG전자

▲ 워드투 벡터 연산 가능 사이트

③ 워드투 벡터 생성의 이해

워드투 벡터는 은닉층(hidden layer)을 가진 인공신경망이므로 아래 그림과 같은 간단한 인공신경망 구조를 통해 워드투 벡터를 표현하는 방법을 알아보자. 구조를 살펴보면 입력(input)과 정답(label)은 원핫 벡터로 구성되어 있고 모델 훈련 시 출력값은 정답(label)을 비교하면서 은닉층의 w값을 조정한다. 훈련을 마친 모델에서 은닉층의 $[w_1, w_2]$의 값을 출력하면 그것이 바로 워드투 벡터가 된다.

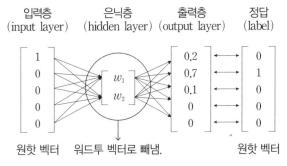

▲ 워드투 벡터의 구성

워드투 벡터는 행렬의 곱셈에 의해 원하는 차원의 벡터를 만들 수 있다. 행렬의 곱셈에 의해 C가 워드투 벡터 값으로 정한다.

$$A \ \times \ B \ = \ C$$
$$(1 \times 5) \quad (5 \times 2) = (1 \times 2)$$

따라서 단어의 개수가 M개라고 해도 2차원 벡터를 만들 수 있다.

$$(1 \times M)(M \times 2) = (1 \times 2)$$

이렇게 만들어진 $[w_1, w_2]$ 벡터는 원핫 인코딩으로 표현된 특정 단어의 의미를 내포하면서 압축되어진 효과를 얻을 수 있다.

1×5 벡터 5×2 행렬 1×2 벡터

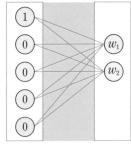

$$[1, 0, 0, 0, 0] \rightarrow [w_1, w_2]$$
원핫 벡터 → 워드투 벡터

(6) 텍스트 데이터 시각화

활동 8

[완성 파일: 2-7.ipynb]

특정 기사를 입력하여 빈도수를 출력해 보자.

[STEP 1] 입력한 문장의 단어별 인덱스를 출력하기

```
1   import matplotlib.pyplot as plt
2   from wordcloud import WordCloud
3
4   text = ' ' '
5   AI의 미래!, 하루가 다르게 발전하는 AI의 미래 기술은?
6   AI의 미래는 밝은 것일까?
7   좋던 싫던 우리는 AI의 시대에 살고 있다.
8       ' ' '
9   from sklearn.feature_extraction.text import CountVectorizer   # 빈도수를 벡터로 표현하기 위한 모듈 호출
10  corpus = [text]
11  vector = CountVectorizer( )
12  print(vector.fit_transform(corpus).toarray( ))
13  print(vector.vocabulary_)
```

4행~8행의 따옴표 사이(''')에 원하는 뉴스, 블로그, SNS 글 등의 텍스트 문서를 붙여 넣으면 분석이 된다.

1행: 그래프를 그리기 위한 라이브러리를 호출한다.

2행: 워드 클라우드를 그리기 위한 모듈을 호출한다.

4~8행: text 변수에 특정 뉴스 기사를 복사하여 붙여 넣는다.

9~13행: text 변수의 문장에서 단어와 인덱스를 부여하여 출력한다.

```
[[4 1 1 1 2 1 1 1 1 1 1 1 1 1 1]]
{'ai의': 0, '미래': 4, '하루가': 14, '다르게': 3, '발전하는': 6, '기술은': 2, '미래는': 5, …, '있다': 12 }
```

[STEP 2] 입력한 문장의 단어별 빈도수 출력하기

```
14    wordcloud = WordCloud( ).generate(text)
15
16    !apt-get install fonts-nanum*
17.   wordcloud = WordCloud(font_path = '/usr/share/fonts/truetype/nanum/NanumGothic.ttf',
18      max_words = 50, background_color = 'white', max_font_size = 500, width = 1000, height = 1000)
19    wordcloud.generate(text)
20
21    plt.rcParams['figure.figsize'] = (10, 10)
22    plt.imshow(wordcloud)
23    plt.axis('off')
24    plt.show( )
```

14행: 문장이 저장된 text를 WordCloud( )로 생성한다.

16행: 구글 코랩은 한글 글꼴 지원이 안 되므로 nanum 글꼴을 설치하여 사용한다(50쪽 **[STEP 7]** 참고).

17, 18행: font_path를 지정하고, 최대 단어의 개수, 배경색, 가장 큰 글자 사이즈, 너비, 높이를 지정한다.

19행: 지정한 대로 워드 클라우드를 생성한다.

21행: 워드 클라우드의 크기를 지정한다.

22행: imshow( ) 함수를 사용하여 이미지를 출력한다.

23행: 축의 눈금은 보이지 않도록 설정한다.

24행: 워드 클라우드를 출력한다.

[실행 결과]에서 빈도수가 큰 단어는 큰 글씨로, 빈도수가 작은 단어는 작은 크기로 출력되는 것을 알 수 있다.

LINK 9 관련 수학 개념 설명_ 벡터의 성분과 크기, 벡터의 연산

1 벡터

(1) 벡터의 성분과 크기

① 좌표평면에서 x축, y축의 양의 방향에 있으면서 크기가 1인 위치벡터를 각 각 $\vec{e_1}$, $\vec{e_2}$라고 하자. 이때, $\vec{e_1}$, $\vec{e_2}$를 성분으로 나타내면

$$\vec{e_1}=(1,\ 0),\ \vec{e_2}=(0,\ 1)$$

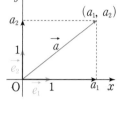

이고 $\vec{e_1}$, $\vec{e_2}$는 단위벡터이다. 따라서 오른쪽 그림에서 알 수 있듯이

$$\vec{a}=(a_1,\ a_2)는 \vec{a}=a_1\vec{e_1}+a_2\vec{e_2}$$

크기가 1인 벡터를 단위 벡터라 한다.

와 같이 나타낼 수 있다.

> **보기** 점 A$(3,\ -1)$과 벡터 $\vec{e_1}=(1,\ 0)$, $\vec{e_2}=(0,\ 1)$에 대하여
> $$\overrightarrow{OA}=(3,-1)=3\vec{e_1}-\vec{e_2}$$

② 오른쪽 그림에서 $\vec{a}=(a_1,\ a_2)$일 때 벡터 $\vec{a}$의 크기는 다음과 같다.

$$|\vec{a}|=\sqrt{a_1{}^2+a_2{}^2}$$

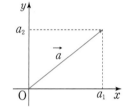

> **보기** 벡터 $\vec{a}=(-3,\ 4)$의 크기는 다음과 같다.
> $$|\vec{a}|=\sqrt{(-3)^2+4^2}=5$$

(2) 벡터의 연산

두 벡터 $\vec{a}=(a_1,\ a_2)$, $\vec{b}=(b_1,\ b_2)$에 대하여

$$\vec{a}=a_1\vec{e_1}+a_2\vec{e_2},\ \vec{b}=b_1\vec{e_1}+b_2\vec{e_2}$$

이므로 다음이 성립한다.

❶ $\vec{a}+\vec{b}=(a_1\vec{e_1}+a_2\vec{e_2})+(b_1\vec{e_1}+b_2\vec{e_2})$

$\qquad=(a_1+b_1)\vec{e_1}+(a_2+b_2)\vec{e_2}$

$\qquad=(a_1+b_1,\ a_2+b_2)$

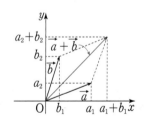

❷ $\vec{a}-\vec{b}=(a_1\vec{e_1}+a_2\vec{e_2})-(b_1\vec{e_1}+b_2\vec{e_2})$

$\qquad=(a_1-b_1)\vec{e_1}+(a_2-b_2)\vec{e_2}$

$\qquad=(a_1-b_1,\ a_2-b_2)$

❸ 실수 k에 대하여

$$k\vec{a}=k(a_1\vec{e_1}+a_2\vec{e_2})=(ka_1)\vec{e_1}+(ka_2)\vec{e_2}=(ka_1,\ ka_2)$$

이상을 정리하면 다음과 같다.

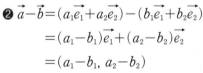

평면벡터의 성분에 의한 연산

두 평면벡터 $\vec{a}=(a_1,\ a_2)$, $\vec{b}=(b_1,\ b_2)$에 대하여

❶ $\vec{a}+\vec{b}=(a_1+b_1,\ a_2+b_2)$

❷ $\vec{a}-\vec{b}=(a_1-b_1,\ a_2-b_2)$

❸ $k\vec{a}=(ka_1,\ ka_2)$ (단, k는 실수)

기계 학습

이 단원에서 무엇을 배울까

지도 학습은 정답(label)이 이산적인 분류(classification)와 정답이 연속적인 수치 예측(regression)으로 나눌 수 있다. 비지도 학습은 정답이 없으며 군집 분석이 대표적이다. 이러한 지도 학습과 비지도 학습의 특징을 좀더 자세히 알아보고, 데이터를 이용하여 지도 학습과 비지도 학습을 실습해 본다.

Dartmouth Conference 1956

우와, 사뮤엘 선생님, 인공지능의 시작 1956년 다트머스 회의에도 계셨군요. 머신러닝이라는 말을 최초로 쓰셨는데 어떤 계기로 쓰신 건가요?

체커 게임을 컴퓨터가 스스로 두게 하고 싶어서 프로그램을 만들었는데 체커 규칙을 프로그래밍 한다고 해서 체커를 잘 두는 건 아니잖아요. 그래서 컴퓨터가 스스로 체커를 두는 방법을 스스로 찾게 했죠. 그러면서 기계가 배운다는 의미의 머신러닝이라는 단어를 쓰게 되었어요.

아서 사뮤엘

1 결정 트리

들 어 가 기 내 용
실생활에서 분류를 이용하는 문제는 무엇이 있을까?

분류는 실생활의 다양한 분야에 이용되고 있다. 소율이는 수업 시간에 척추동물에 대해 배웠는데, 주변 온도에 따라 체온이 변하는지, 변하지 않는지에 따라 척추동물을 분류하였다. 도서관에서는 요즘 인기 있는 소설책을 찾는데 잘 분류된 번호 덕분에 쉽게 찾을 수 있었다. 또한 음식을 먹은 후 쓰레기를 종류에 따라 분리수거하였다.

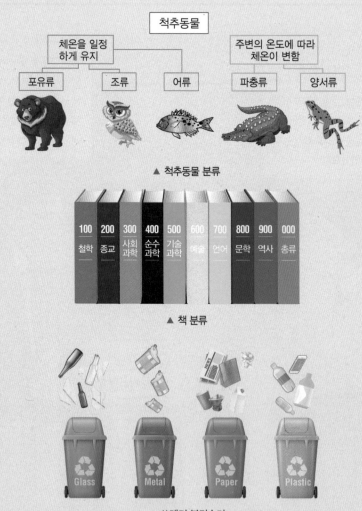

▲ 척추동물 분류

▲ 책 분류

▲ 쓰레기 분리수거

📖 **이 단원에서는 무엇을 알아볼까?**

인공지능은 분류 방법을 이용하여 실생활의 문제를 해결할 수 있고, 그 방법도 매우 다양하다. 이 중 가장 쉽고 단순한 모델 중 하나인 결정 트리에 대해 알아보자.

01 지도 학습의 분류와 수치 예측(classification & regression)

분류는 지도 학습에서 정답(label)이 이산적인 값이고, 수치 예측은 정답이 연속적인 값이다. 예를 들어, "내일 날씨가 추울까? 더울까?"는 정답이 추움, 더움과 같이 이산적인 값이므로 분류이고, "내일 기온은 몇 도이지?"의 정답은 24.5, 22.7과 같이 연속적이므로 수치 예측이다. 정답(label)은 변수 중 데이터를 통해 예측하고 싶은 변수를 의미하며 클래스(class), 타깃(target)과 같은 용어로 사용된다.

수치 예측 활용 방법은 124쪽에서 학습하기로 한다.

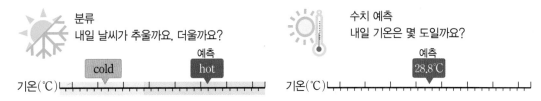

▲ 클래스의 종류에 따른 분류와 수치 예측

아래의 왼쪽 표에서는 온도와 습도의 변수를 통해 날씨를 예측하고 싶다고 가정하므로 날씨가 클래스이다. 아래의 오른쪽 표는 풍속과 습도의 변수를 통해 온도를 예측하고 싶다고 가정하므로 온도가 클래스이다. 만약 아래의 왼쪽 표에서 습도와 날씨를 통해 온도를 예측하고 싶다면 온도가 클래스가 될 것이다.

클래스(class), 타깃(target), 레이블(label)
변수(variable), 특성(feature), 열(column)

풍속 (km/h)	습도 (%)	온도 (℃)
13.7	58.8	24.5
7.2	60.2	25
6.4	70.3	26
10.5	57	22.7

데이터에서 '온도'를 예측하고 싶으면 '온도'가 레이블이 되고 '습도'를 예측하고 싶으면 '습도'가 레이블이 되어 문제 상황에 따라 정답(label)은 바뀔 수 있다.

▶▶ 정답(label)이 이산적이므로 분류

온도(℃)	습도(%)	날씨
25.6	67	맑음
22.5	72.5	흐림
17.2	90	비
26.8	65	맑음

▶▶ 정답(label)이 연속적이므로 회귀

풍속(km/h)	습도(%)	온도(℃)
13.7	58.8	24.5
7.2	60.2	25
6.4	70.3	26
10.5	57	22.7

(참고) 일반적으로 정답, 클래스, 타깃은 같은 의미로 사용되지만 엄밀히 구분하면 다음과 같다.
- **정답(label)**: 예측하고 싶은 정답
- **클래스(class)**: 분류에서 이산적인 집합의 값
- **타깃(target)**: 예측하고 싶은 대상

아래의 그림은 지도 학습의 전체 흐름을 [데이터 준비] → [훈련] → [테스트] → [배포]로 도식화한 것이다. 지도 학습에서 훈련(training) 과정은 입력값(input variable)과 정답을 함께 넣는 방법이다. 테스트 훈련 시 사용하지 않은 데이터(보통 unseen data, 또는 테스트 데이터라고 함.)를 이용하여 모델의 성능을 평가한다. 만약 성능이 좋지 않다면 [데이터 준비] 또는 [훈련] 단계로 다시 돌아가서 수정을 반복한다. 만족할 만한 성능이 나왔다면 배포하여 사용할 수 있다.

데이터 훈련 때 한 번도 사용하지 않았다는 의미로 테스트 데이터를 unseen data라고도 한다.

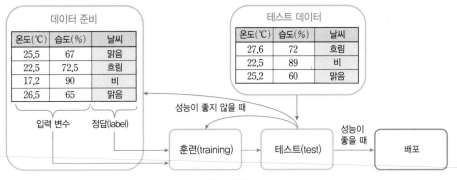

▲ 지도 학습의 흐름

02 결정 트리(decision tree)를 이용한 분류

결정 트리는 지도 학습의 대표적인 분류 모델로 정보 과학에서 보편적이고 강력한 데이터 표현 방법인 트리를 이용하여 예측한다. 질문을 던져 스무고개처럼 대상을 좁혀 나가면 분류 문제를 쉽게 해결할 수 있다. 또한 결정 트리는 우리가 의사 결정하는 과정과 유사하며 해석이 매우 쉬운 장점이 있다.

인공지능에서 결정 트리는 데이터를 통해 트리를 구성하여 훈련한 후 [테스트 데이터]를 통해 성능을 측정하고, 성능이 좋지 않다면 트리를 반복·재구성하여 성능 좋은 모델을 만드는 방법이다. 성능이 좋은 모델이라는 것은 테스트 데이터(test data 또는 unseen data)를 잘 분류하는 모델이다.

(1) 결정 트리의 표현 방법

플롯(plot)이란 데이터의 관계를 나타내기 위한 그래픽 기술이다.

결정 트리는 트리(tree)와 플롯(plot)으로 표현이 가능하다. 아래 그림은 결정 트리를 이용하여 기린, 사자, 고양이의 3개 클래스를 분류하는 간단한 예이다.

① 트리로 표현

트리는 노드(사각형)와 간선(분할)으로 구성된다. 노드는 가장 상위에 루트 노드(root node)와 가장 하단에 단말 노드(leaf node) 그 사이에 노드(node)로 구성된다. 아래 그림에서 결정 트리의 목적은 기린, 사자, 고양이 3종류의 클래스를 잘 분할하여 분류하는 것이다. 루트 노드로 시작해 조건에 따라 분할하고 분할이 끝난 노드는 단말 노드로서 클래스에 해당된다. 아래 그림은 색상과 키의 두 가지 속성으로 분할하였다.

- 루트 노드: 트리에서 가장 위에 있는 노드이다.
- 단말 노드: 노드 중에 끝나는 노드(클래스)이다.
- 위쪽에 있으면 부모 노드, 아래쪽에 있으면 자식 노드라고 한다.
- 분할(split): '색상'과 같이 이산적인 값 또는 '키'와 같이 연속적인 값으로 분할할 수 있다.
- 트리의 깊이: 왼쪽 트리는 깊이가 2이다.

② 플롯으로 표현

트리는 플롯(plot) 형태로도 나타낼 수 있다. 플롯으로 나타낼 때는 결정 트리의 특성상 축에 수직으로 선(axis orthognal)을 그려야 한다. 축에 수직으로 선을 그리는 것은 결정 트리가 If~Then의 방법으로 분할하기 때문이다.

예를 들어, 'If 검은색인가? Then 고양이'는 ❶과 같이 그린다. 'If 키>2.5 Then 기린'에서 x축의 키(m)는 ❷와 같이 그린다.

이렇게 축에 수직으로 그리면 결정 트리와 마찬가지로 3개의 클래스로 구분되는 것을 확인할 수 있다.

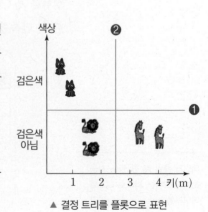

▲ 결정 트리를 플롯으로 표현

03 결정 트리를 만드는 수학적 원리

결정 트리의 [1단계], [2단계], [3단계]를 거쳐 클래스를 잘 분류하는 방법은 무엇일까? 지금부터 배울 불순도(impurity), 정보 획득(information gain)은 이러한 선택을 수학적으로 잘 설명해 주는 도구이다.

(1) 불순도(impurity)

불순도란 노드에 클래스가 순수(pure)하지 않은 정도를 말한다. 순수하다는 것은 클래스가 하나로 완벽히 분류되어 있는 경우이고, 노드에 2개 이상의 서로 다른 클래스가 있다면 순수하지 않은 것이다.

아래 표는 클래스 2개가 섞여 있는 정도를 불순도로 표현한 것이다. 노드 1은 서로 다른 클래스(노란색 사각형, 파란색 원)가 1:1의 비율로 섞여 있으며 가장 불순도가 높은 경우이다. 노드 3은 클래스(노란색 사각형)가 순수한 상태로 불순도 값이 가장 낮고, 노드 2는 노드 1과 노드 3의 중간 정도의 값을 가지고 있다.

엔트로피와 지니 계수를 살펴보면 노드 3과 같이 불순도가 순수(pure)일 때는 모두 0으로 동일하다. 노드별 클래스의 개수가 동일하면 불순도 값이 가장 높아서 엔트로피는 1이고 지니 계수는 0.5이다.

	노드 1	노드 2	노드 3
노드별 클래스 개수	■■■■■ ●●●●●	■■●●● ●●●●●	■■■■■ ■■■■■
불순도(impurity)	불순도 높음(impure)	불순도 보통(impure)	순수(pure)
엔트로피(entropy)	1	0.722	0
지니 계수(Gini index)	0.5	0.32	0

불순도 값을 수학적 값으로 계산하는 방법은 두 가지가 있다.

불순도 측정 방법(impurity measurements)

❶ 엔트로피(entropy)

$$Entropy(N) = -\sum_{i=1}^{c} P_i \log_2(P_i) \ (c: \text{클래스의 개수}, P_i: \text{전체 개수에서 } i \text{번째 클래스에서의 비율})$$

❷ 지니 계수(Gini index)

$$GINI(N) = 1 - \sum_{i=1}^{c} P_i^2 \ (c: \text{클래스의 개수}, P_i: \text{전체 개수에서 } i \text{번째 클래스에서의 비율})$$

	클래스 분포별	엔트로피를 이용한 불순도 측정	지니 계수를 이용한 불순도 측정
노드 1	■■■■■ ●●●●● $(p_1 = \dfrac{1}{2}, p_2 = \dfrac{1}{2})$	$-\sum_{i=1}^{2} P_i \log_2(P_i)$ $= -\dfrac{1}{2}\log_2\dfrac{1}{2} - \dfrac{1}{2}\log_2\dfrac{1}{2}$ $= -\dfrac{1}{2}\log_2 2^{-1} - \dfrac{1}{2}\log_2 2^{-1}$ $= \dfrac{1}{2} + \dfrac{1}{2}$ $= 1$	$1 - \sum_{i=1}^{2} P_i^2$ $= 1 - \left\{\left(\dfrac{1}{2}\right)^2 + \left(\dfrac{1}{2}\right)^2\right\}$ $= 1 - \dfrac{1}{4} - \dfrac{1}{4}$ $= \dfrac{1}{2}$ $= 0.5$

		$-\sum_{i=1}^{2} P_i \log_2(P_i)$	$1-\sum_{i=1}^{2} P_i^2$
노드 2	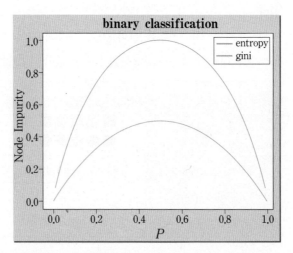$\left(p_1=\dfrac{1}{5},\ p_2=\dfrac{4}{5}\right)$	$=-\dfrac{1}{5}\log_2\dfrac{1}{5}-\dfrac{4}{5}\log_2\dfrac{4}{5}$ $=-\dfrac{1}{5}\times(-2.3219)-\dfrac{4}{5}\times(-0.3219)$ $=0.4644+0.2575$ $=0.7219$	$=1-\left\{\left(\dfrac{1}{5}\right)^2+\left(\dfrac{4}{5}\right)^2\right\}$ $=1-\dfrac{1}{25}-\dfrac{16}{25}$ $=\dfrac{8}{25}$ $=0.32$
노드 3	$(p_1=1,\ p_2=0)$	$-\sum_{i=1}^{2} P_i \log_2(P_i)$ $=-1\log_2 1-0\log_2 0$ ($\log_2 0=0$으로 가정하고 계산함.)	$1-\sum_{i=1}^{2} P_i^2$ $=1-(1^2+0)$ $=1-1$ $=0$

클래스가 두 개일 때 기준으로 엔트로피의 값은 0부터 1까지이지만 클래스가 세 개 이상이면 값이 1을 초과한다.

binary classification

— entropy
— gini

Node Impurity / P

위의 그래프를 살펴보면 x축의 $p=0.5$일 때(클래스가 정확히 반씩 섞여 있을 때) 불순도가 가장 높고, $p=0$ 또는 1일 때(클래스가 한쪽만 가득할 때) 0으로 가장 낮음을 알 수 있다.

(2) 결정 트리의 학습 방법

아래 표의 그림은 결정 트리의 목표를 나타낸 것이다. [1단계]의 루트 노드는 3개의 클래스(기린, 사자, 고양이)가 많이 섞여 있어 순수하지 않은 노드이다. 결정 트리의 학습 방법은 적절한 방법으로 잘 분할하고 단말 노드에 최대한 순수한 클래스로 잘 분류하는 것이다. 단말 노드가 얼마나 순수한 클래스로 잘 분류되었냐에 따라 결정 트리의 성능이 결정된다.

▶▶ 결정 트리의 학습 방법

	트리로 표현	플롯으로 표현
[1단계]		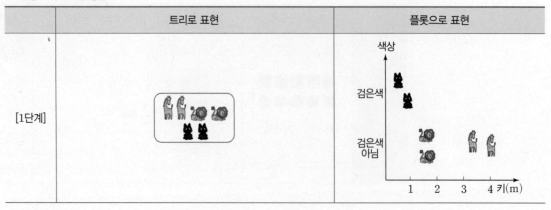

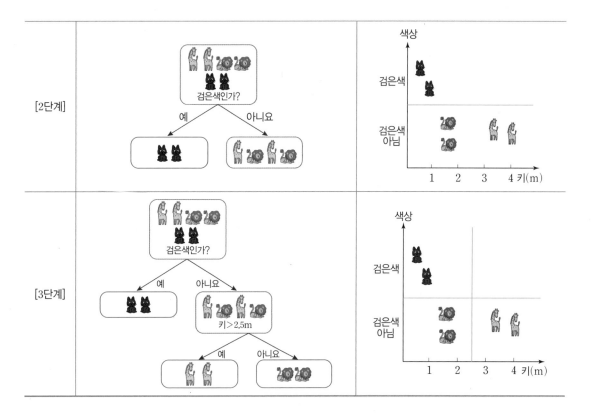

(3) 정보 획득(information gain)

지금까지 노드의 불순도 값을 측정하는 방법을 학습했다. 이제부터는 결정 트리에 불순도 값을 적용할 때의 일반적인 규칙에 대해 알아보자.

- 결정 트리에서 학습이란 루트 노드의 불순도 값을 낮춰 단말 노드를 최대한 순수(pure)하게 만드는 과정이다.
- 단말 노드에서 순수하게 만들기 위해서는 '부모 노드의 불순도 − 자식 노드의 불순도'의 값이 클수록 좋은 것이다.
- 분할하는 방법에 따라 더욱 효율적인 방법이 존재할 수 있다.
- 가능한 방법들 모두 '부모 노드의 불순도 − 자식 노드의 불순도' 값을 구해야 한다.
- 자식 노드는 두 개 이상 나올 수 있으므로 가중 평균을 방지해야 한다(비율을 곱해서 마이너스(−)값이 나오는 것을 방지해야 한다.).

즉, 정보 획득은 [1단계]의 불순도가 높은 값을 [3단계]의 불순도가 낮게 만들기 위한 수학적 방법이다.

정보 획득(information gain)

$$Information\ gain = Entropy(S) - \sum_{k=1}^{n} w_k \times Entropy(S_k)$$

- Information gain = Entropy(부모 노드) − Entropy(자식 노드)
- $Entropy(S)$: 분할 전 부모 노드의 엔트로피
- $Entropy(S_k)$: 분할 후 k번째 자식 노드의 엔트로피
- w_k: $\dfrac{k번째\ 샘플의\ 개수}{전체\ 샘플의\ 개수}$

---

04 정보 획득을 이용한 트리 구성 방법

(1) 데이터 준비

다음과 같이 무게와 길이에 따라 고양이와 강아지를 분류하는 데이터가 있다. 데이터는 무게와 길이의 두 가지 속성이 있다.

인덱스	무게	길이	종류(클래스)
1	10	60	고양이
2	15	60	고양이
3	25	80	고양이
4	28	60	고양이
5	30	25	고양이
6	5	28	강아지
7	10	18	강아지
8	10	42	강아지
9	22	20	강아지
10	25	25	강아지

위의 표를 2차원 공간에 x축을 무게, y축을 길이로 하고 클래스를 고양이는 노란색 사각형(■), 강아지는 파란색 원(●)으로 하여 다음과 같이 그래프로 표현하였다.

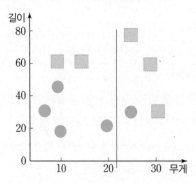

(2) 결정 트리를 분할하는 방법(아이디어)

결정 트리는 다음과 같이 두 가지 기준에 따라 분할할 수 있다.

> [기준 1] 어떤 속성을 먼저 분할할까?
>
>   예 길이로 분할할까? 무게로 분할할까?
>
> [기준 2] 분할할 때 어떤 값을 기준으로 나눌까?
>
>   예 무게>27, 무게>18 중 어떤 값으로 분할할까?

[기준 1]과 [기준 2]를 이용하여 분할하는 방법을 생각해 보자.

어떤 방법이 더 효율적일까? [기준 1]은 길이 또는 무게로 분할하는 두 가지 방법이 있지만, [기준 2]는 값에 따라 매우 다양한 방법이 존재할 것이다.

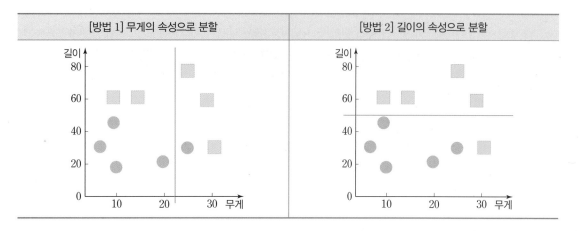

[방법 1] 무게의 속성으로 분할	[방법 2] 길이의 속성으로 분할

대표적으로 [방법 1]과 [방법 2]의 두 가지 방법을 생각해 보자. 또한 [방법 1]과 [방법 2] 중 어떤 방법이 더 효율적인지 정보 획득을 수학적으로 계산해 보자.

> **결정 트리의 분할 방법**
> - 자식 노드의 불순도 값을 낮춰 최대한 순수하게 분할한다.
> - 방법: 불순도 측정 도구(엔트로피)를 통해 불순도 값을 측정하고 정보 획득(information gain) 값을 계산하여 여러 후보 중 높은 값으로 분할(split)한다.

[3] [기준 1]에 따른 정보 획득(information gain) 계산

① [**방법 1**]: 속성 1(무게<22)로 분할했을 때 정보 획득 값을 구한다.

단계	방법	정보 획득 값
[1단계]	(그래프: 길이 vs 무게 산점도)	$Entropy(S)$(분할 전) $-\sum_{i=1}^{2} P_i \log_2 (P_i)$ $= -\frac{1}{2}\log_2\frac{1}{2} - \frac{1}{2}\log_2\frac{1}{2}$ $=1$
[2단계]	(그래프: 길이 vs 무게 산점도, 무게=22 기준 분할선) $Entropy(S_1)$(왼쪽)　　$Entropy(S_2)$(오른쪽) ■ 2개, ● 4개　　　■ 3개, ● 1개 비율 $\left(■: \frac{1}{3}, ●: \frac{2}{3}\right)$　비율 $\left(■: \frac{3}{4}, ●: \frac{1}{4}\right)$ $w_1 = \frac{6}{10}$　　　　$w_2 = \frac{4}{10}$	$Entropy(S_1)$(분할 후 왼쪽 자식 노드) $= -\frac{1}{3}\log_2\frac{1}{3} - \frac{2}{3}\log_2\frac{2}{3}$ $= -\frac{1}{3}\times(-1.585) - \frac{2}{3}\times(-0.585)$ $=0.5283+0.39$ $=0.9183$ $Entropy(S_2)$(분할 후 오른쪽 자식 노드) $= -\frac{3}{4}\log_2\frac{3}{4} - \frac{1}{4}\log_2\frac{1}{4}$ $= -\frac{3}{4}\times(-0.415) - \frac{1}{4}\times(-2)$ $=0.3113+0.5$ $=0.8113$

[3단계]	정보 획득 값 계산	$Entropy(S) - \sum_{k=1}^{n} w_k \times Entropy(S_k)$ $= 1 - \left(\dfrac{6}{10} \times 0.9183 + \dfrac{4}{10} \times 0.8113 \right)$ $= 1 - (0.5510 + 0.3245)$ $= 0.1245$

② [방법 2]: 속성 2(길이<50)로 분할했을 때 정보 획득 값을 구한다.

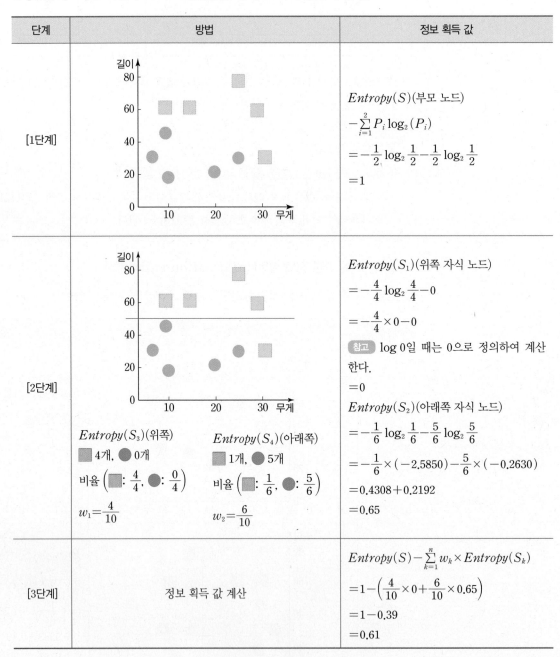

단계	방법	정보 획득 값
[1단계]		$Entropy(S)$(부모 노드) $-\sum_{i=1}^{2} P_i \log_2 (P_i)$ $= -\dfrac{1}{2} \log_2 \dfrac{1}{2} - \dfrac{1}{2} \log_2 \dfrac{1}{2}$ $= 1$
[2단계]	$Entropy(S_3)$(위쪽) ◼4개, ●0개 비율$\left(◼: \dfrac{4}{4}, ●: \dfrac{0}{4} \right)$ $w_1 = \dfrac{4}{10}$ $Entropy(S_4)$(아래쪽) ◼1개, ●5개 비율$\left(◼: \dfrac{1}{6}, ●: \dfrac{5}{6} \right)$ $w_2 = \dfrac{6}{10}$	$Entropy(S_1)$(위쪽 자식 노드) $= -\dfrac{4}{4} \log_2 \dfrac{4}{4} - 0$ $= -\dfrac{4}{4} \times 0 - 0$ 참고 log 0일 때는 0으로 정의하여 계산한다. $= 0$ $Entropy(S_2)$(아래쪽 자식 노드) $= -\dfrac{1}{6} \log_2 \dfrac{1}{6} - \dfrac{5}{6} \log_2 \dfrac{5}{6}$ $= -\dfrac{1}{6} \times (-2.5850) - \dfrac{5}{6} \times (-0.2630)$ $= 0.4308 + 0.2192$ $= 0.65$
[3단계]	정보 획득 값 계산	$Entropy(S) - \sum_{k=1}^{n} w_k \times Entropy(S_k)$ $= 1 - \left(\dfrac{4}{10} \times 0 + \dfrac{6}{10} \times 0.65 \right)$ $= 1 - 0.39$ $= 0.61$

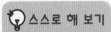
③ 결론

　[방법 2]의 정보 획득 값이 0.61로 [방법 1]의 0.1245보다 더 크므로 [방법 2]로 분할하는 것이 더 좋은 방법임을 알 수 있다. [방법 2]로 분할하면 위쪽 부분은 노란 사각형(◼)만 남게 되어 더 이상 분할할 필요가 없다. 즉, 정보 획득 값이 크다는 것은 분할하여 얻는 이득이 많다는 것이다. 따라서 [방법 2]로 분할하는 것이 [방법 1]보다 더 좋은 방법이다.

④ 표현 방법

다음 표는 [방법 2]를 이용하여 분할한 결과를 두 가지 방법으로 표현한 것이다. ㉠ 트리를 이용한 결정 트리 표현 방법에서 '길이<50'으로 먼저 분할하면 ❶은 노란 사각형만 남아 더 이상 분할하지 않아도 된다. 오른쪽 자식 노드는 위와 동일한 방법으로 '무게<27'로 분할하면 단말 노드가 모두 순수(pure)하게 잘 분할되었음을 확인할 수 있다.

앞에서 배운 정보 획득의 과정을 한 번 더 거치면 ❷, ❸과 같이 분류할 수 있다.

㉠ 트리를 이용한 결정 트리 표현 방법	㉡ 플롯을 이용한 결정 트리 표현 방법

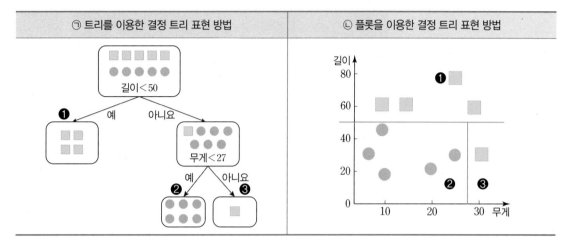

05 가지치기(pruning)

앞에서 살펴본 예는 매우 단순하고 간단한 예제이지만 데이터의 양이 많아지면 분할되는 노드의 개수가 매우 많아질 것이다. 트리가 복잡해질수록 훈련 데이터에 대해서는 정확도가 높지만, 새로운 데이터에 대해서는 오버 피팅(overfitting)될 가능성이 커지므로 트리를 적당한 크기로 잘라 줘야 할 수도 있다. 이것을 가지치기(pruning)라고 한다.

훈련 데이터를 학습하여 모델을 만들 때 최적의 훈련(just right)이 있다고 가정한다. 이때, 최적보다 학습이 덜 되면 언더 피팅, 최적보다 학습이 과하게 되면 오버 피팅이 발생한다. 최적(just right)으로 훈련하면 새로운 데이터(unseen data)에 대해 최적의 성능을 보인다.

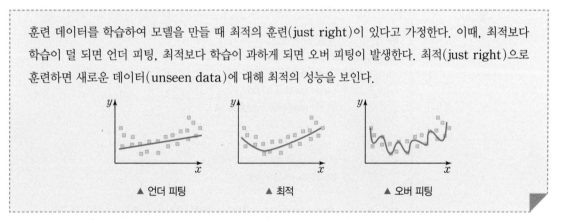

아래 그림과 같이 전체 트리를 구성한 후 오버 피팅이 되면 트리를 일부 삭제하여 가지치기한다.

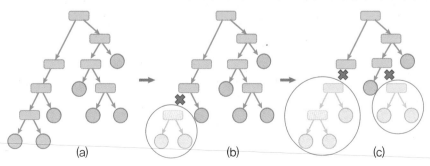

▲ 전체 트리 (a)와 가지치기한 트리 (b), (c)

06 실습

Iris 데이터를 이용하여 결정 트리를 실습해 본다. Iris는 프랑스 국화로 로널드 피셔(Ronal Aylmer Fisher, 1890~1962)가 4개의 속성(꽃잎의 길이와 너비, 꽃받침의 길이와 너비)을 측정하여 3개의 품종(Iris setosa, Iris versicolor, Iris virginica)을 구분할 수 있는 매우 유명한 데이터이다.

▲ Iris setosa ▲ Iris versicolor ▲ Iris virginica

Iris 데이터는 150개의 행과 6개의 열로 구성되어 있다. 6개의 속성은 다음과 같다.

Id: 순서를 의미	SepalLengthCm: 꽃받침의 길이
SepalWidthCm: 꽃받침의 너비	PetalLengthCm: 꽃잎의 길이
PetalWidthCm: 꽃잎의 너비	Species: 품종

활동 1

[완성 파일: 3-1.ipynb]

[STEP 1] 데이터 준비하기

코랩에서 Iris.csv 파일을 불러와 데이터를 출력해 보고, 훈련 데이터와 테스트 데이터로 분할해 보자.

❶ Iris.csv 파일 읽어 오기

```
1   import numpy as np
2   import pandas as pd
3   import matplotlib.pyplot as plt
4   # %matplotlib inline
5
6   from google.colab import drive
7   drive.mount('/gdrive')
8
9   data_path = '/gdrive/MyDrive/EBS/Iris.csv'  # Iris의 I는 i의 대문자임.
10  iris = pd.read_csv(data_path)
11  iris.head(5)
```

1~3행: 코드에 필요한 라이브러리와 모듈을 호출한다.

4행: 코랩에서는 필요 없고 jupyter notebook일 때 그래프를 출력하는 모듈이다.

6, 7행: 코랩에서 구글 드라이브와 연결하고 인증 코드를 붙여 넣는다.

9행: 구글 드라이브의 [EBS] 폴더에 저장된 Iris.csv 파일의 경로를 data_path로 놓는다.

10행: pandas를 이용하여 csv 파일을 읽고 iris 변수에 저장한다.

11행: iris 변수에 저장되어 있는 데이터 중 위에서부터 5개를 출력한다. 참고로, 구글 코랩에서는 마지막 줄의 경우 print 함수를 생략해도 출력된다.

실행 결과

	Id	SepalLengthCm	SepalWidthCm	PetalLengthCm	PetalWidthCm	Species
0	1	5.1	3.5	1.4	0.2	Iris-setosa
1	2	4.9	3.0	1.4	0.2	Iris-setosa
2	3	4.7	3.2	1.3	0.2	Iris-setosa
3	4	4.6	3.1	1.5	0.2	Iris-setosa
4	5	5.0	3.6	1.4	0.2	Iris-setosa

[실행 결과]를 통해 Iris.csv 파일에서 pandas 형식의 5개 행이 출력됨을 알 수 있다.

❷ numpy로 변환한 후 출력하기

```
12    np_iris = np.array(iris)
13    X_data = np_iris[:, 1:5]
14    y_data = np_iris[:, −1]
15    print(X_data[0:5, :], X_data.shape)
16    print(y_data[0:5], y_data.shape)
```

12행: numpy 형식으로 변환한다.

13행: [행, 열]의 형식이므로 [전체 행, 1~4열]을 슬라이싱(slicing)하여 X_data에 저장한다.
즉, SepalLengchCm(1열)에서 PetalWidcm(4열)까지 저장하게 된다.

14행: [전체 행, 마지막 열]을 y_data에 저장한다. 즉, Species(5열)가 저장된다.

15행: X_data를 [0~4행, 전체 열]과 X_data의 shape를 출력한다.

16행: y_data를 [0~4행]과 y_data의 shape를 출력한다.

실행 결과

```
[[5.1 3.5 1.4 0.2]
 [4.9 3.0 1.4 0.2]
 [4.7 3.2 1.3 0.2]
 [4.6 3.1 1.5 0.2]
 [5.0 3.6 1.4 0.2]] (150, 4) ──→ X_data의 shape
['Iris-setosa' 'Iris-setosa' 'Iris-setosa' 'Iris-setosa' 'Iris-setosa'] (150,) ──→ y_data의 shape
```

[실행 결과]에서 numpy 형식의 X_data, y_data 그리고 각각의 shape가 출력된다. X_data는 150행 4열이고, y_data는 150행 1열이다. 150행 1열은 (150,)로 표현한다.

❸ 훈련 데이터와 테스트 데이터 분할하기

```
17    from sklearn.model_selection import train_test_split
18    X_train, X_test, y_train, y_test = train_test_split(X_data, y_data, test_size = 0.3)
19    print(X_train.shape, X_test.shape, y_train.shape, y_test.shape)
```

17행: 데이터 분할을 위한 모듈을 가져온다.

18행: train_test_split( ) 함수는 X_data, y_data를 이용하여 4개의 값을 반환한다. test_size=0.3 이면 test_size는 전체 데이터의 30%이다. 자동으로 나머지 train_size=70%로 정해진다. 4개의 분할된 데이터는 X_train, X_test, y_train, y_test 이름으로 분할되어 저장된다.

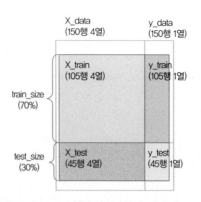

X_data
(150행 4열)

y_data
(150행 1열)

X_train
(105행 4열)

y_train
(105행 1열)

train_size
(70%)

test_size
(30%)

X_test
(45행 4열)

y_test
(45행 1열)

19행: 4개 변수의 shape를 출력한다.

(105, 4) (45, 4) (105,) (45,)

위의 그림과 같이 [실행 결과]에서 X_train, X_test, y_train, x_test 변수의 shape가 순서대로 출력됨을 알 수 있다.

[STEP 2] 훈련 데이터 학습시키기

훈련 데이터(X_train, y_train)를 이용하여 훈련해 보자. 훈련은 [데이터 준비하기] 단계에 비해 매우 단순한데 결정 트리 모듈을 이용해 몇 가지 옵션을 넣고 훈련 데이터를 학습시킨다.

```
20    from sklearn.tree import DecisionTreeClassifier
21    tree_model = DecisionTreeClassifier(max_depth = 4, min_samples_split = 3)
22    tree_model.fit(X_train, y_train)
```

20행: 결정 트리 학습에 필요한 기계 학습 모듈을 가져온다.

21행: max_depth=4, min_samples_split=3의 옵션을 추가한다. 이 옵션은 오버 피팅 방지로 사용자가 자유롭게 값을 수정할 수 있다. 'max_depth=4'는 트리의 깊이를 4까지 허용하는 것이고, 'min_samples_split=3'은 데이터의 개수(결과 화면에서 확인 가능, samples 옵션)가 3개 미만의 상황이 오면 더 이상 분할하지 않는다는 것이다.

22행: X_train, y_train을 이용하여 모델을 학습한다. 즉, 전체 데이터의 70%에 해당하는 데이터를 이용하여 학습한다. y_train(정답)을 X_train과 같이 학습시키므로 지도 학습이다.

[STEP 3] 평가하기

평가는 테스트 데이터(X_test, y_test)를 이용하며, 훈련할 때 사용하지 않은 데이터이다. 테스트 데이터를 이용하여 실젯값과 예측값을 비교해 보자.

```
23    from sklearn import metrics
24    tree_pred = tree_model.predict(X_test)
25    print('Decision tree accuracy:{:.3f}'. format(metrics.accuracy_score(y_test, tree_pred)))
```

23행: 평가에 필요한 모듈을 가져온다.

24행: X_test(훈련 시 사용하지 않은 unseen data)를 이용하여 모델이 예측해 보고 tree_pred에 저장한다.

25행: y_test(실젯값)과 24행에서 구한 tree_pred(예측값)을 비교하여 몇 개를 맞추는지 평가한다.

[STEP 3] 평가하기의 [실행 결과]는 교재와 다르게 나올 수 있다.

Decision tree accuracy: 0.933

[실행 결과]에서 정확도가 93.3%로 출력되었으므로 y_test의 45개의 예측값 중 약 42개는 실젯값과 일치하였고, 6개는 실젯값과 다름을 알 수 있다.

[STEP 4] 시각화하기

앞에서 배운 정보 획득(information gain)을 알고리즘으로 계산하여 최적의 결정 트리를 시각화해 보자.

```
26    import graphviz
27    from sklearn.tree import export_graphviz
28    feature_names = ['sepal length(cm)', 'speal width(cm)', 'petal length(cm)', 'petal width(cm)']
29    class_names = ['Setosa', 'Versicolor', 'Virginica']
30    out_path = '/gdrive/MyDrive/EBS/datatree.dot'
31    export_graphviz(tree_model,
32                    out_file = out_path,
33                    feature_names = feature_names,
34                    class_names = class_names,
35                    filled = True,
36                    )
37    with open(out_path) as f:
38        dot_graph = f.read( )
39    graphviz.Source(dot_graph)
```

26, 27행: 필요한 라이브러리를 가져온다.

28, 29행: 시각화에 보여 줄 열의 이름 4가지와 클래스의 이름(품종) 3가지를 작성한다.

30행: 트리를 저장할 경로를 지정한다.

31행: export_graphviz( )의 호출 결과로 tree_model을 이용한다.

32행: out_file에 datatree.dot 파일을 생성한다.

33행: feature_names를 28행에서 작성한 값으로 저장한다.

34행: class_names를 29행에서 작성한 값으로 저장한다.

35행: 클래스별 색상을 다르게 적용한다.

37~39행: 위에서 생성된 datatree.dot 파일을 graphviz가 읽어서 구글 코랩에서 시각화하여 표현한다.

> 30행의 '/gdrive/MyDrive/EBS/datatree.dot'은 [구글 드라이브] → [내 드라이브] → [EBS] 폴더 → datatree.dot 파일을 의미한다.

실행 결과

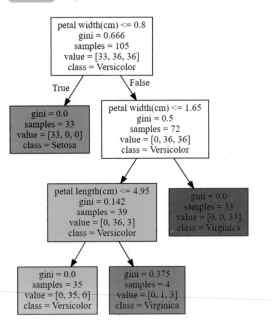

| 관련 영상 QR 코드

가우스와 등차수열의 합

1 수열

(1) 수열의 뜻

① 소수를 작은 것부터 차례대로 나열하면 다음과 같다.

$$2, 3, 5, 7, 11, 13, 17, 19, \cdots$$

이와 같이 차례대로 나열된 수의 열을 수열이라 하며, 나열된 각 수를 그 수열의 항이라고 한다.

이때, 각 항을 앞에서부터 차례대로 첫째 항, 둘째 항, 셋째 항, … 또는 제1항, 제2항, 제3항, …이라고 한다.

② 일반적으로 수열을 나타낼 때 항에 번호를 붙여

$$a_1, a_2, a_3, \cdots$$

과 같이 나타내고, 제n항, a_n을 이 수열의 일반항이라고 한다.

또, 수열을 간단히 나타낼 때 일반항 a_n을 이용하여 $\{a_n\}$과 같이 나타낸다.

예를 들어, 수열 $\{a_n\}$의 일반항이 $a_n = 3n + 2$일 때,

$$a_1 = 3 \times 1 + 2 = 5, \quad a_2 = 3 \times 2 + 2 = 8,$$
$$a_3 = 3 \times 3 + 2 = 11, \quad a_4 = 3 \times 4 + 2 = 14, \cdots$$

따라서 수열 $\{a_n\}$은 다음과 같다.

$$5, 8, 11, 14, \cdots$$

확인 문제 ①

다음 수열의 일반항 a_n을 구하시오.

(1) 1, 8, 27, 64, $\cdots$　　　　　　　　　　　(2) 9, 99, 999, 9999, $\cdots$

▌수학으로 풀어보기

(1) $a_1 = 1 = 1^3$, $a_2 = 8 = 2^3$, $a_3 = 27 = 3^3$, $a_4 = 64 = 4^3$, $\cdots$
　　이므로 $a_n = n^3$

(2) $a_1 = 9 = 10^1 - 1$, $a_2 = 99 = 10^2 - 1$, $a_3 = 999 = 10^3 - 1$, $a^4 = 9999 = 10^4 - 1$, $\cdots$
　　이므로 $a_n = 10^n - 1$

답 (1) $a_n = n^3$ (2) $a_n = 10^n - 1$

(2) 합의 기호 $\sum$

$\displaystyle\sum_{k=1}^{n} a_k$는 k 대신에 다른 문자를 사용하여

$$\sum_{i=1}^{n} a_i, \ \sum_{l=1}^{n} a_l, \ \sum_{m=1}^{n} a_m$$

등으로 나타내기도 한다.

수열 $\{a_n\}$의 첫째항부터 제n항까지의 합 $a_1 + a_2 + a_3 + \cdots + a_n$을 합의 기호 $\sum$를 사용하여 $\displaystyle\sum_{k=1}^{n} a_k$로 나타낼 수 있다. 즉, $a_1 + a_2 + a_3 + \cdots + a_n = \displaystyle\sum_{k=1}^{n} a_k$이다.

한편 $m < n$일 때 제m항부터 제n항까지의 합은 $\displaystyle\sum_{k=m}^{n} a_k$로 나타낸다.

보기

❶ $2 + 4 + 6 + \cdots + 20 = \displaystyle\sum_{k=1}^{10} 2k$　　　　　　❷ $\displaystyle\sum_{i=5}^{15} 2^i = 2^5 + 2^6 + 2^7 + \cdots + 2^{15}$

(3) $\sum$의 성질

① 두 수열 $\{a_n\}$, $\{b_n\}$에 대하여 다음이 성립한다.

$$\sum_{k=1}^{n}(a_k+b_k)=(a_1+b_1)+(a_2+b_2)+(a_3+b_3)+\cdots+(a_n+b_n)$$

$$=(a_1+a_2+a_3+\cdots+a_n)+(b_1+b_2+b_3+\cdots+b_n)$$

$$=\sum_{k=1}^{n}a_k+\sum_{k=1}^{n}b_k$$

② 같은 방법으로 다음이 성립함을 알 수 있다.

$$\sum_{k=1}^{n}(a_k-b_k)=\sum_{k=1}^{n}a_k-\sum_{k=1}^{n}b_k$$

$$\sum_{k=1}^{n}ca_k=c\sum_{k=1}^{n}a_k$$

$$\sum_{k=1}^{n}c=c+c+c+\cdots+c=cn \text{ (단, } c\text{는 상수)}$$

이상을 정리하면 다음과 같다.

$\sum$의 성질

두 수열 $\{a_n\}$, $\{b_n\}$에 대하여

❶ $\displaystyle\sum_{k=1}^{n}(a_k+b_k)=\sum_{k=1}^{n}a_k+\sum_{k=1}^{n}b_k$

❷ $\displaystyle\sum_{k=1}^{n}(a_k-b_k)=\sum_{k=1}^{n}a_k-\sum_{k=1}^{n}b_k$

❸ $\displaystyle\sum_{k=1}^{n}ca_k=c\sum_{k=1}^{n}a_k$ (단, c는 상수)

❹ $\displaystyle\sum_{k=1}^{n}c=cn$ (단, c는 상수)

확인 문제 ②

두 수열 $\{a_n\}$, $\{b_n\}$에 대하여 $\displaystyle\sum_{k=1}^{10}a_k=10$, $\displaystyle\sum_{k=1}^{10}b_k=20$일 때, 다음 식의 값을 구하시오.

(1) $\displaystyle\sum_{k=1}^{10}(3a_k-2b_k-1)$ (2) $\displaystyle\sum_{k=1}^{10}2(a_k+b_k)$

▍수학으로 풀어보기

(1) $\displaystyle\sum_{k=1}^{10}(3a_k-2b_k-1)=3\sum_{k=1}^{10}a_k-2\sum_{k=1}^{10}b_k-\sum_{k=1}^{10}1$

$$=3\times10-2\times20-1\times10$$

$$=-20$$

(2) $\displaystyle\sum_{k=1}^{10}2(a_k+b_k)=2\sum_{k=1}^{10}a_k+2\sum_{k=1}^{10}b_k$

$$=2\times10+2\times20$$

$$=60$$

답 (1) -20 (2) 60

2 로그

(1) 로그의 뜻

$a>0$, $a\neq1$일 때, 양수 N에 대하여 $a^x=N$을 만족시키는 실수 x는 오직 하나 존재한다.

이 수 x를 $\log_a N$으로 나타내고, a를 밑으로 하는 N의 로그라고 한다.

이때, N을 $\log_a N$의 진수라고 한다.

$$\overset{\text{진수}}{\log_a \underset{\text{밑}}{N}}$$

$a>0$, $a≠1$, $N>0$일 때, $a^x=N \Longleftrightarrow x=\log_a N$

보기

❶ $2^3=8 \Longleftrightarrow 3=\log_2 8$　　　　　　❷ $2^{-2}=\dfrac{1}{4} \Longleftrightarrow -2=\log_2 \dfrac{1}{4}$

확인 문제 3

다음을 구하시오.

(1) $\left(\dfrac{1}{4}\right)^{-2}=16$을 $x=\log_a N$의 꼴로 나타내시오.

(2) $\log_2 16=4$을 $a^x=N$의 꼴로 나타내시오.

▮ **수학으로 풀어보기**

(1) $\left(\dfrac{1}{4}\right)^{-2}=16$에서 $-2=\log_{\frac{1}{4}} 16$

(2) $\log_2 16=4$에서 $2^4=16$

🖹 (1) $-2=\log_{\frac{1}{4}} 16$　(2) $2^4=16$

(2) 로그의 성질

로그의 정의에 의해 다음과 같은 성질을 성립된다.

$a≠0$이고 n이 양의 정수일 때,
$$a^0=1,\ a^{-n}=\dfrac{1}{a^n}$$

① $a>0$, $a≠1$일 때,

　• $a^0=1$에서 $\log_a 1=0$

　• $a^1=a$에서 $\log_a a=1$

② $a>0$, $a≠1$, $M>0$, $N>0$일 때,

　$\log_a M=m$, $\log_a N=n$으로 놓으면 $a^m=M$, $a^n=N$이므로

　• $MN=a^m a^n=a^{m+n}$에서 $\log_a MN=m+n=\log_a M+\log_a N$

　• $\dfrac{M}{N}=\dfrac{a^m}{a^n}=a^{m-n}$에서 $\log_a \dfrac{M}{N}=m-n=\log_a M-\log_a N$

　• $M^k=(a^m)^k=a^{mk}$ (k는 실수)에서 $\log_a M^k=mk=k \log_a M$

보기

❶ $\log_3 27=\log_3 3^3=3 \log_3 3=3×1=3$　　　　❷ $\log_2 \dfrac{1}{4}=\log_2 4^{-1}=-\log_2 2^2=-2$

이상을 정리하면 다음과 같다.

로그의 성질

$a>0$, $a≠1$, $M>0$, $N>0$일 때,

❶ $\log_a 1=0$, $\log_a a=1$　　　　　　　❷ $\log_a MN=\log_a M+\log_a N$

❸ $\log_a \dfrac{M}{N}=\log_a M-\log_a N$　　　　❹ $\log_a M^k=k \log_a M$ (단, k는 실수)

확인 문제 4

다음을 구하시오.

(1) $\log_2 \dfrac{4}{3} + \log_2 3$ (2) $\log_{10} \dfrac{3}{4} + 2\log_{10} \dfrac{2}{3} - \log_{10} \dfrac{1}{3}$

수학으로 풀어보기

(1) $\log_2 \dfrac{4}{3} + \log_2 3 = \log_2 \left(\dfrac{4}{3} \times 3 \right) = \log_2 4 = \log_2 2^2 = 2\log_2 2 = 2$

(2) $\log_{10} \dfrac{3}{4} + 2\log_{10} \dfrac{2}{3} - \log_{10} \dfrac{1}{3} = \log_{10} \dfrac{3}{4} + \log_{10} \left(\dfrac{2}{3} \right)^2 - \log_{10} 3^{-1}$

$= \log_{10} \dfrac{3}{4} + \log_{10} \dfrac{4}{9} + \log_{10} 3$

$= \log_{10} \left(\dfrac{3}{4} \times \dfrac{4}{9} \times 3 \right) = \log_{10} 1 = 0$

답 (1) 2 (2) 0

확인 문제 5

1. 주어진 P_1, P_2에 대하여 $-\sum\limits_{i=1}^{2} P_i \log_2 (P_i)$의 값을 구하시오. (단, $\log_2 5 = 2.322$)

(1) $P_1 = 1$, $P_2 = 0$ (2) $P_1 = \dfrac{1}{5}$, $P_2 = \dfrac{4}{5}$

수학으로 풀어보기

(1) $-\sum\limits_{i=1}^{2} P_i \log_2 (P_i) = -P_1 \log_2 P_1 - P_2 \log_2 P_2 = -1 \log_2 1 - 0 \log_2 0 = 0$

(2) $\log_2 \dfrac{1}{5} = \log_2 5^{-1} = -\log_2 5 = -2.322$

$\log_2 \dfrac{4}{5} = \log_2 4 - \log_2 5 = \log_2 2^2 - \log_2 5 = 2 - 2.322 = -0.322$이므로

$-\sum\limits_{i=1}^{2} P_i \log_2 (P_i) = -P_1 \log_2 P_1 - P_2 \log_2 P_2 = -\dfrac{1}{5} \log_2 \dfrac{1}{5} - \dfrac{4}{5} \log_2 \dfrac{4}{5}$

$= -\dfrac{1}{5} \times (-2.322) - \dfrac{4}{5} \times (-0.322)$

$= 0.4644 + 0.2576$

$= 0.7220$

답 (1) 0 (2) 0.7220

2. $Entropy(S) = 1$, $Entropy(S_1) = 0.9183$, $Entropy(S_2) = 0.81130$이고 $\dfrac{S_1}{S} = \dfrac{3}{5}$, $\dfrac{S_2}{S} = \dfrac{2}{5}$ 일

때 $Entropy(S) - \sum\limits_{i=1}^{2} \left\{ \dfrac{|S_i|}{|S|} Entropy(S_i) \right\}$의 값을 구하시오.

수학으로 풀어보기

$Entropy(S) - \sum\limits_{i=1}^{2} \left\{ \dfrac{|S_i|}{|S|} Entropy(S_i) \right\}$

$= 1 - \left\{ \dfrac{|S_1|}{|S|} Entropy(S_1) + \dfrac{|S_2|}{|S|} Entropy(S_2) \right\}$

$= 1 - \left(\dfrac{3}{5} \times 0.9183 + \dfrac{2}{5} \times 0.8113 \right)$

$= 1 - (0.55098 + 0.32452)$

$= 0.1245$

답 0.1245

2 수치 예측

들 어 가 기 내 용
실생활에서 연속적인 수치를 예측할 수 있는 문제는 무엇이 있을까?

키에 따라 몸무게를 예측하거나 연간 평균 기온에 따라 기온을 예측하는 등의 문제들은 주어진 데이터의 경향성을 직선으로 나타낼 수 있고, 이 직선의 방정식을 알아낸다면 수치를 예측할 수 있다.

마찬가지로 전자 상거래의 데이터를 가지고 연간 소비 지출액을 어떻게 예측할 수 있는지 알아보자.

🔖 이 단원에서는 무엇을 알아볼까?

전자 상거래를 이용하는 소비자의 데이터를 가지고 연간 소비 지출액에 영향을 미치는 속성들은 무엇이 있는지 살펴보고, 속성에 따른 연간 소비 지출액을 예측해 보자.

01 추세선을 이용한 수치 예측

기계 학습의 지도 학습에서 연속적인 값을 예측하는 수치 예측 문제에 관해 살펴보자. 예를 들면, 실생활에서 키에 따른 몸무게나 학습 시간에 따른 성적, 주택 면적에 따른 주택 가격, 연도에 따른 평균 기온 등의 예측같이 연속적인 값을 예측하는 문제는 수치 예측 문제라고 볼 수 있다.

이번 단원에서는 데이터의 경향성을 나타내는 추세선과 같은 직선을 이용하여 수치를 예측하는 문제를 살펴본다.

다음 그림은 2차원 좌표평면에서 x축의 변수 1에 대한 y축의 변수 2의 산점도와 이 점들의 경향성을 직선으로 표현한 추세선을 나타내고 있다.

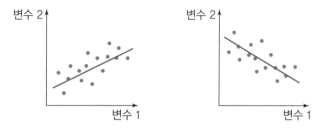

위의 왼쪽 그림은 변수 1의 값이 증가함에 따라 변수 2의 값도 증가하고 있음을 볼 수 있다. 따라서 추세선도 우측 상단의 방향으로 증가함을 나타내는 형태로 표현되었다. 반면에 오른쪽 그림은 변수 1의 값이 증가함에 따라 변수 2의 값은 감소하기 때문에 추세선도 우측 하단의 방향으로 감소함을 나타내는 형태로 표현되었다.

그렇다면 변수 1의 값에 대한 변수 2의 값을 어떻게 예측할 수 있을까? 이는 추세선의 방정식, 즉, 직선의 방정식을 통해 예측할 수 있다.

예를 들어, 위의 왼쪽 그림의 추세선의 방정식이 $y=5x+2$이라 하면, 어떠한 변수(즉, x)의 값에 대해서도 변수 2(즉, y)의 값을 구할 수 있다. (예 $x=3$이면, $y=17$)

이와 같이 추세선의 방정식을 구하면 입력 변수 1에 관한 출력 변수 2를 언제든지 구할 수 있다.

이러한 수치 예측 문제는 $y=f(x)$에서 입력 데이터 x와 출력 데이터 y에 대한 함수 $f(x)$를 찾는다는 점에서 기계 학습 문제라고 볼 수 있다. 위의 예제에서는 추세선의 방정식을 찾는 문제라고 볼 수 있다.

> 데이터의 경향성을 하나의 직선(추세선)을 가지고 예측하는 것을 '선형 회귀(linear regression)'라 한다. 선형 회귀는 기계 학습에서 가장 기본적이고 널리 사용되는 방법이다.

02 핵심 속성 추출과 예측

캐글(www.kaggle.com)에서 제공하는 전자 상거래 소비자 데이터 'Ecommerce Customers' 데이터 셋을 이용하여 연간 소비 지출액에 영향을 미치는 핵심 속성이 무엇이 있는지 확인하고, 이 핵심 속성을 바탕으로 연간 소비 지출액을 예측을 해 보자.

(1) 산점도와 상관관계를 통해 핵심 속성 추출하기

실습에 활용할 데이터가 있는 사이트(https://www.kaggle.com/srolka/ecommerce-customers)에서 'Ecommerce Customers.csv' 파일을 다운로드하고, 이 데이터 셋의 속성을 살펴보자.

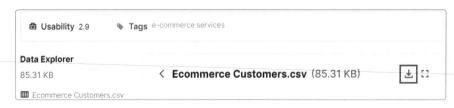

	A	B	C	D	E	F	G	H
1	Email	Address	Avatar	Avg. Session Length	Time on App	Time on Website	Length of Membership	Yearly Amount Spent
2	mstephenso	835 Frank	Violet	34.49726773	12.65565115	39.57766802	4.082620633	587.951054
3	hduke@hotn	4547 Archer	DarkGreen	31.92627203	11.10946073	37.26895887	2.664034182	392.2049334
4	pallen@yahc	24645	Bisque	33.00091476	11.33027806	37.11059744	4.104543202	487.5475049
5	riverarebecc	1414 David	SaddleBrown	34.30555663	13.71751367	36.72128268	3.120178783	581.852344
6	mstephens@	14023	MediumAqua	33.33067252	12.79518855	37.5366533	4.446308318	599.406092
7	alvareznancy	645 Martha	FloralWhite	33.87103788	12.02692534	34.47687763	5.493507201	637.1024479
8	katherine20(	68388	DarkSlateBlu	32.0215955	11.36634831	36.68377615	4.685017247	521.5721748
9	awatkins@y	Unit 6538	Aqua	32.73914294	12.35195897	37.37335886	4.434273435	549.9041461
10	vchurch@wa	860 Lee Key	Salmon	33.9877729	13.38623528	37.53449734	3.273433578	570.200409
11	bonnie69@li	PSC 2734	Brown	31.93654862	11.81412829	37.14516822	3.202806072	427.1993849

▲ Ecommerce Customers.csv 파일

전체 속성은 소비자 500명에 대한 'Email(이메일 주소), Address(주소), Avatar(아바타), Avg. Session Length(평균 체류 시간), Time on App(앱 사용 시간), Time on Website(웹 사이트 사용 시간), Length of Membership(멤버십 기간), Yearly Amount Spent(연간 소비 지출액)'으로 구성되어 있음을 알 수 있다.

여기서는 Yearly Amount Spent(연간 소비 지출액)에 영향을 미치는 핵심 속성이 무엇이 있는지 살펴보고, 핵심 속성을 사용하여 구한 추세선을 바탕으로 연간 소비 지출액을 예측해 본다.

① 라이브러리 불러오기 및 데이터 업로드

실습에 필요한 라이브러리를 불러오고 Ecommerce Customers.csv의 데이터를 dataset이라는 변수에 pandas의 데이터 프레임 형식으로 저장한다.

활동 2

[완성 파일: 3-2.ipynb]

Ecommerce Customers.csv 파일을 업로드하여 그 데이터 셋의 요약 내용과 정보를 출력해 보자.

[STEP 1] Ecommerce Customers.csv 파일 읽어오기

```
1   import pandas as pd                                              # 라이브러리 불러오기
2   import numpy as np
3   import seaborn as sns
4   import matplotlib.pyplot as plt
5   from google.colab import drive                                   # 구글 드라이브 사용
6   drive.mount('/gdrive')
7
8   data_path = '/gdrive/MyDrive/EBS/Ecommerce Customers.csv'        # 파일 경로 설정
9   dataset = pd.read_csv(data_path)
10  dataset.head( )                                                  # 첫 5행 살펴보기
```

1~4행: 프로그램에 필요한 라이브러리를 가져온다.

5~9행: Ecommerce Customers.csv 파일의 경로를 파악하여 dataset 변수에 연결한다.

10행: dataset의 첫 5행을 출력한다.

실행 결과

```
                              Email   ...   Yearly Amount Spent
0            mstephenson@fernandez.com   ...            587.951054
1                    hduke@hotmail.com   ...            392.204933
2                    pallen@yahoo.com   ...            487.547505
3              riverarebecca@gmail.com   ...            581.852344
4       mstephens@davidson-herman.com   ...            599.406092

[5 rows x 9 columns]
```

[STEP 2] Ecommerce Customers 데이터 셋을 요약하여 출력하기

```
11    pd.set_option('display.max_columns', 10)
12    pd.set_option('display.width', 200)
13
14    print(dataset.describe( ))
```

11, 12행: [실행 결과]가 길 경우 가로나 세로에 말줄임표(…)로 생략되는 경우가 있는데, 11, 12행과 같이 set_option( ) 함수를 사용하면 생략 없이 출력된 결과를 볼 수 있다.

14행: describe( ) 함수를 사용하여 데이터의 평균, 최댓값, 최솟값 등의 통곗값을 요약하여 출력한다.

실행 결과

	Avg. Session Length	Time on App	Time on Website	Length of Membership	Yearly Amount Spent
count	500.000000	500.000000	500.000000	500.000000	500.000000
mean	33.053194	12.052488	37.060445	3.533462	499.314038
std	0.992563	0.994216	1.010489	0.999278	79.314782
min	29.532429	8.508152	33.913847	0.269901	256.670582
25%	32.341822	11.388153	36.349257	2.930450	445.038277
50%	33.082008	11.983231	37.069367	3.533975	498.887875
75%	33.711985	12.753850	37.716432	4.126502	549.313828
max	36.139662	15.126994	40.005182	6.922689	765.518462

[실행 결과]를 통해 데이터의 각 속성값의 평균과 표준편차, 최솟값, 최댓값, 사분위수 등을 확인할 수 있다.

[STEP 3] Ecommerce Customers 데이터 셋의 정보 출력하기

```
15    print(dataset.info( ))
```

15행: info( ) 함수를 사용하여 dataset의 정보를 확인한다.

실행 결과

```
<class 'pandas.core.frame.DataFrame'>
RangeIndex: 500 entries, 0 to 499
Data columns (total 8 columns):
 #   Column                Non-Null Count    Dtype
---- --------              ------------------  ------
 0   Email                 500 non-null      object
 1   Address               500 non-null      object
 2   Avatar                500 non-null      object
 3   Avg. Session Length   500 non-null      float64
 4   Time on App           500 non-null      float64
 5   Time on Website       500 non-null      float64
 6   Length of Membership  500 non-null      float64
 7   Yearly Amount Spent   500 non-null      float64
dtypes: float64(5), object(3)
memory usage: 31.4+ KB
None
```

[실행 결과]를 살펴보면 Non-Null Count가 모두 500이므로 비어 있는 값은 없으며, 문자열로 이루어진 Email, Address, Avatar의 Dtype(데이터 형식)은 object, 소숫점으로 이루어진 Avg. Session Length, Time on App, Time on Website, Length of Membership, Yearly Amount Spent의 Dtype은 float64임을 알 수 있다.

② 시각화하기

속성 중에서 앱을 사용한 시간과 웹을 사용한 시간에 따라 연간 소비 지출액에 각각 어떠한 영향을 미치는지 산점도로 시각화하여 확인해 보자. 또한 Ecommerce Customers.csv 데이터 셋의 특정 속성 간의 산점도를 출력하여 그 상관관계를 알아보자.

[STEP 4] 앱(App) 사용 시간과 연간 소비 지출액 속성 간의 산점도 출력하기

16	sns.jointplot(x = 'Time on App', y = 'Yearly Amount Spent', data = dataset)

16행: seaborn 라이브러리의 jointplot( ) 함수를 사용하여 두 속성 간의 산점도는 물론 상단과 우측에 히스토그램을 표현한다. 또한 x축에 'Time on App', y축에 'Yearly Amount Spent'로 설정하여 두 속성 간의 관계를 출력한다.

실행 결과

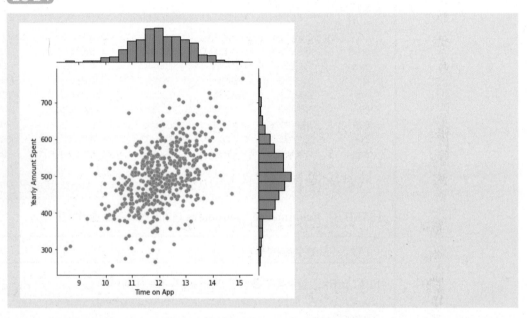

 [실행 결과]를 살펴보면, 앱 사용 시간에 따른 연간 소비 지출액은 사용 시간의 증가에 따라 지출액이 증가하는 경향을 나타내고 있음을 알 수 있다.

[STEP 5] 웹 사용 시간과 연간 소비 지출액 속성 간의 산점도 출력하기

17	sns.jointplot(x = 'Time on Website', y = 'Yearly Amount Spent', data = dataset)

실행 결과

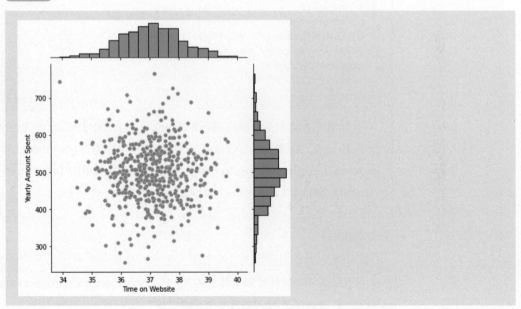

　　[STEP 4]의 [실행 결과]에서 앱(App) 사용 시간에 따라 연간 소비 지출액이 증가하는 것을 확인하였다면, [STEP 5]의 [실행 결과]에서는 웹 사용 시간에 따른 연간 소비 지출액은 점들의 분포가 원형으로 분포되어 있어 사용 시간의 증가와 지출액의 증가의 관계성이 낮다는 것을 확인할 수 있다.

[STEP 6] 모든 속성 간의 산점도를 출력하기

18	sns.pairplot(dataset)

18행: seaborn 라이브러리의 pariplot( ) 함수를 사용하여 모든 속성 간의 산점도를 나타낼 수 있다.

실행 결과

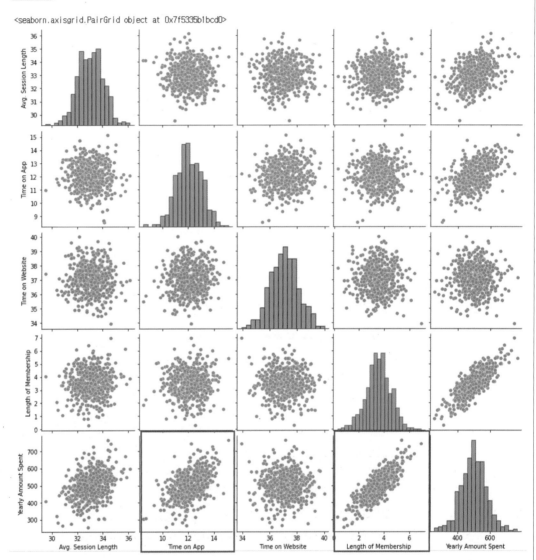

```
<seaborn.axisgrid.PairGrid object at 0x7f5335b1bcd0>
```

　　[실행 결과]에서 25개의 산점도 중 맨 아래 줄에 박스로 표시한 두 개의 산점도를 주목해 보자. 특히 Time on App(앱 사용 시간)과 Length of Membership(멤버십 기간)의 값이 각각 증가할수록 Yearly Amount Spent(연간 소비 지출액)의 값이 증가함을 볼 수 있다.

[STEP 7] 멤버십 기간에 따른 연간 소비 지출액의 산점도를 출력하기

| 19 | sns.jointplot(x = 'Length of Membership', y = 'Yearly Amount Spent', data = dataset) |

실행 결과

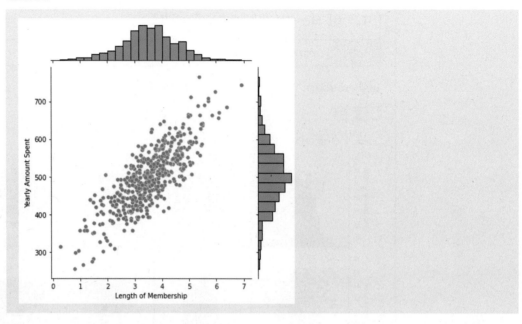

　　[실행 결과]를 살펴보면, 멤버십 기간에 따른 연간 소비 지출액은 기간이 길어짐에 따라 지출액이 증가하는 경향을 나타내고 있음을 알 수 있다.

[STEP 8] 특정 두 속성 간의 상관 계수 출력하기

　　두 속성 간의 관계성을 좀더 구체적으로 살펴보기 위해 상관 계수를 구해 보자.

| 20 | dataset.corr( ) |

20행: corr( ) 함수를 사용하여 각 속성 간의 상관관계를 확인한다. 상관 계수(Correlation Coefficient)란 두 변수 간의 관계성 정도를 수치로 나타낸 것으로 −1에서 +1 사이의 값을 가지며, ±1 값에 가까울수록 강한 양·음의 관계를 갖는다고 볼 수 있다.

실행 결과

	Avg. Session Length	Time on App	Time on Website	Length of Membership	Yearly Amount Spent
Avg. Session Length	1.000000	-0.027826	-0.034987	0.060247	0.355088
Time on App	-0.027826	1.000000	0.082388	0.029143	0.499328
Time on Website	-0.034987	0.082388	1.000000	-0.047582	-0.002641
Length of Membership	0.060247	0.029143	-0.047582	1.000000	0.809084
Yearly Amount Spent	0.355088	0.499328	-0.002641	0.809084	1.000000

　　[실행 결과]를 살펴보면 Yearly Amount Spent와 가장 상관도가 높은 속성은 상관 계수 0.809084인 Length of Membership임을 알 수 있으며, 두 번째로는 상관 계수 0.499328인 Time on App임을 알 수 있다. 따라서 연간 소비 지출액에 영향을 미치는 핵심 속성을 멤버십 기간과 앱 사용 시간으로 정할 수 있다.

(2) 기계 학습을 활용한 수치 예측하기

① 산점도 표현과 추세선 그리기

활동 2 의 [STEP 8]에서 추출한 핵심 속성 Time on App 과 Length of Membership 그리고 Yearly Amount Spent 속성을 이용하여 추세선을 그려 보자.

[STEP 9] 핵심 속성 선택하기

21	select_columns = dataset[['Time on App', 'Length of Membership', 'Yearly Amount Spent']]

21행: 핵심 속성인 'Time on App'과 'Length of Membership'과 종속 변수인 'Yearly Amount Spent' 값을 새로운 변수 select_columns에 저장한다.

[STEP 10] 앱 사용 시간에 따른 연간 소비 지출액 산점도와 추세선 출력하기

22	sns.regplot(x = 'Time on App', y = 'Yearly Amount Spent', data = select_columns)

22행: regplot( ) 함수를 사용하여 앱 사용 시간과 멤버십 기간에 대한 각각의 연간 소비 지출액 산점도와 추세선을 나타낼 수 있다.

실행 결과

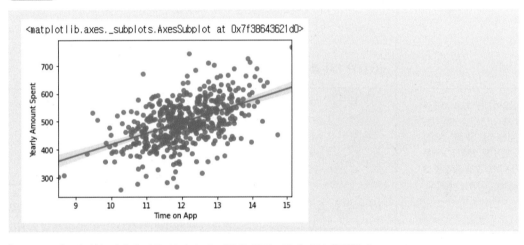

[STEP 11] 멤버십 기간에 따른 연간 소비 지출액 산점도와 추세선 출력하기

23	sns.regplot(x = 'Length of Membership', y = 'Yearly Amount Spent', data = select_columns)

실행 결과

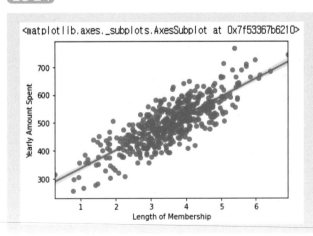

② 하나의 속성으로 수치 예측하기

활동 2-3

연간 소비 지출액 속성과 상관도가 가장 높은 멤버십 기간 속성을 가지고 기계 학습 모델에 학습시키고, 연간 소비 지출액 예측 및 검증해 보자.

[STEP 12] 훈련 데이터와 테스트 데이터 분할하기

'Length of Membership'을 독립 변수 X에, 'Yearly Amount Spent'를 종속 변수 y로 두자. 그리고 scikit-learn에서 제공하는 패키지를 사용하여 훈련 데이터와 테스트 데이터를 7 : 3으로 분할한다.

```
24    X = select_columns[['Length of Membership']]
25    y = select_columns['Yearly Amount Spent']
26    from sklearn.model_selection import train_test_split    # 훈련 및 테스트 데이터 분할
27    X_train, X_test, y_train, y_test = train_test_split(X, y, test_size = 0.3, random_state = 10)
```

24, 25행: 선택한 속성을 X와 y에 각각 저장한다.

26, 27행: scikit-learn의 패키지 train_test_split를 사용하여 훈련 데이터와 테스트 데이터를 분할한다. 여기서는 7 : 3으로 분할하기 때문에 test_size는 0.3으로 설정한다. random_state는 재현 가능하도록 설정하는 난수 초깃값인데 10으로 설정한다.

[STEP 13] 추세선의 기울기와 y절편 구하기

본 실습에서는 독립 변수에 대한 종속 변수의 변화하는 경향성을 직선 형태인 추세선으로 분석 및 예측하기 때문에 기계 학습 모델 중 선형 회귀 모델을 가져와서 사용한다.

```
28    from sklearn.linear_model import LinearRegression
29    model = LinearRegression( )
30    model.fit(X_train, y_train)
31    print('추세선의 기울기 : ', model.coef_)          # 추세선의 기울기와 y절편
32    print('추세선의 y절편 : ', model.intercept_)
```

28~30행: scikit-learn의 linear_model(선형 모델)에서 LinearRegression(선형 회귀) 모듈을 가져와서 model이라는 객체를 생성하여 학습시킨다. 학습 명령은 fit( ) 함수를 사용한다.

31, 32행: 학습을 마치면 추세선의 기울기와 y절편을 출력한다.

실행 결과

```
추세선의 기울기 : [62.11156805]
추세선의 y절편 : 277.83612587089647
```

[STEP 14] 모델의 예측 결과와 실젯값 비교하기

학습을 마친 모델이 예측한 결과(y_predicted)와 실젯값(y)이 얼마나 비슷한지 시각화를 통해 알아보자.

```
33    y_predicted = model.predict(X)
34    sns.distplot(y, hist = False, label = 'y')
35    sns.distplot(y_predicted, hist = False, label = 'y_predicted')
36
37    plt.legend( )
38    plt.plot( )
```

33행: predict( ) 함수를 사용하여 독립 변수 X에 대한 예측값을 산출하여, 산출 결과들을 새로운 변수 y_predicted에 저장한다.

34, 35행: 두 분포도를 동시에 표현하기 위해 seaborn의 distplot( ) 함수를 사용한다. 특히 distplot( ) 함수를 사용하면 기본적으로 히스토그램도 시각화되기 때문에 이를 생략하기 위해 함수의 매개 변수 란에 'hist=False'라 설정한다.

37, 38행: matplotlib 라이브러리의 legend( ) 함수를 사용하여 두 그래프의 범례를 표시하고, plot( ) 함수를 사용하여 그래프를 출력한다.

실행 결과

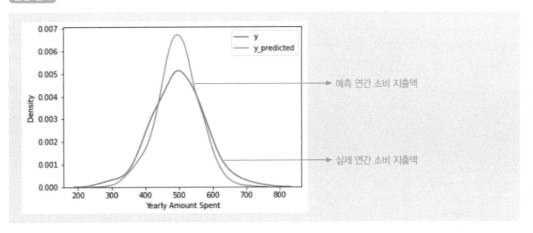

[실행 결과]에서 주황색 곡선은 모델이 예측한 연간 소비 지출액이며, 파란색 곡선은 실제 연간 소비 지출액을 나타낸다. 그래프에서도 알 수 있듯이 다소 차이가 있는 것을 알 수 있다.

[STEP 15] 멤버십 기간에 대한 연간 소비 지출액 예측하기

이번에는 새로운 값으로 모델을 예측해 보자. 예를 들어 [6.5, 7, 7.5]라는 세 개의 멤버십 기간에 대한 연간 소비 지출액을 예측하기 위해서는 먼저 데이터 프레임의 구조로 변형한 뒤에 predict( ) 함수를 사용하면 된다.

```
39   X1 = pd.DataFrame([6.5, 7, 7.5])
40
41   model.predict(X1)
```

실행 결과

```
array([681.5613182, 712.61710222, 743.67288624])
```

[실행 결과]에서 멤버십 기간 6.5, 7, 7.5에 대한 연간 소비 지출액 예상 결과는 각각 681.5613182, 712.61710222, 743.67288624임을 알 수 있다. [실행 결과]는 실습 상황에 따라 다소 차이가 있을 수 있다.

(3) 두 개의 속성으로 수치 예측하기

멤버십 기간 속성뿐 아니라 앱 사용 시간 속성도 추가하여 기계 학습 모델에 학습시킨 후 연간 소비 지출액을 예측할 수 있다. [STEP 12]에서 독립변수 X만 X=select_columns[['Time on App', 'Length of Membership']] 로 두고 이하의 내용은 그대로 진행하면 두 속성에 대한 모델의 학습과 예측을 할 수 있다.

 스스로
해 보기

1. 두 개의 속성값으로 학습시킨 모델의 예측 결과와 실젯값을 시각화하여 비교해 보자.

2. 학습시킨 모델을 사용하여 새로운 데이터 {[12, 6], [15, 7], [13, 7.5]}에 대한 연간 소비 지출액을 예측해 보자.

LINK 11 관련 수학 개념 설명_ 연속형 수치 예측을 위한 함수와 손실함수, 최소제곱법

1 연속형 수치 예측을 위한 함수

(1) 추세선의 방정식

연속형 수치인 두 변량 x, y로 된 자료를 바탕으로 새롭게 입력되는 x의 값에 대하여 출력될 y의 값을 예측하기 위한 추세선의 방정식 $y=ax+b$를 구하는 수학적인 과정(이를 '선형회귀'라고도 함.)을 알아보자.

입력값 x에 대한 일차함수 $f(x)=ax+b$를 연속형 수치 예측을 위한 함수(이 단원에서는 줄여서 '예측함수'라고 칭하며, 선형회귀모델이라고도 함.)라고 하자.

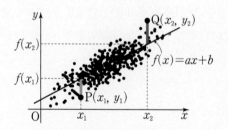

(2) 매개변수

예측함수 $f(x)=ax+b$의 그래프에서 두 수 a와 b는 각각 기울기와 y절편을 의미한다. 즉, 함수 f의 대응은 두 수 a, b에 의하여 결정되며 이러한 두 수 a와 b를 매개변수라고 한다. '최적의 예측함수를 구한다.'의 의미는 결국 '최적의 두 매개변수 a, b의 값을 구한다.'라는 것을 뜻한다.

2 손실함수의 값을 이용한 예측함수의 비교

(1) 오차

입력값 x에 대한 예측함수의 예측값 $f(x)$와 실제의 출력값 y 사이의 차이를 오차라고 하며 식으로 다음과 같이 나타낸다.

$$(오차)=(실제의\ 출력값)-(함수의\ 예측값)=y-f(x)$$

보기 134쪽 그림의 산점도와 같은 자료에서 두 점 $P(x_1, y_1)$, $Q(x_2, y_2)$에 해당하는 사례에 대한 오차를 각각 e_1, e_2라 하면 $e_1=y_1-f(x_1)(<0)$, $e_2=y_2-f(x_2)(>0)$이다.

(2) 손실함수

두 매개변수 a, b의 값에 따라 정해진 함수 $f(x)=ax+b$가 주어진 자료들을 얼마나 잘 반영하는지를 평가하기 위하여 발생하는 모든 오차들을 하나의 지표로 나타내는데 이를 손실함수라 하고, 기호로 $E(a, b)$와 같이 나타낸다. 손실함수는 자료의 특성이나 구하고자 하는 예측함수의 구조에 따라 다양한 방법으로 정의하여 사용한다.

참고 손실함수를 나타내는 기호 $E(a, b)$에서 E는 오차를 의미하는 error의 첫 글자이다.

(3) 평균제곱오차

손실함수 중 하나로 예측함수에 의하여 발생한 모든 오차들을 각각 제곱하여 구한 평균을 평균제곱오차라고 한다. 평균제곱오차가 작을수록 그 예측함수에 의하여 발생한 예측값과 실제의 출력값 사이의 차이가 전체적으로 작다는 뜻이므로 예측함수가 자료의 경향성을 잘 반영한다고 할 수 있다.

$$(평균제곱오차)=(오차)^2들의\ 평균$$

보기 간단한 자료를 통해 예측함수에 대한 손실함수, 즉, 평균제곱오차의 값을 구해 보자.

어느 대나무 세 그루가 각각 x일 동안 자라는 길이 y m를 조사한 결과의 순서쌍 (x, y)가 각각 $P(1, 1)$, $Q(2, 2)$, $R(3, 2)$라 하자. 이 대나무가 어떤 기간(x)에 대하여 자란 길이(y)를 예측하는 함수 $f_1(x)=x-0.5$에 의하여 발생한 오차들과 평균제곱오차 $E(1, -0.5)$를 각각 구하여 표로 나타내면 다음과 같다.

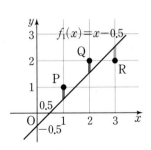

사례	입력값 x	출력값 y	예측값 $f_1(x)$	오차 $y-f_1(x)$
P	1	1	0.5	0.5
Q	2	2	1.5	0.5
R	3	2	2.5	−0.5
평균제곱오차 $E(1, -0.5)$			$\dfrac{0.5^2+0.5^2+(-0.5)^2}{3}=\dfrac{1}{4}$	

세 순서쌍 $(1, 1)$, $(2, 2)$, $(3, 2)$으로 이루어진 자료에 대한 두 예측함수를 $f_1(x)=x-0.5$, $f_2(x)=0.5x+0.5$라 할 때, 다음 두 물음에 답하시오.

(1) 예측함수 $f_2(x)=0.5x+0.5$에 대한 평균제곱오차 $E(0.5, 0.5)$의 값을 구하시오.

(2) 두 예측함수 f_1, f_2 중에서 자료의 경향성을 더 잘 나타내는 것을 고르시오.

┃수학으로 풀어보기

(1) 예측함수 $f_2(x)=0.5x+0.5$에서 $f_2(1)=1$, $f_2(2)=1.5$, $f_2(3)=2$이므로 예측함수 f_2에 대한 평균제곱오차는 $E(0.5, 0.5)=\dfrac{(1-1)^2+(2-1.5)^2+(2-2)^2}{3}=\dfrac{1}{12}$

(2) 두 예측함수 f_1, f_2에 대한 손실함수인 평균제곱오차를 비교하면

$$\left(\dfrac{1}{4}=\right)E(1, -0.5)>E(0.5, 0.5)\left(=\dfrac{1}{12}\right)$$

이므로 두 예측함수 f_1, f_2 중에서 자료의 경향성을 더 잘 나타내는 것은 f_2이다.

답 (1) $\dfrac{1}{12}$ (2) f_2

3 최소제곱법

n개의 순서쌍(x_i, y_i) $(i=1, 2, 3, \cdots, n)$으로 이루어진 자료에 대하여 손실함수인 평균제곱오차가 최소가 되도록 하는 예측함수 $f(x)=ax+b$의 두 매개변수 a와 b는 다음과 같이 구할 수 있음이 알려져 있다.

$$a=\dfrac{\sum\limits_{i=1}^{n}(x_i-\overline{x})(y_i-\overline{y})}{\sum\limits_{i=1}^{n}(x_i-\overline{x})^2}, \ b=\overline{y}-a\overline{x}$$

(단, $\overline{x}$는 입력값 x_i들의 평균이고, $\overline{y}$는 출력값 y_i들의 평균이다.)

위와 같은 방법으로 주어진 자료에서 평균제곱오차(손실함수)의 값이 최소가 되도록 하는 예측함수 $f(x)=ax+b$의 두 매개변수 a, b를 구하는 과정을 최소제곱법이라고 한다. 이 식을 유도하는 과정은 이변수함수의 미분과 같이 다소 복잡한 내용을 포함하므로 여기서는 다루지 않는다.

보기 자료 $(1, 1)$, $(2, 2)$, $(3, 2)$에서 최소제곱법을 이용하여 최적의 예측함수를 구해 보자.

❶ 자료에서 입력값과 출력값의 평균 $\overline{x}$, $\overline{y}$ 각각 구하기

$$\overline{x}=\dfrac{1+2+3}{3}=2, \ \overline{y}=\dfrac{1+2+2}{3}=\dfrac{5}{3}$$

❷ 최적의 두 매개변수 a, b의 값 구하기

$$a=\dfrac{\sum\limits_{i=1}^{3}(x_i-\overline{x})(y_i-\overline{y})}{\sum\limits_{i=1}^{3}(x_i-\overline{x})^2}=\dfrac{(1-2)\times\left(1-\dfrac{5}{3}\right)+(2-2)\times\left(2-\dfrac{5}{3}\right)+(3-2)\times\left(2-\dfrac{5}{3}\right)}{(1-2)^2+(2-2)^2+(3-2)^2}=\dfrac{1}{2}$$

$$b=\overline{y}-a\overline{x}=\dfrac{5}{3}-\dfrac{1}{2}\times2=\dfrac{2}{3}$$

❸ 최적의 예측함수 $f(x)=ax+b$ 구하기

자료에서 평균제곱오차를 최소가 되도록 하는 예측함수는 $f(x)=\dfrac{1}{2}x+\dfrac{2}{3}$이다.

참고 예측함수 $f(x)=\dfrac{1}{2}x+\dfrac{2}{3}$에 대한 평균제곱오차 $E\left(\dfrac{1}{2},\ \dfrac{2}{3}\right)$의 값은

$$E\left(\frac{1}{2},\ \frac{2}{3}\right)=\frac{\left(1-\dfrac{7}{6}\right)^2+\left(2-\dfrac{5}{3}\right)^2+\left(2-\dfrac{13}{6}\right)^2}{3}=\frac{1}{18}$$ 로 이는 손실함수의 최솟값에 해당한다.

(앞서 구한 두 손실함수의 값 $E(1,\ -0.5)\left(=\dfrac{1}{4}\right)$, $E(0.5,\ 0.5)\left(=\dfrac{1}{12}\right)$보다 작음을 쉽게 확인할 수 있음.)

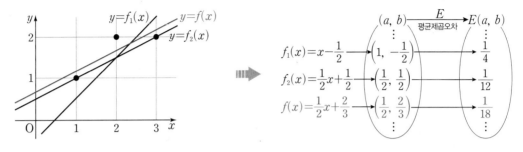

확인 문제 ❷

세 순서쌍 $(3,\ 3)$, $(4,\ 5)$, $(5,\ 4)$로 이루어진 자료의 경향성을 가장 잘 나타내는 최적의 예측함수 $f(x)=ax+b$를 구하시오.

┃수학으로 풀어보기

$\bar{x}=\dfrac{3+4+5}{3}=4$, $\bar{y}=\dfrac{3+5+4}{3}=4$이므로 최소제곱법에 의하여

$a=\dfrac{(3-4)(3-4)+(4-4)(5-4)+(5-4)(4-4)}{(3-4)^2+(4-4)^2+(5-4)^2}=\dfrac{1}{2}$, $b=4-\dfrac{1}{2}\times4=2$

따라서 구하는 최적의 예측함수는 $f(x)=\dfrac{1}{2}x+2$이다.

답 $f(x)=\dfrac{1}{2}x+2$

k-Means

들 어 가 기 **내 용** 나에게 맞는 티셔츠 사이즈는 S일까? M일까?

군집 분석은 그룹별로 데이터를 분할하는 것이다. 의류업체에서 키와 몸무게에 따라 티셔츠의 사이즈를 S(Small), M(Medium), L(Large)로 나누어 볼 수 있다. 정답(label)이 없는 데이터를 S, M, L로 나누는 기준은 무엇일까?

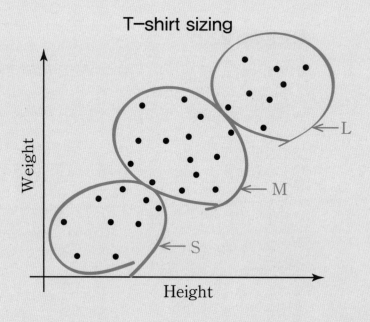

요즘은 정답(label)이 없는 빅 데이터가 많다. 이때, 데이터만 가지고 비슷한 특성을 가진 데이터를 묶는 방법으로 군집 분석이 많이 사용된다.

이 단원에서는 무엇을 알아볼까?

군집 분석 방법 중 가장 널리 사용되는 k-Means 알고리즘의 원리 및 방법을 알아보자.

01 비지도 학습과 군집 분석

(1) 비지도 학습의 특징

정답(label)이 없는 이유는 보통 데이터의 개수가 많아 일일이 정답을 부여할 수 없기 때문이다. 일반적으로 정답(label)은 사람이 일일이 부여하기 때문에 데이터의 개수가 많아질수록 작업이 매우 힘들어진다. 지금은 매일 감당할 수 없을 만큼의 새로운 데이터가 쌓이기 때문에 대부분의 데이터는 비지도 학습인 경우가 많다.

비지도 학습(unsupervised learning)은 지도 학습과 다르게 훈련 시 정답(label)을 넣지 않는 방법으로, 학습의 흐름은 [데이터 준비] → [훈련] → [테스트] → [배포]의 단계로 지도 학습과 동일하다.

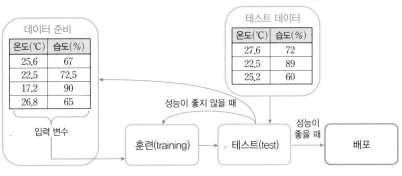

▲ 비지도 학습의 흐름

(2) 군집의 개념

군집(cluster)은 비슷한 특성을 가진 데이터들의 집합을 의미하고, 군집 분석이란 비지도 학습에서 데이터를 분석하기 위한 대표적인 방법으로 비슷한 의미, 공통된 특징을 가진 그룹으로 데이터를 분할하는 것을 말한다. 군집 분석이 필요한 주요 영역을 살펴보면 다음과 같다.

➡ 군집 분석이 필요한 영역

영역	내용
생물학	목, 과, 속, 종과 같은 계층적 분류를 만들 수 있음.
정보 검색	최근 개봉한 영화를 검색하면 '영화평', '주연 배우', '줄거리'와 같은 비슷한 그룹이 검색됨.
날씨, 질병	기후 및 질병에 영향을 미치는 속성들에 대해 그룹으로 묶어 패턴을 찾을 수 있음.
마케팅, 심리학	고객들의 데이터를 통해 성향 및 특징을 그룹화 하여 그룹별 마케팅 및 심리적 성향 파악에 이용함.
이상 탐지	평소와 다른 오류, 위험, 고장, 범죄, 사고 등을 예측 가능함.

군집 분석은 정답(label)을 모델 훈련 단계에서 넣지 않으므로 지도 학습의 분류(classification)와는 다른 방법이다. 하지만 데이터의 특징에 따라 서로 다른 그룹으로 묶을 수 있으므로 아래 그림과 같이 3개의 그룹으로 묶이는 즉, 지도 학습의 분류와 비슷한 결과를 얻을 수 있다. 하지만 지도 학습의 분류와 비슷한 결과를 얻을 수 있다고 해서 군집이 분류는 아니다. 데이터를 군집으로 묶음으로써 분류(classification)와 같은 작업은 할 수 있으나 수치 예측(regression)은 적용하기 어렵다.

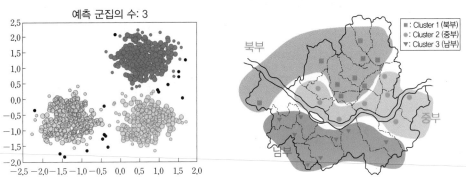

▲ 군집의 예시

(3) 군집의 방법

비슷한 특성을 가진 데이터를 군집으로 만드는 방법은 데이터의 유사도를 측정하여 군집을 나누는 것이다. 유사도를 측정하는 방법은 다양한데 그중 데이터 사이의 거리를 측정하는 방법이 가장 단순하고 쉬운 방법이다. 거리를 기반으로 유사도(similarity)를 측정하여 거리가 가까우면 같은 군집, 거리가 멀면 다른 군집으로 정한다.

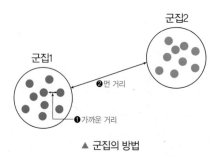

▲ 군집의 방법

(4) 군집의 개수 정하기

[데이터 준비] 단계에서 플롯으로 표현해 보면 지도 학습과 비지도 학습의 차이를 알 수 있다. 아래의 오른쪽 그림은 지도 학습으로 2개의 클래스로 구분되어 있는 것을 확인할 수 있다. 반면에 왼쪽 그림은 비지도 학습으로 클래스의 구분이 없다. 군집의 목적은 클래스의 구분이 없는 데이터를 군집으로 묶어 클래스를 부여할 수 있으므로 아래의 왼쪽 그림을 오른쪽 그림과 같이 만드는 것이라고 생각하면 된다.

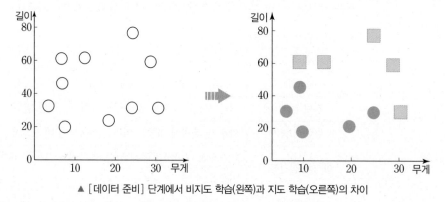

▲ [데이터 준비] 단계에서 비지도 학습(왼쪽)과 지도 학습(오른쪽)의 차이

지도 학습에서는 클래스의 개수가 정해져 있으므로 문제가 없지만 비지도 학습에서는 몇 개의 군집으로 설정할 것인지는 중요한 문제이다. 지도 학습에서 개와 고양이는 두 개의 클래스로 분류(classification)하지만 비지도 학습은 데이터가 개, 고양이와 같은 정답이 없으므로 몇 개의 군집으로 나누어야 할지 알 수 없다.

(5) 군집의 평가 방법

군집을 몇 개로 나누어야 효율적인지를 평가하는 방법은 오차제곱합(SSE; Sum of Squared Error)을 이용한다. 오차제곱합은 모든 데이터들의 거리를 구하여 오차를 계산할 수 있다.

$$SSE = SSE_1 + SSE_2 + \cdots + SSE_k$$

다음 그림과 같이 SSE_1의 군집의 중심은 c_1이고 x_i는 데이터이다. c_1은 8개의 데이터가 있으므로 x_0에서 x_7까지의 유클리디안 거리를 구하여 전부 더한다. SSE_2의 군집의 중심은 c_2이고 마찬가지로 x_0에서 x_7까지의 유클리디안 거리를 구하여 전부 더한다. SSE는 군집의 개수만큼 더한 값이 된다.

■ 오차함수

오차제곱합(SSE)은 오차함
수이다.

(LINK **12**와 171쪽 참고)

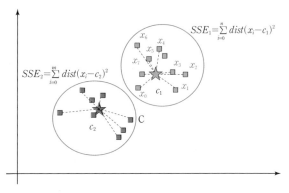

▲ SSE 계산 방법

k값의 변화에 따라 SSE를 값에 따라 전부 계산하면 SSE값이 급격히 줄어드는 부분이 생긴다. 이것을 팔꿈치(elbow point)라고 하고, 이 부분에 해당하는 k값을 구하면 가장 최적의 k값을 구할 수 있다고 알려져 있다. 아래 그림에서 x축은 군집의 개수이고 SSE를 각각 구하여 팔꿈치(elbow point) 부분에 해당하는 k값을 선택한다. 아래 플롯에서 적정 k의 값은 3이 된다.

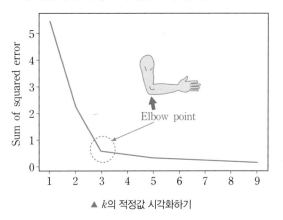

▲ k의 적정값 시각화하기

(6) 정규화(normalization)의 필요성

군집 분석은 거리를 기반으로 분석하기 때문에 거리에 매우 민감하다. 따라서 데이터의 범위(scale)가 다르면 제대로 분석하기 어렵다. 예를 들어, 아래 그림은 A사의 자동차를 사용한 고객이 운행 거리(0~20,000)에 따른 만족도(0~5)를 나타낸 그래프이다. 아래 그래프에서 두 개의 원과 한 개의 사각형 사이의 거리가 비슷해 보이나 실제로는 큰 차이가 난다.

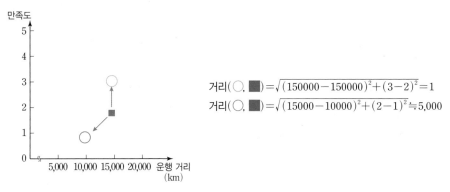

▲ x축과 y축의 범위가 다른 경우

142쪽 그림과 같이 데이터 범위가 다른 경우 군집화 성능에 많은 문제가 생길 수 있다. 왼쪽 그래프 (a)를 보면 만족도(satisfaction)는 영향력이 거의 없고, 운행 거리(mileage)에 영향을 받는 것을 알 수 있다. 그런데 (b)와 같이 만족도와 운행 거리를 0에서 1까지 정규화하면 만족도와 운행 거리 둘 다 영향력이 있는 데이터가 된다.

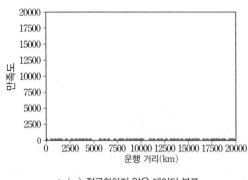

▲ (a) 정규화하지 않은 데이터 분포　　　　　　　▲ (b) 정규화한 데이터 분포

정규화(normalization 또는 scaling)

$$z = \frac{x - \min(x)}{\max(x) - \min(x)}$$

min값과 max값을 찾아 데이터를 일일이 바꾸어 준다. 그러면 0에서 1 사이의 값으로 조정된다.

예 키와 몸무게의 정규화

번호	키(cm)	몸무게(kg)
1	100	20
2	150	40
3	180	80
4	200	100

➡

번호	키(cm)	몸무게(kg)
1	0	0
2	0.5	0.5
3	0.8	0.75
4	1	1

키의 경우(min: 100, max: 200)

1번: $\frac{100-100}{200-100}=0$　　2번: $\frac{150-100}{200-100}=0.5$　　3번: $\frac{180-100}{200-100}=0.8$　　4번: $\frac{200-100}{200-100}=1$

> 데이터에서 몸무게의 최솟값, 최댓값은 다음과 같다.
> min: 20, max: 100

02 $k-$Means($k-$평균) 알고리즘

$k-$Means는 군집 분석에서 많이 사용되는 대표적인 알고리즘이다. k는 데이터에서 군집의 수를 의미하고, means(평균)란 중심(centroid)과 동일한 군집의 데이터의 평균을 의미한다. 이름에서 나타나듯이 데이터의 평균을 이용하여 k개의 군집을 만드는 알고리즘으로 1~4단계로 나눈다.

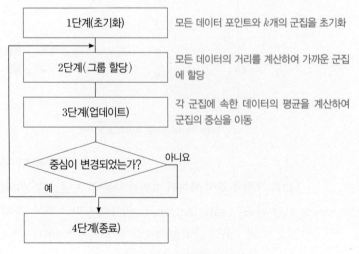

1단계(초기화)　모든 데이터 포인트와 k개의 군집을 초기화

2단계(그룹 할당)　모든 데이터의 거리를 계산하여 가까운 군집에 할당

3단계(업데이트)　각 군집에 속한 데이터의 평균을 계산하여 군집의 중심을 이동

중심이 변경되었는가?　아니요

예

4단계(종료)

▲ $k-$Means 알고리즘의 단계

① k-Means 알고리즘의 절차($k=2$일 때)

❶ [초기화] 두 점을 무작위로 초기화한다.

❷ [그룹 할당] 모든 데이터에 대해 두 점 간의 거리를 계산하여 그룹을 정한다(유클리디안 거리로 계산).

❸ [업데이트] 그룹의 중심점을 다시 정한다.

[초기화]

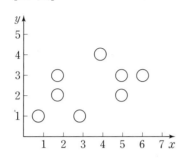

데이터는 X_1에서 X_8까지 8개가 있고, x좌표와 y좌표를 표로 나타내었다.

데이터	x	y
X_1	1	1
X_2	2	2
X_3	2	3
X_4	3	1
X_5	4	4
X_6	5	2
X_7	5	3
X_8	6	3

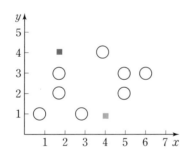

2개의 군집(culster)을 임의로(랜덤하게) c1(■)과 c2(■)로 표현하였고 좌표는 다음과 같다.

군집	x	y
c1(■)	2	4
c2(■)	4	1

■ 유클리디안 거리 계산 방법(예시)

$d(X_1, c1)$
$=\sqrt{(2-1)^2+(4-1)^2}$
$=\sqrt{10}$
$≒3.2$

[그룹 할당 및 업데이트(1차)]

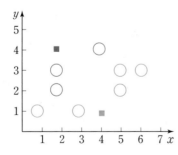

유클리디안 거리를 이용하여 데이터에서 c1과 c2에 이르는 거리를 각각 계산하고 c1과 c2 중 가까운 거리를 군집 결과로 할당한다.

데이터	$d(X, c1)$	$d(X, c2)$	군집 결과
X_1	3.2	3	c2(■)
X_2	2	2.2	c1(■)
X_3	1	2.8	c1(■)
X_4	3.2	1	c2(■)
X_5	2	3	c1(■)
X_6	3	1	c2(■)
X_7	3.5	2.2	c2(■)
X_8	4.1	2.8	c2(■)

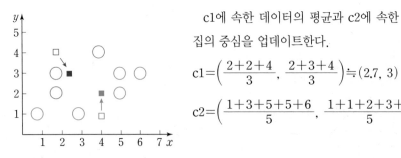

c1에 속한 데이터의 평균과 c2에 속한 데이터의 평균을 계산하여 군집의 중심을 업데이트한다.

$$c1 = \left(\frac{2+2+4}{3}, \frac{2+3+4}{3} \right) \fallingdotseq (2.7,\ 3)$$

$$c2 = \left(\frac{1+3+5+5+6}{5}, \frac{1+1+2+3+3}{5} \right) = (4,\ 2)$$

[그룹 할당 및 업데이트(2차)]

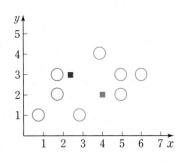

유클리디안 거리를 이용하여 가까운 거리를 군집 결과로 재할당한다. $X_1 \rightarrow c1(\blacksquare)$으로 $X_5 \rightarrow c2(\blacksquare)$로 군집 결과가 바뀌었다.

데이터	$d(X, c1)$	$d(X, c2)$	군집 결과
X_1	1.8	3.2	c1(■)
X_2	0.8	2	c1(■)
X_3	0.4	2.2	c1(■)
X_4	2.2	1.4	c2(■)
X_5	2.7	2	c2(■)
X_6	3	1	c2(■)
X_7	3.3	1.4	c2(■)
X_8	4.3	2.2	c2(■)

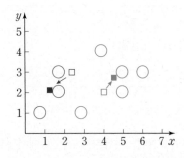

c1에 속한 데이터의 평균과 c2에 속한 데이터의 평균을 다시 계산하여 군집의 중심을 업데이트 한다(군집의 중심이 변경됨.).

$$c1 = \left(\frac{1+2+2}{3}, \frac{1+2+3}{3} \right) \fallingdotseq (1.7,\ 2)$$

$$c2 = \left(\frac{3+4+5+5+6}{5}, \frac{1+4+2+3+3}{5} \right) = (4.6,\ 2.6)$$

[그룹 할당 및 업데이트(3차)]

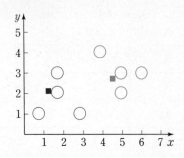

유클리디안 거리를 이용하여 가까운 거리를 군집 결과로 재할당한다. $X_4 \rightarrow c1(\blacksquare)$으로 군집 결과가 바뀐다.

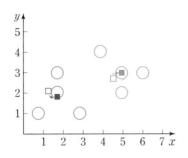

c1에 속한 데이터의 평균과 c2에 속한 데이터의 평균을 다시 계산하여 군집의 중심을 업데이트한다(군집의 중심이 변경됨.).

[그룹 할당 및 업데이트(4차)]

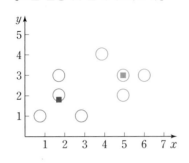

유클리디안 거리를 이용하여 가까운 거리를 군집 결과로 재할당해도 군집 결과가 바뀌지 않는다.

[종료]

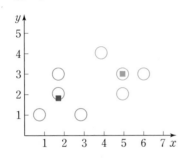

c1에 속한 데이터의 평균과 c2에 속한 데이터의 평균을 다시 계산하여 군집의 중심을 업데이트 한다(군집의 중심이 변경되지 않았으므로 종료함.).

03 실습

나이에 따른 스마트폰 사용 시간의 정규화하지 않은 데이터를 이용하여 $k-$Means 알고리즘으로 학습하고 시각화해 보자. 이후 데이터를 정규화하고 같은 알고리즘으로 학습하여 이전과 비교해 보자.

활동 3 [완성 파일: 3-3.ipynb]

[STEP 1] 데이터 준비하기

나이와 스마트폰 사용 시간을 입력하고 그중 5개 행을 출력해 보자.

```
1   import pandas as pd
2   import numpy as np
3   from sklearn.cluster import KMeans
4   from sklearn.preprocessing import MinMaxScaler
5   from matplotlib import pyplot as plt
6   %matplotlib inline
7
8   df = pd.DataFrame(np.array([[26, 900], [28, 600], [29, 600], [30, 800],
9                    [35, 1300], [36, 1560], [37, 1370], [38, 1620],
10                   [39, 800], [40, 650], [41, 820], [42, 625]]),
11  columns = ['Age', 'hour'])
12  df.head(5)
```

1~5행: 코드에 필요한 라이브러리와 모듈을 가져온다.

6행: 그래프를 출력하는 모듈로 jupyter notebook에서만 필요한 명령문이다(구글 코랩에서는 필요 없음.).

8~10행: pandas 데이터 프레임 형식으로 데이터를 입력한다.

11행: 열의 이름은 순서대로 'Age', 'hour'이다.

12행: df 변수에 저장되어 있는 데이터 중 위에서부터 5개를 출력한다.

[실행 결과]

	Age	hour
0	26	900
1	28	600
2	29	600
3	30	800
4	35	1300

[실행 결과]에서 12개의 데이터 중 pandas 형식의 5개 행이 출력됨을 알 수 있다.

참고 8~10행의 데이터 프레임은 다음과 같이 딕셔너리로 작성할 수 있다.

```
df = pd.DataFrame({
  'Age':[26, 28, 29, 30, 35, 36, 37, 38, 39, 40, 41, 42],
  'hour':[900, 600, 600, 800, 1300, 1560, 1370, 1620, 800, 650, 820, 625]
  })
```

[STEP 2] 첫 번째 학습하기

첫 번째 학습은 데이터를 정규화하지 않고 있는 그대로 시각화하여 학습해 본다. 준비된 데이터를 이용하여 예측값을 출력하고 이를 시각화해 보자.

❶ 모델 예측값 출력하기

```
13    kM_model = KMeans(n_clusters = 3)
14    y_pred = kM_model.fit_predict(df[['Age', 'hour']])
15    df['cluster'] = y_pred
16    df.head(5)
```

13행: cluster의 개수를 3으로 임의로 설정한다.

14행: Age와 hour를 이용하여 모델을 학습하고 예측값을 y_pred에 저장한다.

15행: y_pred를 저장한 값을 이용하여 데이터 프레임에 열을 추가한다. (열 이름: cluster)

16행: 5개의 행을 출력한다.

[실행 결과]

cluster의 개수가 2라면 0, 1의 두 가지로 예측할 것이다.

	Age	hour	cluster
0	26	900	2
1	28	600	0
2	29	600	0
3	30	800	2
4	35	1300	1

[실행 결과]를 살펴보면 cluster가 0, 1, 2의 값으로 예측되었다(cluster가 3개이므로). 또한 cluster의 [실행 결과]는 실행할 때마다 랜덤하게 바뀔 수 있다.

❷ 첫 번째 학습된 결과 시각화하기

```
17    df1 = df[df.cluster == 0]
18    df2 = df[df.cluster == 1]
19    df3 = df[df.cluster == 2]
20
21    plt.scatter(df1['Age'], df1['hour'], color = 'red')
22    plt.scatter(df2['Age'], df2['hour'], color = 'blue')
23    plt.scatter(df3['Age'], df3['hour'], color = 'green')
24
25    plt.title('Smartphone Usage Time')
26    plt.xlabel('Age')
27    plt.ylabel('hour')
```

17~19행: cluster의 값이 0, 1, 2의 경우를 각각 df1, df2, df3의 변수에 저장한다.

21~23행: df1은 빨간색, df2는 파란색, df3는 초록색으로 산점도를 표현한다.

25~27행: 그래프의 제목, x축, y축의 이름을 입력한다.

실행 결과

시각화의 [실행 결과]는 실행 시마다 cluster의 예측값에 따라 색상이 바뀔 수 있다.

산점도란 두 변수간의 영향력을 보여 주기 위해 데이터의 점을 그린 것이다. 산점도에서 나타난 점이 모여 있는 경우를 '군집'이라 부른다.

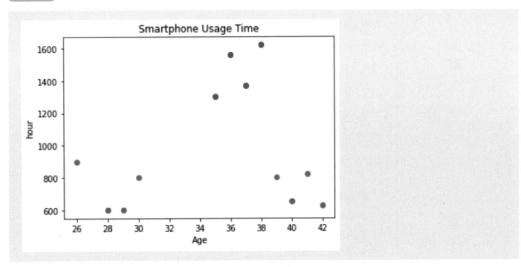

[실행 결과]를 살펴보면 0, 1, 2의 군집에 따라 서로 다른 색상으로 산점도를 표현한 것을 알 수 있다.

❸ 첫 번째 학습된 결과 요약하기

```
28    df.describe( )
```

28행: df에 저장된 데이터의 min, max값을 알아보기 위해 describe( ) 함수를 사용한다.

실행 결과

	Age	hour	cluster
count	12.000000	12.000000	12.000000
mean	35.083333	970.416667	1.000000
std	5.484828	383.752159	0.852803
min	26.000000	600.000000	0.000000
25%	29.750000	643.750000	0.000000
50%	36.500000	810.000000	1.000000
75%	39.250000	1317.500000	2.000000
max	42.000000	1620.000000	2.000000

[실행 결과]에서 각 변수의 min, max값을 살펴보면 Age 변수는 26∼42 범위를, hour 변수는 600∼1620으로 서로 다른 범위를 가짐을 알 수 있다.

[STEP 3] 정규화하기

데이터와 Age와 hour의 값을 정규화해 보자.

❶ 예측값 출력하기

```
29    scaler = MinMaxScaler( )
30    scaler.fit(df[['hour']])
31    df['hour'] = scaler.transform(df[['hour']])
32
33    scaler.fit(df[['Age']])
34    df['Age'] = scaler.transform(df[['Age']])
35    df.head(5)
```

29행: 0∼1 사이의 값으로 정규화하기 위해 MinMaxScaler( ) 함수를 이용하고 scaler 변수에 저장한다.

30행: hour 열의 데이터를 MinMaxScaler( )를 이용하여 값을 설정한다.

31행: 0∼1 사이로 변환하여 df['hour']에 저장한다.

33행: Age 열의 데이터를 MinMaxScaler( )를 이용하여 값을 설정한다.

34행: 0∼1 사이로 변환하여 df['Age']에 저장한다.

35행: 5개의 행을 출력한다.

실행 결과

	Age	hour	cluster
0	0.0000	0.294118	2
1	0.1250	0.000000	0
2	0.1875	0.000000	0
3	0.2500	0.196078	2
4	0.5625	0.686275	1

[실행 결과]에서 각 변수의 min, max값을 살펴보면 Age 변수와 hour 변수 모두 0∼1의 사이 값으로 변환되었음을 알 수 있다.

[STEP 4] 두 번째 학습하기

정규화한 데이터를 이용하여 예측값 및 그 중심값을 출력하고 시각화해 보자.

❶ 모델 예측값 출력하기

```
36    kM_model = KMeans(n_clusters = 3)
37    y_pred = kM_model.fit_predict(df[['Age', 'hour']])
38    df['cluster'] = y_pred
39    df.head(5)
```

36행: cluster의 개수를 3으로 설정한다.

37행: Age와 hour를 이용하여 모델을 학습하고 예측값을 y_pred에 저장한다.

38행: y_pred를 저장한 값을 이용하여 데이터 프레임에 열을 추가한다.

39행: 5개의 행을 출력한다.

	Age	hour	cluster
0	0.0000	0.294118	0
1	0.1250	0.000000	0
2	0.1875	0.000000	0
3	0.2500	0.196078	0
4	0.5625	0.686275	1

위 [실행 결과]와 첫 번째 학습하기(**[STEP 2]**)의 [실행 결과]를 비교해 보면 cluster의 예측값의 변화를 확인해 볼 수 있다.

❷ cluster의 중심값 출력하기

40	kM_model.cluster_centers_

40행: kM_model의 3개의 중심(centroid)을 출력한다.

실행 결과

```
array([[0.140625, 0.12254902],
       [0.65625, 0.84558824],
       [0.90625, 0.12132353]])
```

[실행 결과]와 같이 cluster의 중심값인 3개의 좌푯값이 출력됨을 알 수 있다.

❸ 두 번째 학습된 결과 시각화하기

41	df1 = df[df.cluster = = 0]
42	df2 = df[df.cluster = = 1]
43	df3 = df[df.cluster = = 2]
44	plt.scatter(df1['Age'], df1['hour'], color = 'red')
45	plt.scatter(df2['Age'], df2['hour'], color = 'blue')
46	plt.scatter(df3['Age'], df3['hour'], color = 'green')
47	
48	plt.scatter(kM_model.cluster_centers_[:, 0], kM_model.cluster_centers_[:, 1],
49	color = 'purple', marker = '*', label = 'centroid')
50	plt.title('Smartphone Usage Time')
51	plt.xlabel('Age')
52	plt.ylabel('hour')
53	plt.legend( )

41~46행: df1, df2, df3의 3개의 클러스터에 대해 색상별로 산점도를 표현한다(**[STEP 2]**의 ❷ 코드 설명 참고).

48, 49행: cluster_center값을 동시에 그래프에 표현하고 color, marker, label 옵션을 지정한다.

50~52행: 그래프의 제목, x축 이름, y축 이름을 설정한다.

53행: 범례를 표시한다.

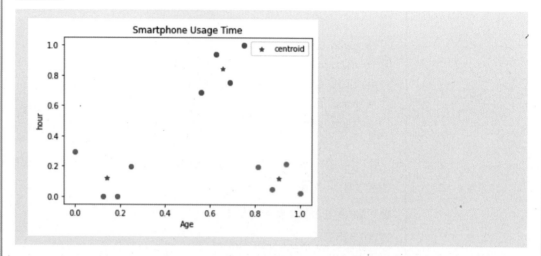

정규화하지 않은 결과와 비교하여 군집의 결과가 많이 달라졌다. 따라서 거리를 중요시하는 k-Means에서 정규화는 필수이다. 이렇게 정답(label)없이 비슷한 속성을 가진 데이터끼리 묶어 주고 지도 학습의 분류와 비슷한 역할을 수행할 수 있는 모델을 만들 수 있다.

[실행 결과]를 살펴보면 정규화한 후 0, 1, 2의 군집 결과가 정규화하기 전인 **[STEP 2]**의 ❷ [실행 결과]와 비교했을 때 변화된 것을 확인할 수 있다.

[STEP 5] 엘보 플롯(elbow plot) 그리기

```
54    k_range = range(1, 10)
55    sse = [ ]                          # 빈 리스트 준비
56    for k in range(1, 10):
57        km = KMeans(n_clusters = k)
58        km.fit(df[['Age', 'hour']])
59        sse.append(km.inertia_)
60    plt.xlabel('k')
61    plt.ylabel('Sum of squared error')
62    plt.plot(k_range, sse)
```

54행: k_range는 1~9까지의 범위를 가진다.

56행: k가 1부터 9까지 1씩 증가하면서 반복 실행한다.

57행: n_cluster 값은 1~9까지 구하고 km 변수에 저장한다.

58행: x축은 Age, y축은 hour의 열을 학습한다.

59행: inertia_ 속성을 구하고 sse 리스트에 추가한다.

60, 61행: x축과 y축 이름을 설정한다.

62행: x축은 k_range이므로 1~9까지, y축은 리스트에 저장된 sse의 값을 출력한다.

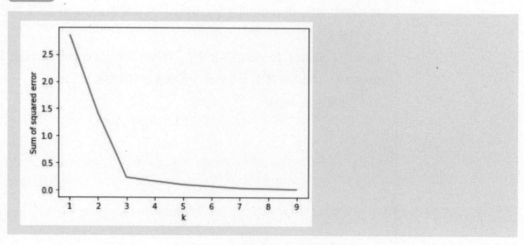

[실행 결과]를 살펴보면 k=3에서 엘보 포인트가 나타나는 것을 볼 수 있다. 따라서 cluster를 3으로 설정하는 것이 효율적임을 시각화를 통해 알 수 있다.

| 관련 영상 QR 코드

피타고라스 정리를 이용해
두 점 사이의 거리 알기

LINK 12 관련 수학 개념 설명_ 유클리디안 거리, 맨하튼 거리, 해밍 거리

1 유클리디안 거리

[1] 좌표평면 위의 두 점 $A(x_1, y_1)$, $B(x_2, y_2)$ 사이의 유클리디안 거리

점 A를 지나고 x축에 평행한 직선과 점 B를 지나고 y축에 평행한 직선의 교점을 C라고 하면 $\overline{AC} = |x_2 - x_1|$, $\overline{BC} = |y_2 - y_1|$ 이다.

이때, 삼각형 ABC는 직각삼각형이므로 피타고라스 정리에 의하여

$$\overline{AB}^2 = \overline{AC}^2 + \overline{BC}^2$$
$$= (x_2 - x_1)^2 + (y_2 - y_1)^2$$

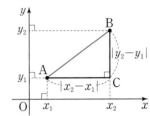

$d(A, B)$는 두 점 사이의 거리를 의미한다.

즉, $d(A, B) = \sqrt{(x_2 - x_1)^2 + (y_2 - y_1)^2}$

이와 같은 두 점 사이의 직선거리를 유클리디안 거리라고 한다.

[2] 좌표공간 위의 두 점 $A(x_1, y_1, z_1)$, $B(x_2, y_2, z_2)$ 사이의 유클리디안 거리

두 점 $A(x_1, y_1, z_1)$, $B(x_2, y_2, z_2)$에 대하여

직선 AB가 각 좌표평면과 평행하지 않은 경우에 오른쪽 그림과 같이 선분 AB를 대각선으로 하고 모든 면이 세 좌표평면에 평행한 직육면체를 그리면 $P(x_2, y_2, z_1)$, $Q(x_1, y_2, z_1)$이므로

$$\overline{PQ} = |x_2 - x_1|, \quad \overline{AQ} = |y_2 - y_1|, \quad \overline{BP} = |z_2 - z_1|$$

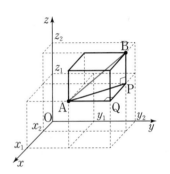

이다. 이때, 삼각형 APQ는 직각삼각형이므로

$$\overline{AP}^2 = \overline{PQ}^2 + \overline{AQ}^2 \quad \cdots\cdots ㉠$$

이고, 삼각형 ABP도 직각삼각형이므로

$$\overline{AB}^2 = \overline{AP}^2 + \overline{BP}^2 \quad \cdots\cdots ㉡$$

이다. ㉠을 ㉡에 대입하면

$$\overline{AB}^2 = \overline{PQ}^2 + \overline{AQ}^2 + \overline{BP}^2$$
$$= (x_2 - x_1)^2 + (y_2 - y_1)^2 + (z_2 - z_1)^2$$

이다. 따라서 두 점 A, B 사이의 거리 $d(A, B)$는 다음과 같다.

$$d(A, B) = \sqrt{(x_2 - x_1)^2 + (y_2 - y_1)^2 + (z_2 - z_1)^2}$$

[3] 두 점 $X(x_1, x_2, x_3, \cdots, x_n)$, $Y(y_1, y_2, y_3, \cdots, y_n)$ 사이의 유클리디안 거리

n차원 공간 위에 두 점 X, Y 사이의 거리 $d(X, Y)$는 다음과 같이 나타낼 수 있다.

$$d(X, Y) = \sqrt{(x_1 - y_1)^2 + (x_2 - y_2)^2 + (x_3 - y_3)^2 + \cdots + (x_n - y_n)^2}$$

이상을 정리하면 다음과 같다.

> **유클리디안 거리(Euclidean Distance)**
>
> ❶ 좌표평면 위의 두 점 $A(x_1, y_1)$, $B(x_2, y_2)$ 사이의 거리 $d(A, B)$는
> $$d(A, B) = \sqrt{(x_2 - x_1)^2 + (y_2 - y_1)^2}$$
>
> ❷ 좌표평면 위의 두 점 $A(x_1, y_1, z_1)$, $B(x_2, y_2, z_2)$ 사이의 거리 $d(A, B)$는
> $$d(A, B) = \sqrt{(x_2 - x_1)^2 + (y_2 - y_1)^2 + (z_2 - z_1)^2}$$
>
> ❸ 두 점 $X(x_1, x_2, x_3, \cdots, x_n)$, $Y(y_1, y_2, y_3, \cdots, y_n)$ 사이의 거리 $d(X, Y)$는
> $$d(X, Y) = \sqrt{(x_1 - y_1)^2 + (x_2 - y_2)^2 + (x_3 - y_3)^2 + \cdots + (x_n - y_n)^2}$$

다음 두 점 사이의 유클리디안 거리를 구하시오.

(1) $A(-3, 1)$, $B(3, -2)$ (2) $A(1, 4, -1)$, $B(-3, 2, 1)$

▌수학으로 풀어보기

(1) $\overline{AB}=\sqrt{\{3-(-3)\}^2+(-2-1)^2}=\sqrt{45}=3\sqrt{5}$

(2) $\overline{AB}=\sqrt{(-3-1)^2+(2-4)^2+\{1-(-1)\}^2}=2\sqrt{6}$

답 (1) $3\sqrt{5}$ (2) $2\sqrt{6}$

2 맨하튼 거리(택시거리)

[1] 좌표평면 위의 두 점 $A(x_1, y_1)$, $B(x_2, y_2)$ 사이의 맨하튼 거리

실생활에서 한 지점에서 다른 지점까지 이동할 때는 직선 경로를 이용하지 못할 때가 많다. 이와 같은 경우는 실제 도로를 따라 이동해야 한다.

두 점 $A(x_1, y_1)$, $B(x_2, y_2)$에 대하여

x좌표의 차 $|x_2-x_1|$(수평 거리)와 y좌표의 차 $|y_2-y_1|$(수직 거리)의 합

$$d(A, B)=|x_2-x_1|+|y_2-y_1|$$

을 맨하튼 거리(택시거리)라고 한다.

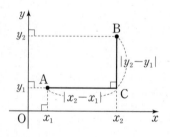

[2] 좌표공간 위의 두 점 $A(x_1, y_1, z_1)$, $B(x_2, y_2, z_2)$ 사이의 맨하튼 거리

두 점 $A(x_1, y_1, z_1)$, $B(x_2, y_2, z_2)$에 대하여

x좌표의 차 $|x_2-x_1|$와 y좌표의 차 $|y_2-y_1|$와 z좌표의 차 $|z_2-z_1|$의 합

$$d(A, B)=|x_2-x_1|+|y_2-y_1|+|z_2-z_1|$$

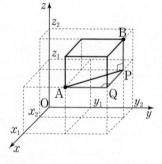

[3] 두 점 $X(x_1, x_2, x_3, \cdots, x_n)$, $Y(y_1, y_2, y_3, \cdots, y_n)$ 사이의 맨하튼 거리

n차원 공간 위의 두 점 X, Y 사이 맨하튼 거리 $d(X, Y)$는 다음과 같이 나타낼 수 있다.

$$d(X, Y)=|x_1-y_1|+|x_2-y_2|+|x_3-y_3|+\cdots+|x_n-y_n|$$

이상을 정리하면 다음과 같다.

맨하튼 거리(Manhattan Distance) 또는 택시 거리

❶ 좌표평면 위의 두 점 $A(x_1, y_1)$, $B(x_2, y_2)$ 사이의 맨하튼 거리는

$d(A, B)=|x_2-x_1|+|y_2-y_1|$

❷ 좌표공간 위의 두 점 $A(x_1, y_1, z_1)$, $B(x_2, y_2, z_2)$ 사이의 맨하튼 거리는

$d(A, B)=|x_2-x_1|+|y_2-y_1|+|z_2-z_1|$

❸ 두 점 $X(x_1, x_2, x_3, \cdots, x_n)$, $Y(y_1, y_2, y_3, \cdots, y_n)$ 사이의 맨하튼 거리는

$d(X, Y)=|x_1-y_1|+|x_2-y_2|+|x_3-y_3|+\cdots+|x_n-y_n|$

다음 두 점 사이의 맨하튼 거리를 구하시오.

(1) A(−3, −1), B(3, −2)　　　　　　　(2) A(1, 4, −1), B(−3, 2, 1)

수학으로 풀어보기

(1) $d(A, B) = |3-(-3)| + |-2-(-1)| = 7$

(2) $d(A, B) = |-3-1| + |2-4| + |1-(-1)| = 8$

답 (1) 7　(2) 8

3 해밍 거리

같은 크기의 벡터 또는 행렬에서 대응하는 각 자리의 수를 비교해 서로 일치하지 않는 개수를 해밍 거리(Hamming Distance)라 한다.

두 벡터 또는 두 행렬 A, B 사이의 해밍 거리는 기호로 $H(A, B)$와 같이 나타낸다.

보기

❶ 크기가 같은 두 벡터 $A = (1, 0, 1, 1, 1, 0, 0)$과 $B = (1, 0, 0, 0, 1, 1, 0)$에서

대응하는 각 자리의 수가 일치하지 않는 개수가 3이므로

$H(A, B) = 3$이다.

❷ 두 행렬 A, B에 대하여

$$A = \begin{pmatrix} 1 & 0 \\ 1 & 1 \end{pmatrix}, B = \begin{pmatrix} 1 & 1 \\ 0 & 1 \end{pmatrix}$$

$a_{11} = 1 = b_{11}, a_{12} = 0 \neq 1 = b_{12}, a_{21} = 1 \neq 0 = b_{21}, a_{22} = 1 = b_{22}$

이므로 $H(A, B) = 2$이다.

다음 두 벡터 또는 행렬 사이의 해밍 거리를 구하시오.

(1) $A(0, 0, 1, 1, 0, 0, 1, 1, 1)$, $B(0, 1, 0, 0, 1, 1, 0, 1, 1)$

(2) $A = \begin{pmatrix} 0 & 1 & 1 \\ 1 & 0 & 1 \\ 1 & 1 & 1 \end{pmatrix}, B = \begin{pmatrix} 1 & 1 & 1 \\ 0 & 0 & 1 \\ 0 & 0 & 1 \end{pmatrix}$

수학으로 풀어보기

(1) 대응하는 각 자리의 수가 일치하지 않는 개수가 6이므로

$H(A, B) = 6$

(2) $a_{11} = 0 \neq 1 = b_{11}, a_{12} = 1 = b_{12}, a_{13} = 1 = b_{13}$

$a_{21} = 1 \neq 0 = b_{21}, a_{22} = 0 = b_{22}, a_{23} = 1 = b_{23}$

$a_{31} = 1 \neq 0 = b_{31}, a_{32} = 1 \neq 0 = b_{32}, a_{33} = 1 = b_{33}$이므로

$H(A, B) = 4$

답 (1) 6　(2) 4

딥러닝

이 단원에서 무엇을 배울까

딥러닝은 기계 학습 모델 중 하나로 최근 이미지 인식, 자연어 생성 등 다양한 부분에서 활용하고 있다. 또한 딥러닝은 동물의 신경 세포를 본뜬 퍼셉트론을 기본으로 하여 네트워크를 이루어 수치 해석, 분류, 군집 문제를 해결하기 위해 사용한다. 이 단원에서는 인공신경망의 핵심 기술인 신경망의 학습 방법과 신경망을 이용한 영상 인식과 자연어 처리를 체험해 본다.

1 딥러닝은 무엇으로 만들까

들 어 가 기 내 용 사람이 그림의 내용을 분류하는 것처럼 컴퓨터도 딥러닝을 이용하면 그림을 잘 살펴서 분류할 수 있을까?

사람에게 쉬운 일이 컴퓨터에게는 어렵고, 컴퓨터에게 쉬운 일이 사람에게는 어려울 수 있다. 아래 그림들을 자세히 보고 그림의 상황을 설명하는 문장을 2~3줄로 만들어 보자.

사실 사람은 오래 생각할 것도 없이 바로 2~3줄로 설명할 수 있을 것이다. 거의 순식간에 그림 안에 어떤 내용이 있는지 알 수 있고, 정확하게 설명할 수 있다.

반면에 컴퓨터에게는 위와 같은 작업이 쉽지 않은 일이다.

현재 이 분야에서 가장 앞서가는 연구 그룹이 컴퓨터를 상대로 위 그림을 설명해 보도록 하였다. 결과는 다음과 같다.

> 두 명의 어린 소녀가 레고를 가지고 놀고 있다.
> 희고 검은 개가 바를 뛰어 넘고 있다.
> 여성 두 명이 컴퓨터 작업을 하고 있다.

어떤 것은 놀라울 정도로 정확하지만 어떤 것은 많이 어긋난다.

첫째 그림은 놀랍게도 레고를 인식했지만 두 명을 모두 어린 아이로 인식하고, 세 번째 그림은 머리가 긴 남성을 여성으로 잘못 인식하였다. 하지만 컴퓨터가 인간보다 잘하는 일도 있다. 수천 개의 숫자를 빠르게 나누는 일은 사람에게 매우 어렵지만 컴퓨터에게는 쉬운 일이다.

이 단원에서는 무엇을 알아볼까?

동물의 신경 세포를 모방한 퍼셉트론의 동작 원리와 수학적인 의미를 알아보고 퍼셉트론을 연결하여 심층신경망을 구성해 보자.

01 함수

■ 딥러닝

딥러닝은 기계 학습의 하위 분야로 심층신경망이라고도 한다. 퍼셉트론이라는 기본 요소를 이용하여 복잡한 망을 구성하여 인공지능을 구성하는 방식을 말한다.

■ 퍼셉트론

인공신경망의 한 종류로서 1957년에 프랭크 로젠블라트가 고안하였다. 퍼셉트론은 동물의 신경 세포인 뉴런을 본떠서 만들었다고 한다.

근래 인공지능의 붐을 일으킨 딥러닝의 기본 요소는 퍼셉트론이다. 퍼셉트론은 수학적으로 표현하면 일종의 함수이다. 이번 단원에서는 함수를 이용하여 퍼셉트론의 개념을 이해해 보자.

그림과 같이 질문을 받으면 답을 해 주는 기계가 있다고 가정하자.

질문 ⟶ 계산(연산, 추론) ⟶ 답변

예를 들어, 3×15를 질문으로 받으면 45를 답하도록 해 보자. 컴퓨터에서 파이선을 이용하여 이것을 구현하는 것은 어려운 문제가 아니다. 가장 단순하게는 직접 계산식을 입력하고 답을 구할 수 있다.

[코드] 3 * 15 ➡ [실행 결과] 45

또 다른 예로 미국 달러에 대한 대한민국 원화의 환율을 생각해 보자. 우리나라는 변동 환율이기 때문에 환율이 계속 변하지만 1,100원에 고정되어 있다고 가정하면 그림과 같이 계산할 수 있다.

원=상수(c)×달러

20달러 ⟶ 원 = 1,100 * 달러 ⟶ 22,000원

실제 우리는 상수 c값이 1,100이라는 것을 안다. 그렇지만 c값을 모르고 오른쪽 표와 같은 데이터만 있을 때, 이를 통해 값을 찾아야 한다고 가정하자. 그러면 어떻게 해야 할까?

순번	미국 달러	한국 원화
1	0	0
2	30	33,000

실젯값과 계산한 값이 있으니 c값을 잘 조정하여 계산한 다음 그 결과가 표와 일치하면 된다. 정확히 일치하지 않더라도 그 차가 가장 적게 하는 c값을 찾으면 된다.

만일 상수 c를 다음 그림과 같이 700으로 정한다면, 실젯값은 33,000이고 계산값은 21,000이므로 12,000만큼 차이가 난다. 이것을 우리는 오차라고 한다.

오차=실젯값−계산값
　　=33,000−21,000
　　=12,000

30달러 ⟶ 원 = 700 * 달러 ⟶ 21,000원

실제 정답 = 33,000 오차 = 12,000

이번에는 상숫값을 1,200으로 가정해서 파이선의 함수를 이용하여 답을 구해 보자. 우리가 공부하고 있는 인공지능의 실제 구현도 모두 함수를 이용한다. 나중에 배우게 될 뉴런을 인공적으로 만든 퍼셉트론도 함수이고, 그 함수를 복잡하게 연결하여 딥러닝 모델을 구축한다. 그러므로 함수의 수학적 개념을 이용한 프로그램의 구현을 잘 이해해야 한다.

```
1  def exchange(dollar):
2      return dollar * 1200
3
4  print(exchange(30))
```

실행 결과

36000

상숫값을 700으로 하면 오차가 12,000이 발생했다. 상숫값을 1,200으로 하면 실젯값이 작아지면서 오차가 -3,000이 났다. 즉, c값은 700보다는 크고 1,200보다는 작다는 것을 알 수 있다.

이런 과정을 반복해 가면 실젯값에 정확한 값을 찾을 수 있다.

30달러 ⟶ 원 = 1,200 * 달러 ⟶ 36,000원

실제 정답 = 33,000 오차 = -3,000

위 사례에서 c가 어떤 값인지 풀이하는 수학적 방법은 방정식을 푸는 것이다.

'$33,000 = x \times 30$'을 풀이하면, x가 1100이라는 것을 바로 알 수 있다. 하지만 컴퓨터에서는 반복적 방법을 사용한다. 왜 그럴까? 목둘레와 허리둘레를 나타낸 데이터를 보자.

순번	목둘레(cm)	허리둘레(cm)
1	36	70
2	42	78
3	40	98

■ 최적화

주어진 조건에서 함수를 가능한 최대 또는 최소로 하는 일을 의미하며, '목둘레-허리둘레'의 사례에서는 항상 올바른 결과를 내는 비율을 찾을 수는 없지만 허리둘레를 가장 잘 예측하는 비율을 찾는 일이 최적화이다.

앞에서 환율의 예와 같이 목둘레를 입력하면 허리둘레를 예측하는 함수를 만든다고 가정하자. LINK 13에서 일차방정식을 공부하고 이 문제를 방정식으로 풀어 보자. 실제 풀어 보면 일차방정식으로 해를 구하기가 쉽지 않다. 환율은 비율을 먼저 정해 입력에 따라 결과를 정하는 것이라 구하기 쉽지만, '목둘레-허리둘레'와 같은 실제 데이터는 둘 사이에 정확한 비율이 존재하지 않기 때문에 최적값을 찾기가 쉽지 않다.

이런 경우 문제를 해결하기 위해 컴퓨터가 잘하는 방식 즉, 무수히 많은 반복을 통해 정답에 가까워지는 방법을 사용한다. 이를 최적화라고 하며 다음 단원에서 학습한다.

LINK 13 관련 수학 개념 설명_ 일차방정식의 풀이

| 관련 영상 QR 코드

방정식은 언제부터 풀었을까?

1 일차방정식과 그 해

① 등식: 등호를 사용하여 수량 사이의 관계를 나타낸 식을 등식이라고 한다.

② 방정식: 문자의 값에 따라 참이 되기도 하고, 거짓이 되기도 하는 등식을 방정식이라고 한다. 이때, 그 문자를 미지수, 방정식을 참이 되게 하는 미지수의 값을 그 방정식의 해 또는 근이라고 한다. 또 방정식의 해를 구하는 것을 '방정식을 푼다.'고 한다.

③ 항등식: $2(x+3) = 2x+6$과 같이 문자가 가지는 모든 값에 대하여 항상 참이 되는 등식을 항등식이라고 한다.

④ 등식의 성질: 등식의 양변에 같은 수를 더하거나 빼거나 곱하여도 등식은 성립한다. 또한 양변을 0이 아닌 같은 수로 나누어도 등식은 성립한다. 즉,

$$a=b이면 \ a+c=b+c, \ a-c=b-c, \ ac=bc, \ \frac{a}{d}=\frac{b}{d}이다. \ (단, \ d \neq 0)$$

⑤ 이항: 등식의 성질에 따라 등식의 어느 한 변에 있는 항을 그 항의 부호를 바꾸어 다른 변으로 옮기는 것을 이항이라고 한다.

⑥ 일차방정식의 풀이: 등식의 모든 항을 좌변으로 이항하여 정리한 식이 (일차식)=0의 꼴로 나타나는 방정식을 일차방정식이라고 한다. 일차방정식은 다음과 같은 과정에 따라 풀이한다.

❶ 일차항은 좌변으로, 상수항은 우변으로 이항하여 정리한다.

❷ 양변을 x의 계수로 각각 나누어 $x=($상수(해)$)$의 꼴로 나타낸다.

| 보기 | '30에 w를 곱한 후 3000을 뺀 값은 33000 과 같다.' | ➡ $30w-3000=33000$ (일차방정식) | … ㉠ |

	$(-3000$을 이항하면$)$ ➡ $30w=33000+3000$
	$($양변을 각각 30으로 나누면$)$ ➡ $w=(33000+3000)\div30$
	$($식을 정리하면$)$ ➡ $w=1200$ (일차방정식 ㉠의 해) … ㉡

위의 보기 에서 등식(일차방정식) ㉠과 그 해를 나타낸 등식 ㉡은 식의 형태만 바뀌었을 뿐 등식을 만족시키 w는 의 값은 서로 같음을 알 수 있다.

이와 같이 방정식의 해를 구할 때, 주어진 조건인 방정식을 논리적으로 서로 같으면서도 더욱 간단한 형태로 변형하면서 방정식을 해결한다.

확인 문제 ❶

일차방정식 $0.2x-0.3=-0.3x+0.7$을 구하시오.

▌수학으로 풀어보기

$0.2x-0.3=-0.3x+0.7$에서 양변에 각각 10을 곱하여 정리하면

$2x-3=-3x+7$, $2x+3x=7+3$, $5x=10$, $x=2$

답 2

▪ 분류 모델

분류 기능을 수행하는 모델에는 직선을 이용하여 구분하는 것만 있는 것은 아니다. Ⅲ단원에서 배운 결정 트리도 분류 기능을 수행하는 기계 학습 모델이고 지금 배우고 있는 딥러닝으로도 분류 모델을 만들 수 있다.

▪ 초평면(hyperplane)

전체 공간보다 차원이 하나 낮은 공간을 초평면이라고 한다. 평면 안에서는 직선이 초평면이고, 삼차원 공간 안에서는 보통의 평면이 초평면이다. 즉, n차원 공간상에서 f값이 1이 되는 $x_1, x_2, \cdots\cdots, x_n$ 점들과 0이 되는 $x_1, x_2, \cdots\cdots, x_n$ 점들을 두 그룹으로 분리하는 $(n-1)$차원 평면을 말한다.

02 분류(classification)

앞에서 만들어 본 기계는 숫자 입력에 대해 숫자를 출력하는 구조였다. 여러 번 반복을 통하여 상수 c의 값을 조정하여 원래 데이터와 유사한 값을 출력하는 장치를 만들 수 있다. 이렇게 미지의 연속형 값, 즉, 실숫값 같은 것을 추정하는 것을 '예측'이라고 한다.

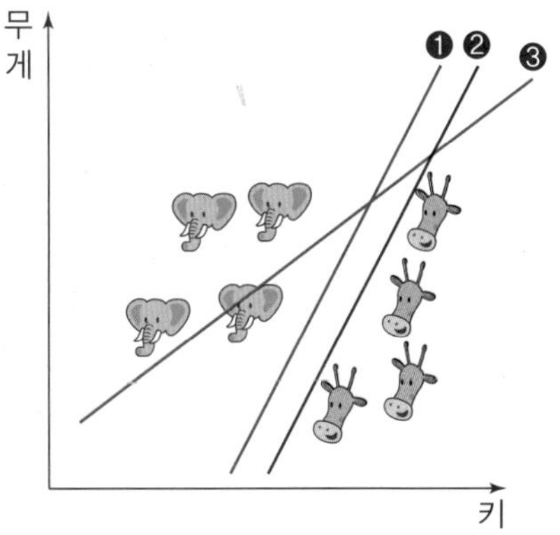

오른쪽 그림은 수학에서 흔히 사용하는 직교좌표계이다. x축은 키를, y축은 무게를 나타낸다. 이 그림은 코끼리와 기린을 3개의 선으로 구별한 것이다.

실제는 이것과 좀 다르겠지만 이렇게 가정하자. ❷번 선은 잘 구분했으나 기린 쪽으로 좀 치우쳐 있고, ❸번 선은 코끼리 한 마리를 구별하지 못하는 문제가 있는 반면 ❶번 선은 가장 안정적으로 두 동물을 구별한다. 이처럼 동물이 가진 여러 가지 특성을 수로 표현하고 좌표평면에 배치하면 각 동물을 잘 구별해 주는 초평면(hyperplane)인 직선을 찾을 수 있다. 이런 작업을 인공지능에서는 분류라고 한다. 현재 진행되고 있는 인공지능 연구의 상당수는 분류나 예측에 관한 것이다.

2차원 평면상에 점을 찍고 그 점들을 두 개의 그룹으로 나누어 보자. 인공지능 학습 시 분류에 대한 공부를 할 때 가장 많이 나오는 형식이다. 기존의 점들을 두 개의 그룹으로 나누고 새로운 점이 입력되면 그 점이 어느 그룹에 속하는지 결정하는 프로그램을 만들어 보자.

[STEP 1] 2차원 공간에서 데이터의 그룹 찾기

■ scikit−learn 라이브러리

scikit−learn은 무료 기계 학습 라이브러리이다. 우리가 배운, k−Means, 수치 예측, 결정 트리 모델 등을 만들 수 있는 라이브러리를 제공한다.

```
1    import numpy as np
2    from sklearn.discriminant_analysis import LinearDiscriminantAnalysis
3    X = np.array([[−1, −1], [−2, −1], [−3, −2], [1, 1], [2, 1], [3, 2]])
4    y = np.array([1, 1, 1, 2, 2, 2])
5    clf = LinearDiscriminantAnalysis( )
6    clf.fit(X, y)
7
8    print(clf.predict([[0, 1]]))
```

1행: 행렬 처리를 위해 과학과 수학 계산을 위해 많이 사용하는 numpy 라이브러리를 호출한다.

2행: 기계 학습 모델인 선형 분리 분석(linear discriminant analysis)을 사용하기 위해 scikit−learn 라이브러리를 호출한다.

3행: 2차원 공간상의 좌푯값을 설정한다.

4행: 좌푯값들을 그룹으로 나눈다. 예를 들어, $(−1, −1)$은 1번 그룹에 속하고, $(3, 2)$는 2번 그룹에 속하도록 구성한다.

5, 6행: 모델 객체를 생성하고, 선형 분리 분석 모델을 3행에서 입력한 좌표를 이용하여 학습시킨다.

8행: 새로운 좌표 $(0, 1)$이 어느 그룹에 속하는지 분류한다.

실행 결과

[2]

이 프로그램은 오른쪽 그림과 같이 좌표평면상에 배치된 점들 중 붉은 색 그룹의 점들을 그룹 1, 파란색 그룹의 점들을 그룹 2라고 했을 때, 새로 입력된 $(0, 1)$인 녹색 점은 어느 그룹에 속할지를 구분해 준다. [실행 결과]가 사람의 생각과 비슷하게 그룹 2에 포함하는 것을 알 수 있다.

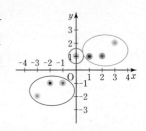

[STEP 2] 3차원 공간에서 데이터의 그룹 찾기

X값으로 입력한 데이터가 많으면 새로운 데이터에 대하여 좀더 정확한 구분을 할 수 있다. 학습을 위해 2차원 데이터를 사용하였지만 3차원이나 그 이상의 차원의 데이터도 분리할 수 있다. 다음 프로그램은 동일한 구조이지만 3차원 데이터를 분류한 것이다.

```
9     import numpy as np
10    from sklearn.discriminant_analysis import LinearDiscriminantAnalysis
11    X = np.array([[−1, −1, −1], [−2, −1, −1], [−3, −2, −2], [1, 1, 1], [2, 1, 1], [3, 2, 2]])
12    y = np.array([1, 1, 1, 2, 2, 2])
13    clf = LinearDiscriminantAnalysis( )
14    clf.fit(X, y)
15
16    print(clf.predict([[0, 1, 2]]))
```

9, 10행: numpy와 선형 분리를 실습하기 위해 scikit-learn의 선형 분리 함수 라이브러리를 불러온다.

11행: 3차원 공간에 배치할 점들의 좌표들을 정의하고 X에 지정한다.

12행: 분류 작업을 위해 각 점이 1번 또는 2번 그룹에 속하는지 정한다. 예를 들어, $(-3, -2, -2)$ 좌표를 가지는 점은 1번 그룹이다.

13행: 선형 분리 함수를 정의한다.

14행: 데이터를 이용하여 선형 분리 함수를 학습시킨다.

16행: 실젯값 $(0, 1, 2)$에 대하여 예측한 값을 출력한다.

실행 결과

[2]

LINK 14 관련 수학 개념 설명_ 초평면

| 관련 웹툰 QR 코드

좌표평면을 이용하여
도형 문제 해결하기

1 점(point), 직선(line), 평면(plane)

1차원 공간(직선)에서의 점, 2차원 공간(평면)에서의 직선, 3차원 공간(입체 공간)에서의 평면은 각각 그 공간을 둘로 나누며 식으로 다음과 같이 나타낼 수 있다. (단, a, b, c, d는 상수이다.)

식의 표현	$P : ax+b=0$ (단, $a \neq 0$)	$l : ax+by+c=0$ (단, $a=b=0$인 경우는 제외)	$\alpha : ax+by+cz+d=0$ (단, $a=b=c=0$인 경우는 제외)
기하적 의미	x축만으로 이루어진 수직선 위의 점 P	x축, y축으로 이루어진 좌표 평면 위의 직선 l	x축, y축, z축으로 이루어진 좌표 공간 위의 평면 α
기하적 표현 (a, b, c, d 가 양수일 때)	$\xleftarrow{\;ax+b<0\;}\;{-\dfrac{b}{a}}\;\xrightarrow{\;ax+b>0\;}$ P: $ax+b=0$	$l:ax+by+c=0$, $ax+by+c>0$, $ax+by+c<0$	$\alpha : ax+by+cz+d>0$, $ax+by+cz+d<0$, $\alpha:ax+by+cz+d=0$
공간의 분리	수직선은 점 P에 의하여 두 부분으로 나뉨.	좌표평면은 직선 l에 의하여 두 부분으로 나뉨.	좌표공간은 평면 α에 의하여 두 부분으로 나뉨.

2 초평면(hyperplane)

위와 같은 규칙에 따라 3차원 공간에서의 평면을 일반화한 개념을 초평면이라 하며 식으로는 다음과 같이 나타낼 수 있다.

$a_1 x_1 + a_2 x_2 + a_3 x_3 + \cdots + a_n x_n + a_{n+1} = 0$ (단, n은 자연수이고 $a_1, a_2, a_3, \cdots, a_{n+1}$은 상수이다.)

x_1축, x_2축, x_3축, $\cdots$, x_n축으로 이루어진 n차원 공간은 위의 초평면에 의하여 두 부분으로 나뉨을 짐작할 수 있다.

보기 코끼리 4마리와 기린 4마리를 분류할 때, 키(x_1)의 자료를 오른쪽 그림과 같이 각각 파란 점과 빨간 점으로 수직선 위에 표시하면 두 집단을 잘 분류하는 기준으로 점 P : $ax+b=0$에서 두 상수 a, b의 값을 정하기가 쉽지 않다.

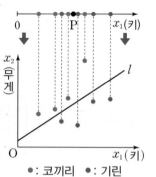

하지만, 무게(x_2)의 자료를 추가하여 x_1축과 x_2축으로 이루어진 평면 위에 표시하면 두 집단을 잘 분류하는 기준으로 직선 $l : ax+by+c=0$에서 세 상수 a, b, c의 값을 정하는 것이 보다 명확해진다.

자료의 종류가 3가지를 넘는 경우에도 직관적인 그림으로 나타낼 수는 없지만 초평면의 개념에 따라 두 집단을 분류하는 기준을 나타내는 식에서 상수들을 구하는 것을 생각할 수 있다.

● : 코끼리 ● : 기린

03 뉴런(Neuron)

일반적으로 인간은 사진을 보고 개를 알아보거나 다른 물체를 알아보는 능력, 즉 분류 능력이 매우 뛰어나다. 또한 인간은 상황을 인지하거나 다음 상황을 예측할 수 있으며, 우수한 언어 능력과 기억력, 상당한 연산 능력을 갖추고 있다.

학자들은 인간이 가진 능력을 모방하여 인공지능을 만들기 위해 뇌의 기본 단위인 신경 세포에 관심을 가지게 되었다.

동물의 신경 세포인 뉴런은 한쪽 끝에서 다른 쪽 끝으로 전기 신호를 전달한다. 궁극적으로 동물의 신경 세포인 뉴런은 무엇인가를 인식하고 판단하는데 오른쪽 그림과 같은 형태의 신경망을 활용한다. 즉, 하나의 뉴런만을 사용하는 것이 아니고 여러 뉴런을 사용하여 서로 연결하여 복잡한 문제를 해결한다.

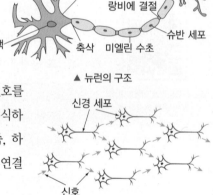

▲ 뉴런의 구조

▲ 뉴런의 연결망

학자들은 이에 동물의 뉴런의 원리에 대하여 좀더 연구하였는데 뉴런은 우리가 앞서 배운 분류기 형태처럼 보이지만 실제 동작은 그렇게 하지 않는다는 것을 알았다. 즉, 뉴런은 출력＝(입력값×가중치)＋상수가 아니라는 것을 알게 되었다. 결론적으로 신경 세포인 뉴런은 입력값이 어떤 임계값을 넘어서야 출력이 된다. 위의 그림과 같이 여러 개의 뉴런으로부터 신호를 받아 세포에서 여러 개의 뉴런으로부터 온 신호를 합하여 판정하되 일정 임계값을 넘지 않으면 신호는 내보내지 않는다. 즉, 정해 놓은 임계값 이상의 신호가 입력되어야 다음 뉴런으로 정보를 전달하는 독특한 구조를 가지고 있다. 이 구조를 네트워크 형태로 복잡하게 연결하면 어려운 문제에 대한 답도 잘 구하는 거대한 함수가 된다는 것을 사람들이 알게 되어 이에 착안하여 인공적인 뉴런을 만들려는 노력을 시작하였다.

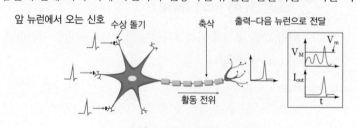

▲ 뉴런에서 신호를 전달하는 방식

04 퍼셉트론(perceptron)

퍼셉트론은 뉴런을 인공지능에서 활용하기 위하여 수학적으로 표현한 것이다. 아래 그림은 이러한 뉴런의 수학적 표현인 퍼셉트론을 나타낸 것이다.

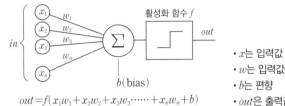

- x는 입력값
- w는 입력값에 대한 가중치
- b는 편향
- out은 출력값

$$out = f(x_1 w_1 + x_2 w_2 + x_3 w_3 \cdots\cdots + x_n w_n + b)$$

▲ 퍼셉트론의 수학적 표현

위 그림은 입력 x_1에서 x_n이고 이 입력에 w_1에서 w_n까지의 가중치를 곱하여 편향 b와 모두 합한 값이 함수 f를 통과하며 일정 임계값을 넘는지를 확인하는 퍼셉트론을 나타내고 있다. 실제 퍼셉트론 하나는 이런 모양으로 되어 있으며 여기시 함수 f는 일반적으로 활성화 함수라고 부른다. 활성화 함수는 입력값에 가중치를 곱하고 각 항을 모두 더한 값의 결과가 임계값을 넘는지를 확인하는 함수이다. 초기 인공지능에서 많이 사용한 활성화 함수는 계단함수(step function)와 영문자 S모양을 닮았다고 해서 시그모이드(sigmoid)라고 이름 붙여진 함수이다.

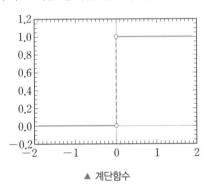

▲ 계단함수

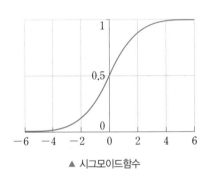

▲ 시그모이드함수

다음에서 배우겠지만 신경망을 학습시키려면 활성화 함수를 미분할 수 있어야 한다. 계단함수는 단순하지만 위의 그림(왼쪽)과 같은 형태이므로 미분 불가능하다. 시그모이드함수는 미분 가능하지만 여러 번 미분하면 그 최댓값이 계속 작아지는 문제가 있다. 시그모이드 식은 다음과 같다.

$$Sigmoid(x) = \frac{1}{1 + e^{-x}}$$

이 식을 미분하면 $Sigmoid(x)(1 - Sigmoid(x))$가 된다. 오른쪽 그림과 같이 이 함수의 최댓값은 0.25가 되고, $Sigmoid(x)(1 - Sigmoid(x))$를 한 번 더 미분하면, 최댓값이 0.188정도가 된다. 따라서 시그모이드함수를 심층신경망에서 사용하면 학습 과정에서 미분된 값이 계속 작아지는 문제가 생겨 심층신경망을 만들기 어렵다.

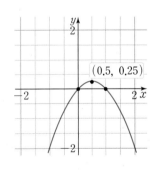

따라서 이 문제를 해결하기 위하여 ReLU(Rectified Linear Unit) 함수를 사용하였다.

컴퓨터는 기본적으로 0, 1을 이용한 연산을 한다. 컴퓨터에서 0과 1을 처리하기 위한 디지털 소자가 있는데 가장 기본적인 것에는 AND, OR, XOR, NAND 등이 있다.

■ ReLU 함수

ReLU function

ReLU의 수학적 표기는 다음과 같다. 입력값이 0 이하일 때는 0을 출력하고, 0 초과일 때는 값 그대로 출력하는 함수이다.

$$ReLU(x) = \begin{cases} x & (x > 0) \\ 0 & (x \le 0) \end{cases}$$

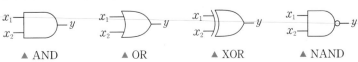

▲ AND ▲ OR ▲ XOR ▲ NAND

두 입력에 대해 모두 1인 경우를 제외하고 출력은 0인 회로

▲ 기호

▶▶ 진리표

입력		출력
x_1	x_2	y
0	0	0
0	1	0
1	0	0
1	1	1

다음 실습을 통해 실제로 AND 논리 회로와 같은 동작을 퍼셉트론으로 구현해 본다.

활동 2　　　　　　　　　　　　　　　　　　　　[완성 파일: 4-2.ipynb]

AND 논리 회로의 동작을 퍼셉트론으로 구현해 보자.

```
1   def stepfunction(X):
2       if X < 0:
3           return 0
4       elif X >= 0:
5           return 1
6   def perceptron(x1, x2):
7       w1, w2, wb = 0.5, 0.5, -1
8       temp = x1 * w1 + x2 * w2 + wb
9       return stepfunction(temp)
10
11  print(perceptron(0, 1))
12  print(perceptron(1, 1))
```

1~5행: stepfunction( ) 함수를 정의한다. 이 함수는 입력값이 0 미만이면 0을, 0 이상이면 1을 출력한다.

6~9행: 퍼셉트론 함수를 정의한다. 이 함수는 두 개의 입력값을 받아 각각에 가중치를 곱하고 편향과 함께 더한다. 다만 퍼셉트론의 가중치와 편향은 원래 학습의 결과로 얻어지는 것이나 여기서는 학습 과정이 없으므로 임의로 동작을 잘할 수 있는 값인 0.5, 0.5, -1을 지정한다. 학습 기반 인공지능에서 결국 학습의 결과로 얻는 것은 여기서 임의로 설정한 정답을 잘 찾아주는 가중치와 편향이다.

9행: 활성화 함수를 호출하여 동작을 실행한다.

실행 결과

```
0
1
```

[실행 결과]를 통해 AND 게이트의 동작대로 출력하는 것을 알 수 있다. 즉, 11행에서 [0, 1]을 입력하면 입력 중 0이 하나라도 있으므로 논릿값 0을 출력한다. 또한 12행에서도 AND 게이트에 [1, 1]을 입력하면 입력이 모두 1이므로 논릿값 1을 출력한다.

두 개의 입력이 같을 경우에는 0, 다를 경우에는 1을 출력하는 회로

▲ 기호

▶▶ 진리표

입력		출력
x_1	x_2	y
0	0	0
0	1	1
1	0	1
1	1	0

05 심층신경망(Deep Neural Network)

앞에서 퍼셉트론으로 입력이 두 개인 매우 간단한 AND 논리 게이트를 구현하였다. 하지만 조금만 문제가 복잡해지면 한 개의 퍼셉트론으로는 문제를 해결하기 어렵다. 예를 들어, XOR 논리 게이트를 생각해 보자.

XOR는 AND 논리 회로와는 달리 몇 개의 퍼셉트론을 연결해서 해결할 수 있는데, 간단한 형태를 구현하자면 다음 그림과 같다. 즉, NAND 게이트만으로 XOR를 구성하여 퍼셉트론을 만들고 다음 그림과 같은 형태로 연결한다.

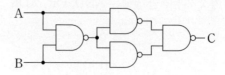

[완성 파일: 4-3.ipynb]

■ **NAND 게이트**

AND 게이트의 반대로 동작하는 게이트

x_1
x_2 ⊸ y

▲ 기호

▶▶ 진리표

입력		출력
x_1	x_2	y
0	0	1
0	1	1
1	0	1
1	1	0

활동 3

XOR 논리 회로의 동작을 퍼셉트론으로 구현해 보자.

```
1   def stepfunction(x):
2       if x < 0:
3           return 0
4       elif x >= 0:
5           return 1
6
7   def p_nand(x1, x2):
8       w1, w2, wb = -0.5, -0.5, 1
9       temp = x1 * w1 + x2 * w2 + wb
10      return stepfunction(temp)
11
12  def xor(x1, x2):
13      output = p_nand(p_nand(x1, p_nand(x1, x2)), p_nand(x2, p_nand(x1, x2)))
14      return output
15
16  print(xor(0, 1))
17  print(xor(1, 1))
```

1~5행: stepfunction( ) 함수를 정의한다.

7~10행: NAND 게이트를 표현한 퍼셉트론 함수를 정의한다.

10행: 활성화 함수를 호출하여 동작을 실행한다.

12~14행: XOR 논리 회로를 164쪽 그림과 같이 NAND를 이용하여 구현한다.

실행 결과

```
1
0
```

활동 3 을 통해 여러 개의 퍼셉트론을 연결하면 XOR과 같이 한 개의 퍼셉트론으로 해결하기 어려운 복잡한 문제도 해결할 수 있다는 것을 알 수 있다. XOR 게이트의 그림과 같은 복잡한 연결망을 구현하여 개나 고양이 그림을 인식하거나 사람이 쓴 손글씨를 인식할 수 있게 되었다. 이것을 심층신경망이라고 한다.

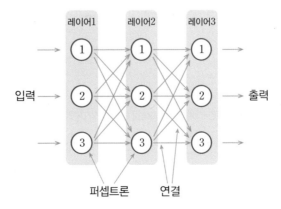

심층신경망을 코드로 구현하는 것은 **활동 3** 의 코드보다 훨씬 복잡하다. 그래서 tensorflow, keras, pytorch 등 심층신경망을 구현하기 적합한 라이브러리들이 개발되었고 현재 이러한 라이브러리를 사용하여 심층신경망을 구현하고 있다.

2 오차를 어떻게 측정할까

들 어 가 기 내 용 인공지능은 어떻게 공부할까?

현재 인공지능이 할 수 있는 여러 가지 기능 중에 하나는 무엇인가에 대하여 판단하는 것이다. 학교에서 시험을 볼 때 하는 기능이 대부분 판단이다. 물론 연산도 있고 추론도 있지만 차분히 생각해 보면 인간이 사고를 할 때 주로 사용하는 능력은 연산, 추론, 판단이라 할 수 있다. 인간도 어떤 것을 정확하게 판단하기 위하여 학습을 한다. 단순하지만 한국사 시간에 해시계의 모양을 보면서 해시계에 대한 정보를 학습하거나, 지구과학 시간에 북두칠성의 모양을 보면서 그 모양을 익히려고 한다. 학교에서 공부를 할 때 기본적으로 아래 그림과 같은 형태를 보인다. 개념을 암기하고 이해한 뒤, 문제를 풀이하고, 틀리면 틀린 만큼 다시 공부한다. 특히 틀린 문제를 더 열심히 공부하기도 하고, 더 좋은 성적을 얻기 위하여 공부 방법을 바꿔 보기도 한다.

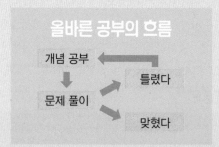

기계 학습도 이와 비슷한 방법으로 학습하며, 학습의 결과로 무엇인가를 분류하거나 예측한다. 기계 학습은 기계에 데이터로 학습을 시키고, 평가를 하고, 평가 결과에 따라 학습을 더 하거나 멈추거나 등의 학습 방법을 바꾼다.

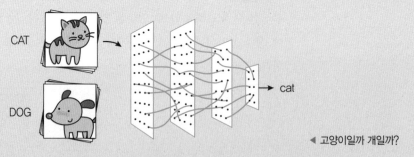

◀ 고양이일까 개일까?

위의 그림은 기계 학습 기초를 공부할 때 가장 흔한 예제로 등장하는 것이다. 수많은 고양이 사진과 개 사진으로 기계를 학습시킨 후 고양이와 개 사진을 보여 주고 고양이인지 개인지 구분하게 하는 것이다. 개를 개라 답하면 맞은 것이고, 개를 고양이라고 답하면 틀린 것이 된다.

이 단원에서는 무엇을 알아볼까?

기계 즉, 컴퓨터를 학습시킬 때 얼마나 틀렸는지를 수학적으로 어떻게 표현하고, 또 어떻게 하면 틀리는 정도를 줄일 수 있을지 알아보자.

01 손실함수 – 오차의 측정

기계 학습으로 잘할 수 있는 것이 앞에서 배운 예측과 분류이다. 예측 또는 분류를 잘한다는 것은 무엇일까? 주식의 가격을 예로 들면 잘된 예측은 예측한 주식의 가격과 실제 주식의 가격의 차이가 없는 것이다.

앞서 퍼셉트론의 출력을 수식으로 만들면 다음과 같다고 배웠다.

$$out = f(x_1w_1 + x_2w_2 + x_3w_3 + \cdots + x_nw_n + b)$$

쉽게 풀이하면 퍼셉트론은 입력값에 가중치를 곱한 뒤 활성화 함수를 통과시켜 결과를 얻는다고 할 수 있다. 결국 퍼셉트론이 예측을 잘하려면 입력값에 대한 가중치를 잘 찾아야 한다. 입력값에 대한 적절한 가중치를 찾는 과정을 **학습**이라고 한다.

그럼 적절한 가중치는 어떻게 찾을까? 즉, 입력값에 어떤 수를 곱해야 하는지를 어떻게 찾을까? 그 답은 예측값과 실젯값의 차이 즉, 오차를 측정하면 된다. 퍼셉드론의 출력값은 예측값이다. 이 예측값을 확보한 데이터 셋에 있는 실젯값과 비교한 차이가 오차이다.

오차가 크면 가중치를 잘못 곱한 것이고, 오차가 작으면 올바른 기중치를 곱해 준 것이다.

(1) 예측을 위한 수학적 표현

아래 그림은 어떤 회사의 주가를 표시한 것이다. 이 그래프를 살펴보고 이 회사 주가의 추세를 수학적으로 잘 표현할 수 있다면 미래의 주가를 어느 정도 예측할 수 있다. 이렇게 예측을 표현할 때 추세선을 많이 사용하며 추세신은 곡선형, 직선형 등 여러 형태를 사용할 수 있으나 수학적으로 표현할 수 있어야 한다. 수학적으로 표현할 수 없다면 원래 값과 오차를 측정할 수가 없기 때문이다.

 스스로 해 보기

다음 그래프에 추세선을 추가해 보자.

다음 그림은 북극의 빙하 면적을 나타낸 것이다. 데이터는 1979년부터 2019년까지 북극 빙하 면적을 보여 준다. 북극 빙하 면적을 가장 잘 표현하는 하나의 직선 즉, 추세선을 그려 보고 다음을 생각해 보자.

• 내가 그린 추세선이 전체 데이터를 얼마나 잘 반영하고 있을까?

• 얼마나 잘 반영하고 있는지 수학적으로 측정할 수 있는 방법은 없을까?

▲ 북극 빙하 면적

활동 4   [완성 파일: 4-4.ipynb]

파일을 다운 받아 빙하의 면적으로 가장 잘 예측하는 추세선을 수식으로 만들어 보자.

> **잠깐, 먼저 해결하기**   코랩에서 드라이브 연결하기
>
> Ⅳ단원에서는 코랩 사용 시 드라이브를 연결하는 코드는 Ⅱ단원(46쪽 **활동 2** 의 [STEP 1])에서 설명하였으므로 생략한다. 즉, pd.read_csv( ) 같은 파일 읽기 함수를 사용할 때, [/gdrive/My Drive/]가 사용되면 상단부에 아래의 두 행의 코드가 생략된 것으로 간주한다. 하지만 코랩의 소스 코드(완성 파일)에서는 반드시 입력해야 한다.
>
> ```
> from google.colab import drive
> drive.mount('/gdrive')
> ```

[STEP 1] csv 파일 읽기

```
1    import numpy as np
2    import pandas as pd
3    import matplotlib.pylab as pl
4    df = pd.read_csv('/gdrive/MyDrive/EBS/arcticGlacier.csv',  sep = ',', header = 0)
5    x = df['year']
6    y = df['area']
```

위의 "잠깐, 먼저 해결하기"에서 언급한 바와 같이 4행에서 [/gdrive/MyDrive/...] 파일 경로가 사용되었으므로 코랩에서 드라이브 연결을 위한 두 행의 코드는 생략된 것으로 간주한다.

1~2행: 필요한 라이브러리를 가져온다. numpy는 주로 연산에 사용되고, pandas는 주로 데이터 조작에 사용된다. 사실 pandas의 내용 상당수를 numpy에서도 처리할 수 있으나 일반적으로 데이터 조작에는 pandas를 사용한다.

3행: 그래픽은 matplotlib 라이브러리를 사용한다.

4행: 데이터를 읽어 온다. 이 단원에서 사용하는 모든 데이터는 자신의 구글 드라이브에 '[/gdrive/MyDrive/EBS]' 폴더 밑에 있는 것으로 가정한다.

5, 6행: year 속성값은 x에, area 속성값은 y에 넣는다.

[STEP 2] 산포도와 추세선 그리기

```
7    z = np.polyfit(x, y, 1)
8    p = np.poly1d(z)
9
10   pl.plot(x, y, 'go')              # 산포도 그리기
11   pl.plot(x, p(x), 'r--')         # 추세선 그리기
12
13   print('y=%.2fx+(%.2f)'%(z[0], z[1]))
```

7행: x, y 데이터를 이용하여 데이터를 가장 잘 설명하는 일차식을 만든다. 옵션 값을 2로 바꾸면 이차식이 된다. polyfit( )은 numpy 초기부터 제공해 온 함수로 계수를 리스트 형태로 반환한다. 예를 들어, '$2.5x + 5$'가 만들어진 일차식이라면 [2.5, 5]를 반환한다.

8행: poly1d( )는 polyfit( ) 함수가 반환한 값을 이용하여 $2.5x + 5$와 같은 식의 형태로 만들어 주는 함수이다.

10행: x, y값을 이용하여 화면에 그래프를 그리는데 산포도를 그리기 위해 'go(green circle)'로 값을 표시한다. 만약 파란색 삼각형을 쓰려면, 옵션을 'b^'로 한다.

11행: 산포도 위에 추세선을 그린다. 이번에는 'r--' 즉, red --(점선)으로 추세선을 표시한다.

13행: 화면에 추세선 식을 출력한다. z에 순서대로 1차식의 계수가 들어 있으므로 순서대로 출력하되 x
변수가 곱해지도록 한다.

실행 결과

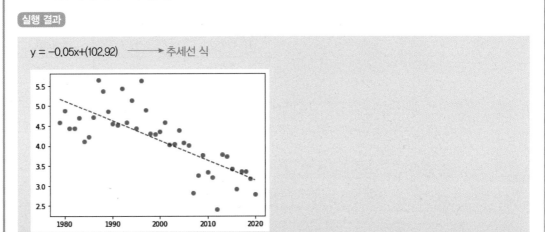

$$y = -0.05x+(102.92) \longrightarrow 추세선 식$$

추세선을 이차식으로 바꾸어 출력해 보자. 이차식의 추세선이 원본 데이터의 추세를 설명할 수 있을까?

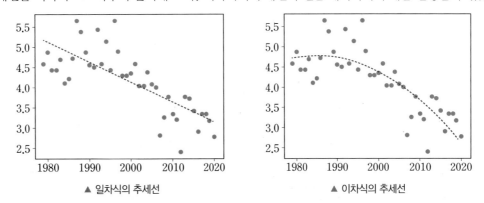

▲ 일차식의 추세선   ▲ 이차식의 추세선

이차 이상의 고차함수나 지수함수가 정확하게 추세를 표현할 수도 있으나 실제로는 일차방정식 형태의
직선을 많이 사용한다. 이는 일차함수가 추세를 잘 표현하고 더불어 계산하기도 매우 편리하기 때문이다.

02 오차 줄이기

(1) 오차의 의미

앞에서 그래프에 추세선을 그려 보았다. 이러한 추세선은 원래의 데이터와의 차이가 가장 적을 때 즉,
오차가 가장 적을 때 원래의 데이터를 가장 잘 표현한 선이 될 수 있다. 이번에는 이 오차를 측정해 보자.
오차를 측정하기 위해서 먼저 추세선을 식으로 만들어야 한다. **활동 4** 에서 np.polyfit(x, y, 1) 함수
로 일차식의 계수를 찾았다. 컴퓨터는 어떻게 데이터에 적합한 일차식을 찾는지 알아보자.

170쪽 표는 유아의 월령별 몸무게와 키를 나타낸 것이다. 이 표의 데이터를 이용하여 몸무게에 따른 키를
예측하는 식을 일차함수로 만들어 보자.

Desmos를 이용하여 170쪽 "'월령별 몸무게와 키'를 예측하는 일차함수" 그림과 같이 170쪽 '월령별 몸
무게와 키' 표의 값을 시각화하며 일차식을 만들어 보자. 먼저 표에 있는 점 9개의 좌푯값을 입력하고, 일
차식을 구성하여 기울기와 y절편을 임의로 조작하면서 가장 잘 설명하는 직선을 찾아보자.

■ **Desmos**

(www.desmos.com)
그래픽 계산기, 기하학 도구,
행렬 계산기 등의 온라인 도
구를 제공하는 사이트이다. 교
재에서 배우는 다양한 그래프
는 수학 시간에 배우는 식 그
대로를 이용하여 그래프를 그
려 볼 수 있다.

월령	몸무게(kg)	키(cm)
0개월	3.29	49.35
1~2개월	5.37	56.65
2~3개월	6.08	59.76
3~4개월	6.64	62.28
4~5개월	7.10	64.42
5~6개월	7.51	66.31
6~7개월	7.88	68.01
7~8개월	8.21	69.56
8~9개월	8.52	70.99

▶▶ 월령별 몸무게와 키

아직 점을 얼마나 잘 설명하는 직선인지는 모른다. Desmos에서 좌표를 입력한 후 그 다음 행에서 변수 x를 이용한 임의의 기울기와 임의의 y절편을 가진 직선의 식을 입력하여 직선의 그래프가 표시되면 그것이 얼마나 점들을 잘 설명하는지 확인하면서 기울기와 y절편을 변경해 나가면 점들을 가장 잘 설명하는 직선을 찾을 수 있다.

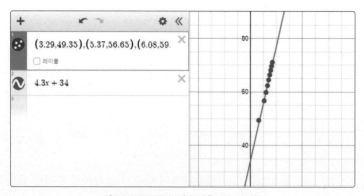

▲ '월령별 몸무게와 키'를 예측하는 일차함수

잠깐, 먼저 해결하기 일차함수의 추세선

추세선을 표현하는 일차함수 작성 방법

❶ 먼저 기울기를 구한다.

❷ 기울기를 구했으면 y절편을 구한다.

(스프레드시트 프로그램을 사용하면 좀더 쉽게 작업할 수 있다.)

❸ 일차방정식은 기울기와 y절편으로 구성된다.

$$y = \boxed{2}x + \boxed{1}$$
기울기 y절편

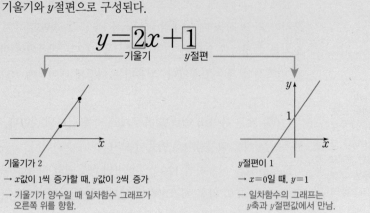

기울기가 2
→ x값이 1씩 증가할 때, y값이 2씩 증가
→ 기울기가 양수일 때 일차함수 그래프가 오른쪽 위를 향함.

y절편이 1
→ $x=0$일 때, $y=1$
→ 일차함수의 그래프는 y축과 y절편값에서 만남.

Desmos에 의해 기울기 4.3, y절편 34인 일차함수를 찾았지만 과연 이것이 원본 데이터와의 오차가 가장 작은 직선일까? 기울기가 4.3이 아니고 4.4가 더 정확한 것이 아닐까? 아니면, y절편이 35가 더 정확한 것이 아닐까? 이러한 물음에 답하려면 당연히 어느 것이 데이터와 많이 차이가 나는지를 측정할 수 있어야 한다. 이제 실제 데이터, 여기서는 점들과 내가 찾는 예측선 '$y=4.3x+34$'가 얼마나 차이가 나는지 그 오차를 측정해 보자.

(2) 오차의 계산

앞에서 추세선, 즉 일차식을 임의로 만드는 것은 크게 어렵지 않았다. 앞에서 알아본 바와 같이 그림을 보면서 적절한 직선을 찾은 유아의 몸무게에 따른 키를 식으로 표현하면 다음과 같다.

$$y=4.3x+34 \quad \cdots\cdots \text{㉠}$$

추세를 예측하는 식이 나왔으니 이제 실젯값과의 차이를 계산할 수 있다. 이제부터는 추세선을 예측선 또는 가설이라고 하자. 그러면 가설과 실젯값의 차이는 어떻게 계산할까? 차이는 보통 평균제곱오차 (MSE; Mean Squared Error) 방법을 사용한다.

$$MSE=\frac{1}{n}\sum_{k=1}^{n}(y_k-\widehat{y_k})^2 \quad \cdots\cdots \text{㉡}$$

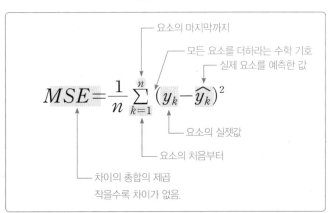

식에서 y_k가 실젯값이다. 표에 따르면 y_1 또는 $y_{k=1}$의 값은 제일 첫 번째 있는 값 49.35이다. $\widehat{y}$는 가설식인 ㉠에 의해 계산된 값이다. 표에서 몸무게값인 x가 첫 번째 값인 3.29라면 $\widehat{y}$은 식에 따라 48.147이 된다. 따라서 $(y_k-\widehat{y_k})$값은 '49.35−48.147' 즉, 1.203이 되고 이 값을 제곱하면 약 1.447이 된다. 이 계산 방법을 첫 번째 값에서 마지막 값까지 계산한 다음 그 값을 모두 더하고 전체 개체 수인 n으로 나누어 주면 MSE가 된다.

■ $\widehat{y}$(hat 기호)

기계 학습을 공부할 때 흔히 등장하는 변수 위의 ^ 기호는 예측을 의미한다. 즉, $\widehat{y}$는 변수 y가 예측값이라는 의미이다.

■ 가설(Hypothesis)

기계 학습에서는 추세선이나 예측선이라는 표현보다 가설이라는 표현을 더 많이 사용한다.

■ 평균제곱근오차와 평균절댓값오차

일반적으로 오차를 계산할 때 MSE를 많이 사용하지만 오차제곱합(SSE), 평균제곱근오차(RMSE; Root Mean Square Error), 평균절댓값오차(MAE; Mean Absolute Error)도 사용된다.

$$SSE=\sum_{k=1}^{n}(y_k-\widehat{y_k})^2$$

$$RMSE=\sqrt{\frac{1}{n}\sum_{k=1}^{n}(y_k-\widehat{y_k})^2}$$

$$MAE=\frac{1}{n}\sum_{k=1}^{n}|y_k-\widehat{y_k}|^2$$

월령	몸무게(kg)	키(cm)	키 예측값	(실제 키−예측 키)^2
0개월	3.29	49.35	48.147	1.447209
1~2개월	5.37	56.65	57.091	0.194481
2~3개월	6.08	59.76	60.144	0.147456
3~4개월	6.64	62.28	62.552	0.073984
4~5개월	7.10	64.42	64.53	0.012100
7~8개월	8.21	69.56	69.303	0.066049
8~9개월	8.52	70.99	70.636	0.125316

가설과 실젯값의 차이를 계산해 주는 MSE를 파이선 프로그램으로 구현해 보자.

[STEP 1] 키와 몸무게를 배열에 저장하기

```
1    from sklearn.metrics import mean_squared_error
2
3    Y_true = [49.35, 56.65, 59.76, 62.28, 64.42, 66.31, 68.01, 69.56, 70.99]
4    x = [3.29, 5.37, 6.08, 6.64, 7.10, 7.51, 7.88, 8.21, 8.52]
```

1행: scikit-learn에서 제공하는 라이브러리를 가져온다.

3행: 170쪽 "연령별 몸무게와 키" 표에서 키 값을 가져온다. 추세선 식을 이용하여 이 값을 예측하는 것이
목표이므로 이 값이 실젯값이 되고 이 실젯값과 추세선으로 예측한 값의 차이가 작을수록 좋기 때문
에 MSE(Mean Squared Error) 방법을 이용해서 실젯값과 예측값의 차이를 측정한다.

4행: 추세선 식은 앞에서 만들어 보았듯이, $ax+b$의 형태이므로 x 변수에 해당하는 몸무게 값을 이용한
다. 이 몸무게 값을 이용하여 추세선 식이 키를 예측하는 것이다.

[STEP 2] 몸무게를 이용하여 키를 예측하는 함수 작성하기

```
5    def pred(x):
6      n = len(x)
7      y_pred = [ ]
8      for i in range(0, n):
9        y = 4.3 * x[i] + 34
10       y_pred.append(y)
11     return y_pred
12
13   Y_bar = pred(x)
```

5~11행: pred( )는 몸무게를 이용하여 키를 예측하는 함수로 키 예측값이 리스트 형태로 반환된다.

9행: 추세선 식으로 이 식을 이용하여 몸무게에 해당하는 키값을 만들어 리스트에 누적한다.

13행: 함수 pred( )에 의해 생성된 값을 Y_bar 리스트로 만든다.

[STEP 3] MSE( ) 함수 작성하기

```
14   def func_mse(Y_true, Y_bar):
15     n = len(Y_true)
16     summation = 0
17     for i in range(0, n):
18       difference = Y_true[i] - Y_bar[i]
19       squared_difference = difference ** 2
20       summation = summation + squared_difference
21     MSE = summation / n
22     return MSE
23
24   func_mse(Y_true, Y_bar)
```

14~22행: MSE를 직접 구현한 함수이다. 함수 이름은 func_mse이며, 실제 키값(Y_true)과 추세선
으로 예측한 키값(Y_bar)의 차이를 제곱하여 더한 다음 전체 개체 수로 나누어 준다.

18행: 실젯값과 예측값의 차를 구한다.

19행: 차는 양의 값, 음의 값이 모두 나올 수 있으므로 제곱해 준다.

20행: 제곱한 값을 모두 더한다. 수학적으로는 시그마의 기능을 한다.

21행: 전체 개체 수로 나눈다.

24행: func_mse( ) 함수를 호출하여 결과를 출력한다.

실행 결과

0.2314177777777786

[실행 결과]를 살펴보면 실젯값과 예측값의 차를 제곱한 평균이 즉, MSE가 0.2 정도의 값을 가지고 있다. 하지만 이 예측이 최선의 예측인지는 알 수 없다. 이를 위한 가장 단순한 방법은 예측선인 '4.3×x+34'의 기울기와 y절편값을 바꾸어 대입하며 더 작은 MSE를 출력하는 예측선을 찾는 것인데 이렇게 하면 무한히 작업을 계속해야 할 수도 있다.

[STEP 4] scikit-learn의 mean_squared_error( ) 함수 호출하기

25	mean_squared_error(Y_true, Y_bar)

25행: [STEP 3]과 같이 직접 MSE( ) 함수를 작성하여 사용할 수도 있지만, 같은 기능으로서 scikit-learn 라이브러리에서는 mean_squared_error( ) 함수를 제공하고 있다. [STEP 1]의 1행 코드를 입력하여 mean_squared_error를 호출할 수 있으며, [실행 결과]는 동일하다.

실행 결과

0.23141777777777867

(3) 분류에서의 오차

① 예측값 구하기

앞에서의 오차는 예측에서의 오차에 해당한다. 내일의 날씨나 주가 등 수치를 예측할 때 사용하는 추세선을 이용한 오차이다. 그러나 인공지능이 할 수 있는 것 중에는 예측 이외에도 분류나 군집 등이 있다.

예를 들어, 자율 주행 자동차가 오른쪽 그림과 같은 어린이 보호 구역을 지나갈 때 반드시 어린이 보호 구역 표지판을 인식하여 속도를 줄여야 할 것이다. 이 경우 인공지능의 답은 앞에서 예를 든 몸무게나 북극 빙하의 면적처럼 실수가 아니고, 보통 0에서 1 사이의 확률로 답한다. 다시 말하면 "지금 인식한 신호는 0.9의 확률 즉, 90%의 확률로 어린이 보호 구역이라고 판단한다."라고 대답한다.

분류를 위한 오차 계산을 이해하기 위해 먼저 분류를 위한 가설을 생각해 보자. 앞서 배운 대로 오차는 '가설-실젯값'이므로 오차를 측정하기 위해서는 가설이 있어야 한다. 분류에서의 가설은 앞서 배운 퍼셉트론에서 활성화 함수와 매우 밀접한 관계가 있다. 분류하는 대상과 목적에 따라 활성화 함수를 선택하여 사용한다. 가설, 즉 예측함수 $f(x)$는 시그모이드함수를 이용하여 다음과 같이 표시할 수 있다.

$$f(x) = \frac{1}{1+e^{-(ax+b)}}$$

■ loss, cost, $E(\mathrm{x})$

기계 학습에서는 손실함수(loss)와 비용함수(cost)를 모두 실젯값과의 차이를 나타내는 비슷한 의미로 사용한다. 수학에서는 손실함수를 $E(x)$로 나타내어 표기법이 다르지만 같은 의미이다.

■ 예측, 가설

본 교재에서는 수학과 함께 설명하고 있으므로 예측함수라는 표현과 $f(x)$라는 수학적 기호를 사용하였지만 기계 학습만을 설명하는 교재에서는 예측함수보다 '가설'이라는 표현과 $H(x)$라는 기호를 주로 사용한다.

어린이 보호 구역 신호를 인식하는 시스템의 오차함수를 구현해 보자.

```
1    from sklearn.metrics import log_loss
2    from math import log
3    y_true = [0, 0, 1, 1]
4    y_pred = [0.1, 0.2, 0.3, 0.8]
5    sk_log_loss = log_loss(y_true, y_pred)
6    print('Loss by sklearn: %s.'%sk_log_loss)
7
8    Loss = 0
9    for label, prob in zip(y_true, y_pred):
10       Loss -= ((1 - label) * log(1 - prob) + label * log(prob))
11   Loss = Loss / len(y_true)
12   print('Loss by equation: %s.'% Loss)
```

1행: scikit-learn에서 제공하는 log_loss( ) 함수를 호출하기 위해 라이브러리를 연결한다. log_loss 는 cross entropy의 다른 이름이다.

2행: log( ) 함수를 사용하기 위해 math 라이브러리를 연결한다.

3, 4행: y_true는 정답이다. 0은 어린이 보호 구역이 아닌 신호이고, 1은 어린이 보호 구역인 신호로 가 정한다. y_pred는 인공지능이 답변한 값으로 예측한 값이다. 0과 1 사이 값으로 0.1이면 10% 확 률로 어린이 보호 구역으로 판정한 것이다. 즉, 90%는 어린이 보호 구역이 아니라는 의미이다. 0.8 이면 80% 확률로 어린이 보호 구역이라는 의미가 된다.

5, 6행: scikit-learn 라이브러리에서 제공하는 함수로 계산하여 어린이 보호 구역 여부를 판정한 결과 를 출력한다.

9, 10행: 반복문을 이용하여 각 예측값의 Loss값을 구한다. cross entropy 공식 그대로를 구현하였다.

10행: -= 연산자에 의해 계속 Loss값이 누적된다.

11행: 전체 개체 수, 여기서는 4로 누적된 Loss값을 나누어 준다.

12행: 결과를 출력한다.

10행에서 '누적된다.'는 의미는 '((1-label)*log(1-prob) +label*log(prob))'에서 log(1-prob)와 log(prob) 는 항상 음수이므로 ((1-label)*log(1-prob) +label*log(prob)) 결과는 항상 음수가 된다. 따라서 이 식 앞의 -= 연산자에 의하여 값 은 차감되지 않고 더해진다.

실행 결과

Loss by sklearn: 1.5344117643215158.　→ scikit-learn 함수에 의한 판정 결과
Loss by equation: 1.5344117643215158.　→ cross entropy 공식에 의한 판정 결과

② 비용함수/손실함수

예측함수가 만들어졌으므로 이제 오차함수(손실함수)를 만들어 보자. 여기서 고려해야 할 것은 위의 어린이 보호 구역 표지판이 맞는지 아닌지를 인식하는 것과 두 개 이상의 개체를 분류해야 하는 것을 구분해야 한다. 어린이 표지판이 맞는지 아닌지를 구분할 때는 이진 분류(binary classification)를 위한 손실 함수를 사용하고, 판별해야 하는 사진이 개, 고양이, 너구리 등 여러 개일 때는 다항 분류를 위한 cross entropy 손실함수를 사용한다.

이진 분류의 손실함수는 아래와 같이 표현할 수 있다.

$$\text{loss} = E(a, b) = -\frac{1}{n}\sum_{i=1}^{n}[y_i \ln f(x_i) + (1+y_i)\ln 1 - f(x_i)]$$

여기서 일반적으로 $f(x_i)$는 $\widehat{y_i}$로 표기한다.

이 식에 대한 자세한 설명은 **LINK 15** 관련 수학에서 확인한다.

그리고 두 개 이상인 다항 분류의 경우 다음과 같은 cross entropy를 이용한다.

$$\text{loss} = \text{CE(Cross Entropy)} = \sum_{i}^{c} y_i \ln f(x_i)$$

즉, 개, 고양이, 너구리 이렇게 세 가지 동물의 사진을 학습시켜 얼마나 잘 맞추는지를 확인할 때 만약 정답이 개라면 다음 그림과 같이 CE를 계산한다. 식에서 c가 클래스의 수이다.

사진을 보고 세 가지 동물 중 하나를 맞추는 것이므로 실젯값은 세 가지 동물 중 하나만 1이고 나머지는 모두 0이다. 이 사진의 동물이 개일 확률 0.7, 고양이일 확률 0.2 그리고 너구리일 확률 0.1로 예측했으므로, 이 사진에 대한 loss값은 $1 \times \ln 0.7$이 된다.

$$
\begin{array}{c}
& y_i & & & f(x_i) \\
i=1 & \boxed{1.0} & & & \boxed{0.7} & i=1 \\
i=2 & \boxed{0.0} & -\sum_{i}^{c} y_i \ln f(x_i) & & \boxed{0.2} & i=2 \\
i=3 & \boxed{0.0} & & & \boxed{0.1} & i=3
\end{array}
$$

LINK 15 · 관련 수학 개념 설명_ 손실함수

| 관련 영상 QR 코드

로그의 발명

LINK **11**에서 연속형 수치의 예측을 위한 함수를 최적화하기 위한 손실함수로 평균제곱오차를 다루었다. 이번 중단원에서는 범주 분류의 예측을 위한 함수를 최적화하기 위한 손실함수를 간단한 수준에서 알아보도록 하자.

1 지수와 로그

[1] 지수의 확장

① 자연수인 지수: n이 자연수일 때, $a^n = \overbrace{a \times a \times \cdots \times a}^{n개}$로 정의한다. 이때, n을 지수, a를 밑이라 한다. **예** $2^4 = 2 \times 2 \times 2 \times 2 = 16$

② 0 또는 음의 정수인 지수: $a \neq 0$, n이 양의 정수일 때, $a^0 = 1$, $a^{-n} = \left(\dfrac{1}{a}\right)^n$으로 정의한다.

　예 $2^0 = 1$, $2^{-3} = \left(\dfrac{1}{2}\right)^3 = \dfrac{1}{8}$

③ 유리수인 지수: $a > 0$이고, m, n $(n \geq 2)$이 정수일 때, $a^{\frac{1}{n}} = \sqrt[n]{a}$, $a^{\frac{m}{n}} = \sqrt[n]{a^m}$으로 정의한다.

　예 $16^{\frac{3}{4}} = \sqrt[4]{16^3} = \sqrt[4]{8^4} = 8$

④ 실수인 지수: $a > 0$, x는 임의의 실수일 때, 항상 a^x을 정의할 수 있음이 밝혀져 있다.

　예 $2^{\sqrt{2}} = 2.66514\cdots$

[2] 로그

① 로그: $a > 0$, $a \neq 1$일 때, 양수 N에 대하여 $a^x = N$을 만족시키는 x를 a를 밑으로 하는 N의 로그라고 하고, 기호로 $x = \log_a N$과 같이 나타낸다. 이때, N을 $\log_a N$의 진수라고 한다.

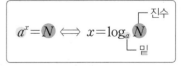

예를 들어, $2^3 = 8 \iff \log_2 8 = 3$이고, $9^{\frac{1}{2}} = 3 \iff \log_9 3 = \dfrac{1}{2}$이다.

참고 $\log_a N$으로 쓸 때, 특별한 언급이 없으면 $a > 0$, $a \neq 1$, $N > 0$임을 의미한다.

$\sqrt[n]{a}$는 'n제곱을 해서 a가 되는 수(실수)'를 의미하며 'n제곱근 a'라 읽는다.(보다 정확하고 자세한 내용은 고등학교 수학 I 과목의 '지수와 로그' 단원에서 학습할 수 있다.)

무리수 e

· $2.71828\cdots$인 상수, 자연로그의 밑이라는 의미로 '자연상수'라 부른다.(처음 사용한 사람의 이름을 빌려 '오일러상수' 혹은 '네이피어상수'라 부르기도 한다.)

· 우리에게 친숙한 원주율 $\pi (= 3.14159\cdots)$와 같이 무리수(상수)에 해당한다.

② 자연로그: 밑이 무리수 e인 로그를 자연로그라고 한다. 자연로그 $\log_e N$은 보통 줄여서 $\ln N$으로 나타낸다.

2 지수함수와 시그모이드함수

(1) 지수함수

$a>0$, $a \neq 1$일 때, $y=a^x$을 a를 밑으로 하는 지수함수라 하고, 좌표평면에 그래프로 나타내면 다음과 같다.

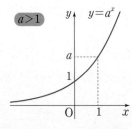
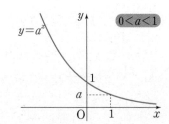

(2) 지수함수 $y=a^x$ $(a>0, a \neq 1)$의 성질

① 정의역은 $\{x | x$는 실수$\}$이고, 치역은 $\{y | y>0$인 실수$\}$이다.

② $a>1$일 때, x의 값이 증가하면 y의 값도 증가한다.

$0<a<1$ 일 때, x의 값이 증가하면 y의 값은 감소한다.

③ 그래프는 a의 값에 관계없이 항상 두 점 $(0, 1)$, $(1, a)$을 지나고, x축을 점근선으로 한다.

④ 함수 $y=a^x$의 그래프와 함수 $y=\left(\dfrac{1}{a}\right)^x$의 그래프는 y축에 대하여 서로 대칭이다.

(3) 시그모이드함수

무리수 e에 대하여 $y=\dfrac{1}{1+e^{-ax}}$ (a는 0이 아닌 상수)을 시그모이드함수라 하고, 좌표평면에 그래프로 나타내면 다음과 같다.

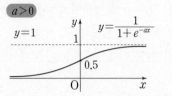
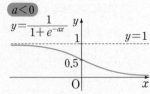

참고 시그모이드함수의 이름은 그 그래프의 개형이 S자 모양(sigmoid)인 데에서 유래했다. 시그모이드함수를 기호로 $\int$ 와 같이 나타내기도 한다.

■ **점근선**

지수함수 $y=a^x$의 그래프는 $a>1$일 때 x의 값이 작아질수록, $0<a<1$일때 x의 값이 커질수록 각각 x축에 한없이 가까워진다. 이와 같이 곡선이 어떤 직선에 한없이 가까워질 때, 이 직선을 그 곡선의 점근선이라고 한다.

(4) 시그모이드함수의 성질

① 정의역은 $\{x \mid x$는 실수$\}$이고, 치역은 $\{y \mid 0 < y < 1$인 실수$\}$이다.

② $a > 0$일 때, x의 값이 증가하면 y의 값도 증가한다.

　$a < 0$ 일 때, x의 값이 증가하면 y의 값은 감소한다.

③ 그래프는 점 $(0, 0.5)$를 지난다.

④ 그래프는 두 직선 $y = 0(x$축$)$, $y = 1$을 각각 점근선으로 한다.

(5) 범주 분류를 위한 예측함수

예측함수를 로지스틱회귀모델이라고도 한다. 또한, 이 함수의 매개 변수인 두 수 a, b의 값이 자료의 경향성을 잘 나타내도록 결정하는 과정을 로지스틱 회귀라고도 한다.

입력값 x에 따라 출력되는 y의 값이 0과 1만으로 표현되는 범주형 자료인 경우 자료의 경향성을 나타내는 추세선으로 직선은 적절하지 않음을 쉽게 알 수 있다. 이때, 시그모이드함수를 자료에 맞추어 변형한 함수 $f(x) = \dfrac{1}{1 + e^{-(ax+b)}}$을 이용할 수 있다. 이 절에서는 줄여서 '예측함수'라고 칭한다.

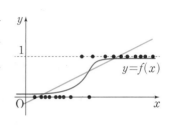

3 로그함수와 손실함수

(1) 로그함수

$a > 0$, $a \neq 1$일 때, 함수 $y = \log_a x$를 a를 밑으로 하는 로그함수라 한다.

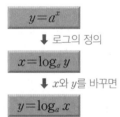

(2) 지수함수와 로그함수의 관계

지수함수 $y = a^x$ $(a > 0, a \neq 1)$은 실수 전체의 집합에서 양의 실수 전체의 집합으로의 일대일대응이므로 그 역함수가 존재한다. 이때, 지수함수 $y = a^x$의 역함수는 로그함수 $y = \log_a x$이고 두 함수의 그래프는 직선 $y = x$에 대하여 서로 대칭이다.

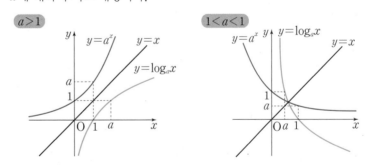

(3) 로그함수 $y = \log_a x$ $(a > 0, a \neq 1)$의 성질

① 정의역은 $\{x \mid x > 0$인 실수$\}$이고, 치역은 $\{y \mid y$는 실수$\}$이다.

② $a > 1$일 때, x의 값이 증가하면 y의 값도 증가한다.

　$0 < a < 1$ 일 때, x의 값이 증가하면 y의 값은 감소한다.

③ 그래프는 a의 값에 관계없이 항상 두 점 $(1, 0)$, $(a, 1)$을 지나고, y축$(x = 0)$을 점근선으로 한다.

④ 함수 $y = \log_a x$의 그래프와 함수 $y = \log_{\frac{1}{a}} x$의 그래프는 x축에 대하여 서로 대칭이다.

(4) 범주 분류에서의 손실함수

손실함수 중에서 앞서 살펴본 평균제곱오차는 오차들을 각각 제곱하여 더하므로 범주형 자료와 예측함수에서는 식이 더욱 복잡해지는 단점이 있다. 따라서 다음과 같은 구조를 갖는 식으로 손실함수를 정의하여 사용하는 것이 일반적이다.

---

n개의 순서쌍 (x_i, y_i) $(i=1, 2, 3, \cdots, n)$으로 이루어진 자료에서 y_i의 값이 0 또는 1의 값만을 가질 때, 예측함수 $f(x)=\dfrac{1}{1+e^{-(ax+b)}}$의 두 매개변수 a, b에 대한 손실함수 $E(a, b)$는

$$E(a, b)=-\frac{1}{n}\sum_{i=1}^{n}\Big[y_i \ln f(x_i)+(1-y_i)\ln\{1-f(x_i)\}\Big]$$

참고 위의 식의 유도 과정을 정확히 이해하기 위해서는 통계와 복잡한 연산에 대한 지식이 필요하므로 여기서는 위 식이 오차들의 전체적인 크기를 잘 반영하는지의 여부만을 간단히 확인해 보도록 한다.

(5) 범주 분류에서의 손실함수에 대한 이해

자료의 경향성을 나타내는 예측함수를 $f(x)=\dfrac{1}{1+e^{-(ax+b)}}$라 하자. y_i의 값이 0 또는 1의 값만을 가지고, 시그모이드함수의 성질에 의하여 $0<f(x_i)<1$이므로 예측함수에 의하여 발생하는 오차들을 $e_i=f(x_i)-y_i$ $(i=1, 2, \cdots, n)$로 놓으면 $0<|e_1|<1$이다. 또한

$y_i=0$일 때, $y_i\ln f(x_i)+(1-y_i)\ln\{1-f(x_i)\}=\ln\{1-f(x_i)\}=\ln\{1-|f(x_i)-y_i|\}=\ln(1-|e_i|)$ 이고,

$y_i=1$일 때, $y_i\ln f(x_i)+(1-y_i)\ln\{1-f(x_i)\}=\ln f(x_i)=\ln\{1-|f(x_i)-y_i|\}=\ln(1-|e_i|)$ 이므로 손실함수의 식은 다음과 같이 해석할 수 있다.

$$E(a, b)=-(\ln(1-|e_i|)\text{의 값들의 평균})$$

따라서 예측함수에 의하여 발생하는 오차의 절댓값의 크기의 변화에 따른 손실함수 값의 변화와 그 범위가 정해지는 과정을 단계적으로 살펴보면 다음 표와 같다.

단계	손실함수 식의 구성	오차의 크기의 변화에 따른 손실함수의 값의 변화			값의 범위
❶	$\|e_i\|$	(오차의 절댓값이)	각각 클수록	각각 작을수록	$0<\|e_i\|<1$
❷	$(1-\|e_i\|)$	(1에서 ❶을 뺀 값은)	각각 작아짐.	각각 커짐.	$0<(1-\|e_i\|)<1$
❸	$\ln(1-\|e_i\|)$	(❷의 자연로그의 값은)	각각 작아짐.	각각 커짐.	$\ln(1-\|e_i\|)<0$
❹	$\dfrac{1}{n}\sum_{i=1}^{n}\ln(1-\|e_i\|)$	(❸의 평균은)	작아짐.	커짐.	$\dfrac{1}{n}\sum_{i=1}^{n}\ln(1-\|e_i\|)<0$
❺	$-\dfrac{1}{n}\sum_{i=1}^{n}\ln(1-\|e_i\|)$	($-$❹의 값, 즉 손실함수의 값은)	커짐.	작아짐.	$-\dfrac{1}{n}\sum_{i=1}^{n}\ln(1-\|e_i\|)>0$

보기 네 점 $P_1(x_1, 0)$, $P_2(x_2, 0)$, $P_3(x_3, 1)$, $P_4(x_4, 1)$ 로 이루어진 자료의 경향성을 나타내는 예측함수를

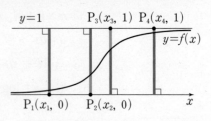

$f(x)=\dfrac{1}{1+e^{-(ax+b)}}$이라 할 때, 그림과 같이 파란색으로 표시한 선분의 길이가 $|e_i|$, 빨간색으로 표시한 선분의 길이가 $1-|e_i|$에 해당한다.(단, $i=1, 2, 3, 4$)

즉, 손실함수 $E(a, b)$의 값은 ($-$((((빨간 선분의 길이들)의 자연로그)의 평균))이다.

3 정답은 무엇일까

들 어 가 기 내 용 정답은 있지만 누구도 정답을 모를 때 정답을 어떻게 찾아야 할까?

우주를 항해하다가 우주선의 고장으로 한 번도 가 본 적이 없는 외계 행성에 떨어졌다. 조난 구조 신호를 지구로 보내기 위해선 그 행성에서 가장 높은 산을 찾아 조난 신호를 보내야 한다.

이 문제는 충분한 힘만 있다면 해결할 수 있는 문제처럼 보인다. 산을 올라가기만 하면 될 듯도 하다. 좀 높은 산이면 어떤가, 올라갈 수 있을 것이다. 하지만 더 중요한 문제가 있다. "어느 산이 제일 높은 산이지?", "열심히 올라갔는데 거기가 제일 높은 산이 아니면 어떻게 하지?"

딥러닝에서 가장 좋은 모델을 만드는 것도 이와 비슷한 문제를 해결해야 한다. 훈련 데이터를 가장 잘 설명하는 즉, 훈련 데이터에 가장 적합한 모델을 만들어야 하는데, 그게 어떤 모델인지 모른다. 분명히 그 외계 행성에 최고로 높은 산이 있듯이 훈련 데이터를 가장 잘 설명하는 모델이 있을 것이다. 하지만 어떻게 찾아야 할까?

이처럼 답이 있지만 답이 어디에 있는지 모를 때, 최대한 효율적으로 답을 찾아가는 과정을 최적화라고 한다. 가본 적도 없는 행성을 모두 뒤질 수는 없으니까, 어떻게든 고민해서 제일 높은 산이 어딘지 찾아야 한다.

 이 단원에서는 무엇을 알아볼까?

딥러닝의 학습에서 가장 중요한 역할을 하는 경사하강법의 동작 원리를 알아보자.

01 최소한의 차이

(1) 비용함수

앞에서 배운 비용함수는 예측의 경우 아래와 같은 형태로 정의된다.

$$cost = \frac{1}{n}\sum_{i=1}^{n}\{H(x)^{(i)} - y^{(i)}\}^2 \qquad \cdots\cdots ㉠$$

$$가설\ H(x) = Wx + b \qquad \cdots\cdots ㉡$$

㉡을 ㉠에 대입하면 다음과 같은 식이 된다.

$$비용함수\ cost(W,\ b) = \frac{1}{n}\sum_{i=1}^{n}\{(Wx^{(i)} + b) - y^{(i)}\}^2 \qquad \cdots\cdots ㉢$$

차이가 최소로 된다는 말은 우리가 찾은 추세선 즉, 가설이 적절하다는 것이므로 비용함수의 값이 가장 작게 나오는 경우가 가설을 가장 잘 만들었다는 것이 된다. 비용함수의 값을 최소로 만든다는 것은 ㉢을 이용하여 설명하면, 가지고 있는 데이터를 이용해서 MSE를 구하되 W를 다양하게 바꾸면서 가장 작은 MSE를 나타내는 W를 찾는 것이 된다. 물론 ㉢은 연속적인 수치를 예측하는 식이다. 앞서 학습했듯이 분류의 문제에서는 비용함수 값이 달라진다. 앞에서 학습한 분류에서 비용함수로 사용하는 이진 분류의 비용함수를 다시 살펴보자.

$$cost = -\frac{1}{n}\sum_{i=1}^{n}\{y_i \log \hat{y}_i + (1 - y_i)\log(1 - \hat{y}_i)\} \qquad \cdots\cdots ㉣$$

$$\hat{y} = \frac{1}{1 + e^{-(Wx+b)}} \qquad \cdots\cdots ㉤$$

추세선과 시그모이드함수를 이용하여 분류하는 방식을 로지스틱회귀라고 한다.

만약 시그모이드함수를 이용하여 분류를 하면 ㉤과 같은 분류하기 위한 식이 된다. ㉣에 ㉤을 대입하면 분류를 위한 비용함수가 된다.

$\hat{y} = \dfrac{1}{1 + e^{-(Wx+b)}}$ 를 앞 단원에서는 $f(x) = \dfrac{1}{1 + e^{-(ax+b)}}$ 로 표현하였는데, 같은 의미의 수식이다. 기계 학습에는 $f(x)$ 대신 $\hat{y}$를 그리고 $ax + b$ 대신 $Wx + b$라는 표기를 주로 사용하는데 같은 의미이다.

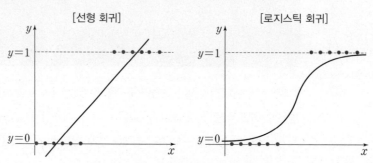

▲ 추세선과 시그모이드함수를 이용한 분류

분류 즉, 비용함수를 구하는 데 있어 cross entropy를 사용하는 경우도 MSE를 사용하는 예측의 경우와 크게 다르지 않게, 식의 값을 최소로 만드는 W를 찾는 것이 목표이다.

$$cost = -\frac{1}{n}\sum_{i=1}^{n}\left\{y_i \log \frac{1}{1 + e^{-(Wx_i + b)}} + (1 - y_i)\log\left(1 - \frac{1}{1 + e^{-(Wx_i + b)}}\right)\right\}$$

이제 예측식을 이용하여 비용함수를 최소로 만드는 프로그램을 작성해 보자.

데이터는 손실함수에서 사용한 연도별 북극 빙하 면적 데이터를 활용하기로 한다. 실제 아래 그림과 같이 1979년과 2020년을 비교하면 북극 빙하는 엄청나게 줄고 있다.

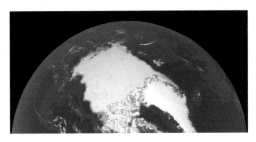

▲ 1979년 북극 빙하 면적

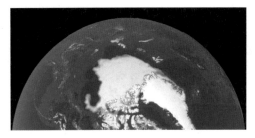

▲ 2020년 북극 빙하 면적

▶▶ 연도별 북극 빙하 면적

(면적 단위: 백만 km²)

연도	면적	연도	면적	연도	면적
1979	4.58	1993	4.58	2007	2.82
1980	4.87	1994	5.13	2008	3.26
1981	4.44	1995	4.43	2009	3.76
1982	4.43	1996	5.62	2010	3.34
1983	4.7	1997	4.89	2011	3.21
1984	4.11	1998	4.3	2012	2.41
1985	4.23	1999	4.29	2013	3.78
1986	4.72	2000	4.35	2014	3.74
1987	5.64	2001	4.59	2015	3.42
1988	5.36	2002	4.03	2016	2.91
1989	4.86	2003	4.05	2017	3.35
1990	4.55	2004	4.39	2018	3.35
1991	4.51	2005	4.07	2019	3.17
1992	5.43	2006	4.01	2020	2.78

(2) 실습

① 가중치 W 찾기

활동 7

[완성 파일: 4-7.ipynb]

위 표의 연도별 북극 빙하 면적 데이터를 활용하여 W값에 따르는 cost값의 리스트를 만들고, 그 가중치인 W의 가장 최적의 값을 찾아보자.

[STEP 1] 라이브러리 호출하기

구글 드라이브를 탑재하는 과정은 Ⅱ단원 46쪽 **활동2** **[STEP 1]**을 참고한다.

```
1    import numpy as np
2    import pandas as pd
3    import tensorflow as tf
4    import matplotlib.pyplot as plt
```

1~4행: 프로그램에 필요한 라이브러리들을 가져온다. tensorflow 라이브러리도 활용한다.

168쪽 "잠깐, 먼저 해결하기"에서 언급한 바와 같이 5행에서 [/gdrive/MyDrive/...] 파일 경로가 사용되었으므로 코랩에서 드라이브 연결을 위한 두 행의 코드는 생략된 것으로 간주한다.

[STEP 2] 데이터를 읽고 x축과 y축에 사용할 열 지정하기

5	df = pd.read_csv('/gdrive/MyDrive/EBS/arcticGlacier.csv', sep = ',', header = 0)
6	X = df['year']
7	Y = df['area']

5행: 구글 드라이브에 있는 데이터를 읽어 온다. 앞서와 같이 데이터는 EBS 이숲에서 받아서 구글 드라이브에 옮겨서 사용하며, 사용할 폴더를 항상 확인한다.

6, 7행: 데이터 프레임을 이용하여 변수 X에는 연도(year)를, Y에는 빙하 면적(area)을 가져온다. 면적의 단위는 백만 km^2로 기본 단위가 크므로 숫자는 크지 않다.

[STEP 3] 비용을 계산하는 함수 작성하기

8	def cost_func(W, X, Y):
9	hypothesis = W * X + 102.92
10	cost = tf.reduce_mean(tf.square(hypothesis − Y))
11	return cost

8~11행: cost를 계산하는 함수로, 매개 변수는 우리가 찾아야 할 가중치인 W이고, 연도는 X, 빙하 면적은 Y로 입력받는다.

9행: 예측선 즉, 가설을 나타내는 변수로, 앞 단원에서 np.polyfit(x, y, 1)에 의해 기울기인 W값과 y절편이 $y = -0.05x + 102.92$라는 것을 이미 알고 있다. 여기서는 np.polyfit(x, y, 1)이 어떻게 최적의 W값을 찾았는지 확인하는 프로그램을 작성하기 위해 예측선 식부터 만든다.

10행: 비용함수를 구현한다. tf.square( )는 결과에 제곱을 하는 함수이고, tf.reduce_mean( )은 전체 개체 수로 나누어 제곱의 평균을 구하는 함수이다.

■ **예측선의 y절편값 설정**
MSE를 가장 작게 만들어 주는 예측선 식을 찾으려면 기울기인 W와 y절편인 b값을 모두 찾아야 한다. 하지만 둘을 한번에 찾는 것이 쉽지 않으므로 여기서는 역으로 앞서 np.polyfit(x, y, 1)에서 찾은 값을 이용하기로 한다. 즉, y절편은 우리가 알고 있는 근삿값 102.92를 사용한다.

[STEP 4] cost값을 저장하는 리스트 작성하기

12	cost_list = [ ]
13	W_range = np.linspace(−3, 3, num = 1000)
14	for feed_W in W_range:
15	curr_cost = cost_func(feed_W, X, Y)
16	cost_list.append(curr_cost)

12행: W값에 따른 cost값을 저장하기 위해 리스트를 만든다.

13행: W는 모르는 값이다. 그래서 원칙적으로 가장 좋은 W값을 찾으려면 $-\infty$에서 $+\infty$ 사이의 값을 아주 조금씩 증가하면서 W에 넣어 cost를 구해야 한다.

결국 우리가 원하는 것은 오른쪽 그림에서 빨간색 세로 선이 가리키는 W값이다. 그러나 이 값이 무엇인지 전혀 알 수 없으므로 $-\infty$에서 $+\infty$ 사이에 존재하는 수없이 많은 값들을 일일이 대입해 보아야 하지만 현실적으로 불가능하다.

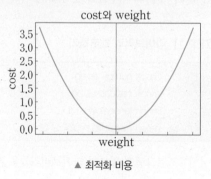

▲ 최적화 비용

따라서 −3에서 3 사이의 값을 1000 등분한 숫자 열을 생성하여 하나씩 넣어 준다. 결과적으로는 얼마나 조밀하게 숫자를 나누어 주었느냐에 따라서 np.polyfit(x, y, 1)에 근사한 값을 얻을 수 있다. 여기서 −3에서 3 사이의 값을 넣은 것은 실제 np.polyfit(x, y, 1)로 구한 W값이 −0.05에 가깝다는 것을 이용한 것이다.

14~16행: −3에서 3 사이의 값을 1000 등분한 값을 이용해 cost_func( ) 함수를 호출하면서 계속 cost값을 찾는다.

16행: 계산한 cost값을 리스트에 누적한다.

[STEP 5] 리스트에서 가장 작은 W값 찾아 출력하기

```
17    min_index = cost_list.index(min(cost_list))
18    optimal_W = W_range[min_index]
19    print('Optimal W: %s' % optimal_W)
```

17, 18행: cost가 저장되어 있는 리스트에서 가장 작은 값이 몇 번째에 있는지 파악한 뒤, 그때 W값이 얼마인지 찾는다.

19행: 찾은 W값을 출력한다.

실행 결과

```
Optimal W: −0.05105105105105112
```

[STEP 6] 시각화하기

[STEP 5]에서 찾은 cost와 W값을 시각화해 보자.

```
20    plt.title('cost and Weight')
21    plt.plot(W_range, cost_list)
22    plt.axvline(optimal_W, color = 'red')
23    plt.xlabel('Weight')
24    plt.ylabel('Cost')
25    plt.show( )
```

20~25행: W(weight)값 중에 cost를 가장 작게 만드는 값을 화면에 출력한다.

22행: 최적의 W값의 위치를 세로 선으로 표시한다.

실행 결과

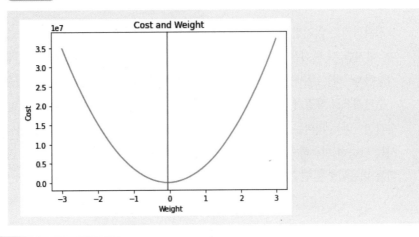

[실행 결과]로 W(Weight)값에 따른 cost의 변화를 한눈에 확인할 수 있다.

활동7 과 같은 방법으로 y 절편을 프로그램으로 구할 수도 있다. y 절편을 구하려면 어떻게 해야 할까?

활동7 의 코드를 변형하여 y 절편 102.92를 찾고 y 절편의 최적화 값을 시각화해 보자.

1~7	([활동 7]의 1~7행 코드와 동일하므로 생략)
8	def cost_func(W, X, Y):
9	hypothesis = −0.05 * X + W # [활동 7]의 9행의 수정, y절편은 Weight * 1로 표현
10	cost = tf.reduce_mean(tf.square(hypothesis − Y))
11	return cost
12	cost_list = [ ]
13	W_range = np.linspace(100, 110, num = 1000) # [활동 7]의 13행의 수정
14~18	([활동 7]의 14~18행 코드와 동일하므로 생략)
19~23	([활동 7]의 20~24행 코드와 동일하므로 생략)

실행 결과

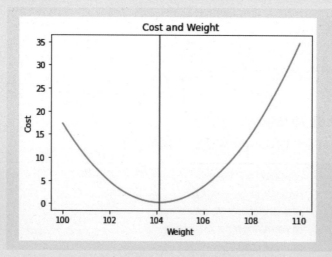

실제 기울기를 −0.05로 설정하고 활동7 을 실행하면 위의 [실행 결과]와 같이 약 104.12의 y 절편값을 얻을 수 있다. 실젯값 102.92와 다소 차이가 나는 것은 −0.05로 설정한 기울기 값이 근삿값이고 100과 110 사이의 값을 좀 더 촘촘히 나누지 못했기 때문이다.

정확하지는 않지만 활동7 과 같은 방식으로 주어진 데이터를 가장 잘 설명하는 추세선을 찾을 수 있다. 하지만 이 방식은 "$-\infty$에서 $+\infty$에 모든 값을 입력하며 가장 적절한 값을 찾는 것은 현실적으로 불가능하다."라는 문제를 가지고 있다. 따라서 실제 활용할 수 있는 다른 방법을 찾아야 한다.

수학적으로 해결하는 방법은 비용함수(cost)를 미분하여 미분 계수가 0인 지점을 찾는 것이다. 미분 계수가 0이라는 의미는 함수의 해당 위치에서 접선의 기울기가 0이라는 의미를 가진다. 하지만 기계 학습에서는 단순히 미분하여 접선의 기울기가 0인 지점을 찾는 방법을 사용하지 않는다. 그 이유는 실제에 사용되는 비용함수는 단순하지 않고 변수도 많아 기울기가 0인 지점이 최소점이 아닌 경우도 많기 때문이다.

LINK 16 관련 수학 개념 설명_ 이차함수의 미분계수

| 관련 영상 QR 코드

접선이란 무엇인가?

1 함수의 미분

함수의 미분에 대한 개념은 인공지능의 학습 알고리즘에서 대단히 중요하게 사용된다. 실제 프로그래밍에서 사용되는 함수의 미분을 모두 이해하려면 고등학교 교육과정을 넘어서는 어려운 내용을 포함하므로 여기서는 최적화의 과정을 이해하는 데에 필요한 기본적인 개념으로 이차함수에 한정하여 미분 개념을 간단히 다루기로 한다.

(1) 함수의 극한

일반적으로 함수 $f(x)$에서 x의 값이 a가 아니면서 a에 한없이 가까워질 때, $f(x)$의 값이 일정한 값 α에 한없이 가까워지면 함수 $f(x)$는 α에 수렴한다고 한다. 이때, α를 $x=a$에서 함수 $f(x)$의 극한값 또는 극한이라 하고, 기호로 다음과 같이 나타낸다.

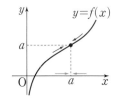

$$x \longrightarrow a\text{일 때, } f(x) \longrightarrow \alpha \text{ 또는 } \lim_{x \to a} f(x)=\alpha$$

참고 기호 lim는 limit(극한)의 약자이다.

보기 함수 $f(x)=\dfrac{x^2+2x}{x}$의 그래프는 오른쪽 그림과 같이 $x \neq 0$인 모든 실수에서 직선 $y=x+2$와 같고, $x=0$에서는 정의되지 않는다. 따라서 $x=0$에서의 함숫값은 존재하지 않지만, $x=0$에서 함수 $f(x)$의 극한값은 $\lim_{x \to 0} f(x)=2$로 존재한다.

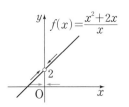

확인 문제 ①

함수 $f(x)=x^2-3x+1$에 대하여 $\lim_{x \to 1} \dfrac{f(x)-f(2)}{x-1}$의 값을 구하시오.

▌수학으로 풀어보기

$$\lim_{x \to 1} \frac{f(x)-f(2)}{x-1}=\lim_{x \to 1} \frac{x^2-3x+1-(-1)}{x-1}=\lim_{x \to 1} \frac{(x-1)(x-2)}{x-1}=\lim_{x \to 1}(x-2)=-1$$

답 -1

---

(2) 이차함수의 미분계수

① 이차함수의 평균변화율

이차함수 $y=f(x)$에서 x의 값이 a에서 $a+h(h \neq 0)$까지 변할 때, y의 값은 $f(a)$에서 $f(a+h)$까지 변한다. 이때, x값의 변화량과 y값의 변화량의 비율 $\dfrac{f(a+h)-f(a)}{h}$를 이차함수의 평균변화율이라고 한다.

② 이차함수의 평균변화율의 기하적 의미

　　오른쪽 그림과 평균변화율은 두 점 $P(a, f(a))$, $Q(a+h, f(a+h))$를 지나는 직선의 기울기와 같다.

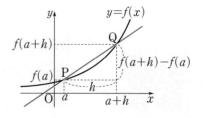

③ 이차함수의 순간변화율(미분계수)

　　이차함수 $y=f(x)$에 대하여 $h \to 0$일 때, x의 값이 a에서 $a+h$까지 변할 때 평균변화율의 극한값을 이차함수의 순간변화율 또는 미분계수라고 하고 기호로 $f'(a)$와 같이 나타낸다.

$$f'(a) = \lim_{h \to 0} \frac{f(a+h) - f(a)}{h}$$

④ 이차함수의 순간변화율(미분계수)의 기하적 의미

　　아래 그림과 같이 이차함수 $y=f(x)$ 위의 서로 다른 두 점 $P(a, f(a))$, $Q(a+h, f(a+h))$에 대하여 $h \to 0$이면 점 Q가 고정된 점 P에 한없이 가까워지고, 직선 PQ는 점 P를 지나는 직선 l에 한없이 가까워진다. 따라서 이차함수 $y=f(x)$의 $x=a$에서의 순간변화율 $f'(a)$는 곡선 $y=f(x)$ 위의 점 $P(a, f(a))$에서의 접선의 기울기와 같다.

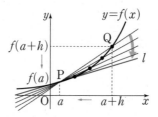

[보기] 이차함수 $f(x) = (x-2)^2$의 그래프 위에 x좌표가 각각 0, 1, 2, 3, 4인 5개의 점 A, B, C, D, E에서 그은 접선이 아래 그림과 같을 때, 미분계수 $f'(0), f'(1), f'(2), f'(3), f'(4)$의 대소를 비교해 보자.

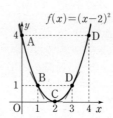

　　미분계수 $f'(0), f'(1), f'(2), f'(3), f'(4)$는 각각 다섯 개의 점 A, B, C, D, E를 접점으로 하는 접선의 기울기를 의미하므로 $f'(0) < f'(1) < f'(2) < f'(3) < f'(4)$임을 알 수 있다.

확인 문제 2

이차함수 $f(x) = (x-2)^2$에 대하여 $f'(0) + f'(1) + f'(2) + f'(3) + f'(4)$의 값을 구하시오.

┃ **수학으로 풀어보기**

곡선 $y = (x-2)^2$ 위의 점 $(2, 0)$에서의 접선의 방정식은 $y=0$이므로 $f'(2) = 0$

또, 이차함수 $f(x) = (x-2)^2$의 그래프는 직선 $x=2$에 대하여 대칭이므로

$f'(0) = -f'(4), f'(1) = -f'(3)$

따라서

$f'(0) + f'(1) + f'(2) + f'(3) + f'(4) = f'(2) + \{f'(0) + f'(4)\} + \{f'(1) + f'(3)\}$
$$= 0 + 0 + 0 = 0$$

답 0

(3) 이차함수의 미분계수의 계산

이차함수 $f(x)=ax^2+bx+c$ $(a\neq0)$의 그래프 위의 임의의 점 $x=t$ (t는 상수)에서의 미분계수 $f'(t)$를 구하면 다음과 같다.

$$f'(t)=\lim_{h\to0}\frac{f(t+h)-f(t)}{h}=\lim_{h\to0}\frac{a(t+h)^2+b(t+h)+c-(at^2+bt+c)}{h}$$

$$=\lim_{h\to0}\frac{ah^2+(2at+b)h}{h}=\lim_{h\to0}(ah+2at+b)$$

$$=2at+b$$

이상을 정리하면 다음과 같다.

> 이차함수 $f(x)=ax^2+bx+c$에 대하여 $x=t$(t는 상수)에서의 미분계수 $f'(t)$는
>
> $$f'(t)=2at+b$$

보기 이차함수 $f(x)=(x-2)^2$에서 $f(x)=x^2-4x+4$이고 $x=t$에서의 미분계수 $f'(t)$는
$f'(t)=2t-4$이므로 $x=0$, $x=1$, $x=2$, $x=3$, $x=4$에서 미분계수
$f'(0)$, $f'(1)$, $f'(2)$, $f'(3)$, $f'(4)$의 값을 각각 구하면 다음과 같다.
$f'(0)=2\times0-4=-4$, $f'(1)=2\times1-4=-2$, $f'(2)=2\times2-4=0$,
$f'(3)=2\times3-4=2$, $f'(4)=2\times4-4=4$

확인 문제 ③

곡선 $y=x^2-2x+3$ 위의 점 $(4, 11)$에서의 접선의 기울기를 구하시오.

│수학으로 풀어보기

$f(x)=x^2-2x+3$이라 할 때, 구하는 접선의 기울기는 $f'(4)$의 값과 같으므로

$$f'(4)=\lim_{h\to0}\frac{f(4+h)-f(4)}{h}=\lim_{h\to0}\frac{(4+h)^2-2(4+h)+3-(4^2-2\times4+3)}{h}$$

$$=\lim_{h\to0}\frac{h^2+6h}{h}=\lim_{h\to0}(h+6)=6$$

│다른 풀이

$x=t$에서의 미분계수 $f'(t)$는 $f'(t)=2t-2$이므로 $f'(4)=2\times4-2=6$

답 6

02 경사하강법

188쪽 첫 번째 그림과 같은 cost 그래프에서 cost가 최소가 되는 지점은 아래쪽으로 볼록한 지점이 된다.

즉, 비용함수 $Cost(W, b)=\dfrac{1}{n}\sum_{i=1}^{n}\{Wx^{(i)}+b\}-y^{(i)}\}^2$ 에 의해 그려지는 그래프는 188쪽 첫 번째 그림과 같은 형태가 되고, 이 모양에서 cost가 가장 작을 때는 그래프의 접선의 기울기가 0이 되는 지점이다. 이때의 Weight값을 이용하면 결국 cost가 가장 작아진다.

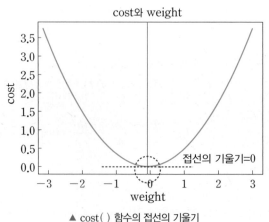

cost와 weight

▲ cost( ) 함수의 접선의 기울기

위의 그림과 같은 이차함수의 접선의 기울기는 어떻게 구할까? 답은 그 함수를 미분하면 된다. 즉, 미분한 값이 기울기이고 그 기울기가 0이 되게 만드는 Weight값을 찾으면 된다. 고등학교 교과 과정은 아니지만 수학적으로 생각하면 가장 직접적 방법이 다음과 같이 미분방정식을 풀이하는 것이다.

$$Cost'(W, b) = 0$$

하지만 이 방법은 몇 가지 이유로 컴퓨터를 이용한 딥러닝의 풀이에서는 사용하지 않는다. 그 대신 반복적인 방법으로 접선의 기울기가 0인 지점을 찾아간다. 즉, 새 Weight는 전 Weight가 특정 값일 때 cost( ) 함수의 접선의 기울기에 일정 값을 곱한 값을 빼면서 기울기가 점점 0에 가까워진다. 경사하강법의 자세한 수학적 풀이는 **LINK 17**을 참조하자.

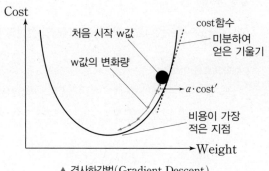

▲ 경사하강법(Gradient Descent)

사실 이 방법이 어떻게 보면 많이 번거로워 보이고, 수학적으로 보면 앞에서 언급한 대로 미분방정식을 풀이하는 것이 효율적으로 보인다. 그러나 컴퓨터에서는 다음과 같은 이유로 경사하강법을 이용하여 가중치를 찾아낸다.

첫째, 컴퓨터에서는 미분방정식을 풀이하는 것보다 경사하강법을 사용하는 것이 훨씬 효율적이다.
둘째, 지금 다루고 있는 cost( ) 함수는 매우 간단한 형태이다. 실제 딥러닝에서 사용하는 것은 매우 복잡한 형태로 사실상 미분방정식을 풀이하는 것이 쉽지 않다.

이제부터 경사하강법을 파이선 코드로 직접 구현해 보자.
여기서는 이해하기 쉽게 아래 그림과 같은 함수 $y = 2x$ 함수를 이용한다. y절편을 0으로 가정하고 기울기가 2인 직선의 방정식을 데이터만 가지고 경사하강법으로 cost와 Weight값을 찾는 방법을 실습해 본다.

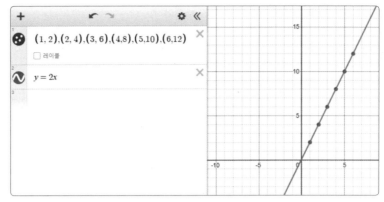

▲ 함수 $y=2x$ 그래프와 입력 데이터

활동 8 [완성 파일: 4-8.ipynb]

배열에 데이터를 입력하고 경사하강법을 적용하여 cost와 W(Weight)값을 출력해 보자.

[STEP 1] 라이브러리 호출하기

```
1    import numpy as np
2    import pandas as pd
3    import tensorflow as tf
```

1~3행: 프로그램에 필요한 라이브러리들을 가져온다.

[STEP 2] 데이터를 배열에 저장하고 W값을 초기화하기

```
4    X = np.array([1, 2, 3, 4, 5, 6])
5    Y = np.array([2, 4, 6, 8, 10, 12])
6    tf.random.set_seed(0)
7    W = tf.Variable(tf.random.normal([1], 0, 1))
```

4, 5행: numpy를 이용하여 X, Y값을 만든다.

6행: 재실행 시 결과가 같도록 random seed를 설정한다. random seed를 설정하지 않으면 실행 시마다 그 결과가 달라진다.

7행: tf.random.normal( )의 옵션 규칙에 따라 평균 0, 표준편차 1에 정규분포에 따라 1개의 난수를 발생시킨다. 예를 들면, tf.random.normal([4], 0, 1)인 경우 주로 ±1 근처의 값 4개가 생성되고, tf.random.normal([1], 0, 5) ±5 근처의 값 1개가 생성된다.

[STEP 3] cost와 W값을 출력하기

```
8     for step in range(3001):
9         hypothesis = W * X
10        cost = tf.reduce_mean(tf.square(hypothesis - Y))
11        alpha = 0.0001
12        gradient = tf.reduce_mean(tf.multiply(tf.multiply(W, X) - Y, X))
13        descent = W - tf.multiply(alpha, gradient)
14        W = descent
15        if step % 300 == 0:
16            print('{:5} | { :10.4f} | { :10.6f}'. format(step, cost.numpy( ), W.numpy( )[0]))
```

8~16행: 0에서 3000까지 증가하면서 300 단위로 cost와 W값을 반복해서 출력한다.

9, 10행: 비용함수 식을 구현한다.

11행: alpha 변수는 '학습률' 값을 설정한다. 이 값은 한 번 W를 변경할 때 얼마나 크게 변경할지를 결정하는데, W값의 크기 등과 관련이 있으며 설정하는 게 쉽지 않다. 너무 크지 않게 잡아야 하는데 그렇다고 너무 작으면 cost( ) 함수의 접선의 기울기가 0 근처에 가기 전에 반복이 끝나 버린다. 예를 들어, 최종 W값이 1.2정도인데, 만약 alpha값이 50이라면 그림과 같이 최적의 W값을 못 찾고 발산하는 형식이 될 것이다.

12행: $\frac{1}{n}\sum_{i=1}^{n}(Wx_i-y_i)x_i$ 부분을 구현한다.

사실 $Cost(W, b)=\frac{1}{n}\sum_{i=1}^{n}\{(Wx^{(i)}+b)-y^{(i)}\}^2$을 미분한 식을 직접 표현한다.

14행: 새로운 W값으로 현재의 값을 갱신한다.

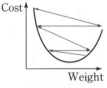

▲ 잘못 설정한 학습률 alpha

실행 결과

0	3.6257	1.511804
300	1.4584	1.690372
600	0.5867	1.803625
900	0.2360	1.875453
1200	0.0949	1.921009
1500	0.0382	1.949901
1800	0.0154	1.968226
2100	0.0062	1.979848
2400	0.0025	1.987219
2700	0.0010	1.991894
3000	0.0004	1.994859

[실행 결과]를 살펴보면 3000번째 반복에서는 W가 2에 가까운 수가 되는 것을 볼 수 있고, 그때 cost 값도 제일 작음을 확인할 수 있다.

LINK 17 관련 수학 개념 설명_ 경사하강법 알고리즘

| 관련 영상 QR 코드

수열의 귀납적 정의

1 수열의 귀납적 정의

(1) 수열의 귀납적 정의의 뜻

수열 $\{a_n\}$을 처음 몇 개 항의 값과 이웃하는 여러 항 사이의 관계식으로 정의하는 것을 수열의 귀납적 정의라 하고, 이웃하는 항들 사이의 관계식을 점화식이라고 한다.

보기 다음 표현들은 모두 홀수를 작은 것부터 차례대로 나열한 수열 $\{a_n\}$을 나타낸 것이다.

❶ 직접적인 수의 나열 $\{a_n\}$: 1, 3, 5, 7, 9, …

❷ 일반항으로 표현: $a_n=2n-1$ (n은 자연수)

❸ 수열의 귀납적 정의: $\begin{cases} a_1=1 \\ a_{n+1}=a_n+2 \ (n=1, 2, 3, \cdots) \end{cases}$

(2) 수열의 귀납적 정의의 활용

수열의 귀납적 정의는 점화식을 통해 연속한 두 항 사이의 관계를 단적으로 드러내는 장점이 있어 순서대로 특정한 규칙성을 갖는 수열을 표현할 때 두루 쓰인다.

보기 $a_1=0$이고, 점화식이 $a_{n+1}=a_n+f(n)$의 꼴인 경우 몇 가지를 살펴보자.

❶ $f(n)=3$이면 이 수열은 계속하여 3씩 일정하게 증가한다.

$$\{a_n\}: 0, \; \overset{+3}{\frown}\; 3, \; \overset{+3}{\frown}\; 6, \; \overset{+3}{\frown}\; 9, \; \overset{+3}{\frown}\; 12, \cdots$$

❷ $f(n)=2n$이면 이 수열은 차례로 2, 4, 6, $\cdots$만큼씩 규칙적으로 증가한다.

$$\{a_n\}: 0, \; \overset{+2}{\frown}\; 2, \; \overset{+4}{\frown}\; 6, \; \overset{+6}{\frown}\; 12, \; \overset{+8}{\frown}\; 20, \cdots$$

확인 문제 ❶

이차함수 $f(x)=x^2-5x+10$에 대하여 수열 $\{a_n\}$이 $a_1=0$, $a_{n+1}=a_n-0.1\times f'(a_n)$으로 정의될 때, a_3의 값을 구하시오.

▌수학으로 풀어보기

이차함수 $f(x)=x^2-5x+10$에서 $x=t$에서의 미분계수 $f'(t)$는 $f'(t)=2t-5$이므로

$a_1=0$에서 $a_2=a_1-0.1\times f'(a_1)=0-0.1\times(2\times0-5)=0.5$,

$a_2=0.5$에서 $a_3=a_2-0.1\times f'(a_2)=0.5-0.1\times(2\times0.5-5)=0.9$

따라서 구하는 값은 0.9이다.

답 0.9

---

2 경사하강법

함수의 그래프에서 '경사'로서의 의미를 갖는 '미분계수'를 이용하여 점진적으로 매개변수를 조절하면서 손실함수가 최소일 때의 값을 근사적으로 찾아가는 알고리즘을 경사하강법이라고 한다.

참고 이 장에서는 이해를 돕기 위하여 단순화한 손실함수 $E(a)$가 하나의 매개변수 a에 대한 이차함수인 경우로 제한하여 설명을 진행한다.

(1) 경사하강법의 진행 과정

매개변수 a를 포함하는 예측함수 $f(x)$에 따라 구한 손실함수가 a에 대한 이차함수 $E(a)$라 하자. 이때, 경사하강법에 따라 다음과 같은 과정으로 손실함수 $E(a)$의 값이 최소화될 수 있다.

❶ 최초의 매개변수의 값을 임의로 정한다.

❷ 오른쪽 그림과 같이 현재의 매개변수에 대한 손실함수의 미분계수(경사) $E'(a)$를 이용하여 손실함수의 값 $E(a)$가 작아지도록 매개변수 a의 값을 새롭게 수정한다.

❸ ❷와 같은 방법으로 매개변수 값의 수정을 반복한다.

❹ 손실함수의 미분계수(경사) $E'(a)$가 0에 충분히 가까울 경우 손실함수가 최소인 점에 충분히 도달했다고 간주하여 ❸의 반복 과정을 마친다.

❺ 반복된 수정을 거쳐 정해진 매개변수 a의 값이 자료의 경향성을 잘 나타내는 최적의 값이라 판단하여 예측함수 $f(x)$를 결정한다.

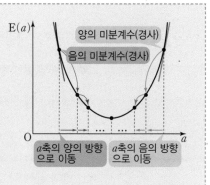

(2) 매개변수의 수정을 위한 식

경사하강법의 진행 과정에서 임의로 정한 최초의 매개변수의 값을 $a=a_1$, n회($n=1, 2, 3, \cdots$)의 수정을 통해 정해진 매개변수의 값을 $a=a_{n+1}$이라 하자. '현재의 매개변수 a_n'에서 '새로운 매개변수 a_{n+1}'로 수정할 때에는 항상 다음과 같은 일정한 관계식에 의하여 그 값을 결정한다.

$$a_{n+1}=a_n-\alpha E'(a_n) \ (단, \alpha는 양수)$$

(3) 학습률

위의 수정을 위한 식에서 비례상수인 양수 α를 학습률이라 하고, 경사하강법에 따른 최적화의 과정에서 속도를 조절하는 역할을 한다. 다음 그림과 같이 학습률 α의 값이 지나치게 크거나 작을 경우 최적화가 잘 이루어지지 않을 수 있으므로 그 값을 사람이 직접 적절히 정해 주어야 한다.

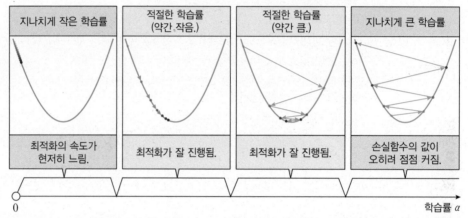

보기 다음 그림과 같이 세 순서쌍 $(1, 1)$, $(2, 2)$, $(3, 2)$로 이루어진 간단한 자료를 바탕으로 한 예측함수를 $f(x)=ax$라 할 때, 하나의 매개변수 a의 최적화를 위한 경사하강법의 과정을 살펴보자.

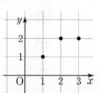

우선, 학습률을 $\alpha=\dfrac{1}{22}$으로 정하고, 미분계수가 $|E'(a_n)|<0.5$를 만족시킬 때 충분히 0에 가깝다고 판단하여 매개변수의 수정을 마친다고 가정하자.

평균제곱오차를 이용한 손실함수 $E(a)$를 구하면

$$E(a)=\frac{(a\times1-1)^2+(a\times2-2)^2+(a\times3-2)^2}{3}=\frac{14}{3}a^2-\frac{22}{3}a+3 \text{이므로}$$

$a=a_n$에서의 미분계수는 $E'(a_n)=\dfrac{28}{3}a_n-\dfrac{22}{3}$ $\qquad$ …… ㉠

매개변수의 수정을 위한 식은 $a_{n+1}=a_n-\dfrac{1}{22}E'(a_n)=a_n-\dfrac{1}{22}\left(\dfrac{28}{3}a_n-\dfrac{22}{3}\right)$ $\qquad$ …… ㉡

❶ 임의로 정한 최초의 매개변수를 $a_1=0$이라 하자.

❷ ㉠과 ㉡에 각각 $n=1$을 대입하면 $E'(a_1)=\dfrac{28}{3}a_1-\dfrac{22}{3}=-\dfrac{22}{3}$

$$a_2=a_1-\frac{1}{22}\left(\frac{28}{3}a_1-\frac{22}{3}\right)=\frac{1}{3}$$

㉠과 ㉡에 각각 $n=2$를 대입하면 $E'(a_2)=\dfrac{28}{3}a_2-\dfrac{22}{3}=-\dfrac{38}{9}$

$$a_3=a_2-\frac{1}{22}\left(\frac{28}{3}\times a_2-\frac{22}{3}\right)=\frac{52}{99}$$

$\vdots$ $\qquad\qquad\qquad\qquad$ $\vdots$

계산기를 이용하여 계산한 매개변수의 값과 미분계수는 아래 표와 같다.

n	매개변수 a의 값 a_n	미분계수(경사) $E'(a_n)$
1	0	$-7.333\cdots \left(=-\dfrac{22}{3}\right)$
2	$0.333\cdots \left(=\dfrac{1}{3}\right)$	$-4.222\cdots \left(=-\dfrac{38}{9}\right)$
3	$0.525\cdots \left(=\dfrac{52}{99}\right)$	$-2.430\cdots$
4	$0.635\cdots$	$-1.399\cdots$
5	$0.699\cdots$	$-0.805\cdots$
6	$0.736\cdots$	$-0.463\cdots$

❸ $n=6$일 때,

$|E'(a_6)|=0.463\cdots<0.5$이므로 매개변수의 수정을 마친다.

❹ 경사하강법에 따라 최적화된 매개변수 a의 값은 $a_6=0.736\cdots$이므로 주어진 자료의 경향성을 잘 나타내는 추세선의 방정식 즉, 예측함수 $f(x)$는 $f(x)=a_6x$로 결정한다.

위의 과정에 대한 이해를 돕기 위하여 $n=1,\ 2,\ 3,\ \cdots$일 때, 매개변수 a_n의 값이 갱신됨에 따라 손실함수 $E(a)$의 값이 최소화되고, 예측함수 $f(x)=a_nx$가 최적화되는 과정을 각각 그래프로 나타내면 다음과 같다.

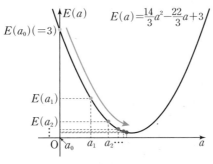

▲ 최적화에 따른 손실함수의 값의 변화

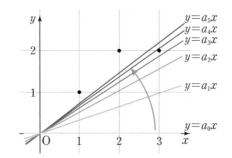

▲ 최적화에 따른 예측함수의 변화

확인 문제 2

손실함수 $E(a)=a^2-10a+30$에 대하여 최초의 a의 값을 10, 학습률 α의 값을 0.75로 놓고 경사하강법에 따라 매개변수 a의 값을 2회 수정한 값을 구하시오.

▎수학으로 풀어보기

매개변수의 수정을 위한 식은 $a_{n+1}=a_n-0.75E'(a_n)=a_n-0.75(2a_n-10)$ ······ ㉠

㉠에 $n=1$을 대입하면 $a_2=a_1-0.75E'(a_1)=10-0.75(2\times10-10)=10-7.5=2.5$

㉠에 $n=2$를 대입하면 $a_3=a_2-0.75E'(a_2)=2.5-0.75(2\times2.5-10)=2.5+3.75=6.25$

따라서 구하는 값은 6.25이다.

目 6.25

4 기계가 학습할 때

들 어 가 기 내 용
여러 사람이 모인 조직에서 잘못된 판단을 했다면 누가 얼마만큼 책임을 져야 할까?

나 홍길동은 어머니 생신에 어머니가 좋아하시는 국수를 만들어 드리기로 했다. 혼자 만드는 것은 불가능할 것 같아서 국수 요리를 잘하는 친구들의 도움을 받기로 했다. 먼저 여덟 가지 재료로 가능한 레시피를 달라고 친구들에게 이야기했다. 민수는 어머니께서 매운 것을 좋아하신다고 생각하고 청양고추와 고춧가루, 소금 등을 좀 많이 넣은 레시피를, 시진이는 어머니께서 싱거운 것을 좋아하신다고 생각하고 소금, 간장은 적고, 면과 양배추를 많이 넣은 레시피를 주었고, 서영과 민정이도 나름의 레시피를 나에게 주었다. 나는 평소 시진이의 음식이 제일 맛있었으므로 시진이의 레시피를 가장 중요하게 생각하고 그 다음 민수, 서영, 민정이의 의견을 각각 반영한 레시피 대로 국수를 만들었다. 그런데 아뿔싸! 어머니가 별로 좋아하지 않을 것 같은 맛이 나왔다. 이제 어떻게 해야 할까? 그렇다. 믿었던 시진이의 레시피를 가장 많이 반영했지만 맛이 없었으므로 좀 전에 많이 반영한 친구의 레시피는 조금 덜 신뢰하고 덜 믿었던 친구 레시피는 좀 더 반영하여 다시 도전한다. 그럼 친구들은 어떻게 할까? 각자 조금 전 음식의 맛이 좋지 않았던 것을 알고 있다. 따라서 각자 조금씩 재료의 비율을 바꿔서 조정할 것이다.

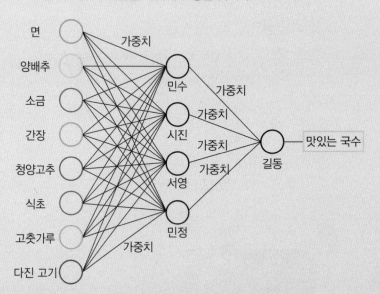

이것이 딥러닝의 역전파의 원리이다. 최종 출력을 담당하는 나는 결과를 반영하여 바로 전에 신뢰도(가중치)를 조정하고, 그 전에 있던 친구들은 재료의 비율(가중치)을 달리 한 것처럼 딥러닝의 역전파도 같은 원리로 동작한다.

이 단원에서는 무엇을 알아볼까?

역전파는 딥러닝 모델 학습의 핵심임을 이해하고, 딥러닝에서 역전파가 어떻게 이루어지는지 알아본다.

01 신경망에서 순전파

앞 단원에서 오차를 계산하는 방법과 오차를 줄이는 방법을 학습하였다. 딥러닝을 만들 수 있는 기술적인 학습은 모두 하였지만 그것은 퍼셉트론 하나에 대한 것이고 퍼셉트론 하나로는 좋은 성능의 인공지능 모델을 만들 수가 없다.

이번 단원에서는 여러 개의 퍼셉트론을 연결할 때 어떻게 신경망이 동작하게 되는지 그리고 어떻게 여러 개의 퍼셉트론의 가중치를 업데이트하는지 그 방법에 대해서 알아보자.

딥러닝에서 가중치를 업데이트해 나가는 것은 출력층에서 거꾸로 내려가면서 이루어지므로 보통 역전파라고 한다. 이 역전파는 딥러닝의 핵심이며 캐나다의 인공지능 학자 제프리 힌튼에 의해 널리 알려지고 사용되게 된다.

[1] 순전파(forward propagation)

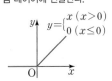

다음 그림은 기계 학습에 많이 사용하는 붓꽃(Iris) 데이터를 딥러닝으로 분류하기 위해 만든 인공신경망 모델이다.

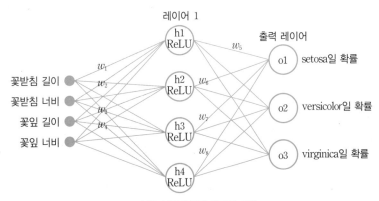

▲ 붓꽃 분류를 위한 신경망 모델

➡ 붓꽃의 분류

꽃받침 길이	꽃받침 너비	꽃잎 길이	꽃잎 너비	품종
5.1	3.5	1.4	0.2	setosa
4.9	3	1.4	0.2	setosa

순전파를 이해하기 위해 위의 그림에서 $w_1=0.5$, $w_2=0.4$, $w_3=0.7$, $w_4=1.5$, $w_5=0.8$, $w_6=0.3$, $w_7=0.8$, $w_8=0.9$라고 가정해 보면, h1에서 출력되어 o1, o2, o3에 가는 값은 다음과 같이 계산할 수 있다.

데이터는 위 표의 첫 번째 행의 데이터를 이용한다. h1 노드에서 활성화 함수는 ReLU를 사용했으므로 계산한 값이 0 이하이면 0, 그렇지 않으면 값을 그대로 보내면 된다.

h1을 계산하면 다음과 같다.

$$h1=w_1×꽃받침\ 길이+w_2×꽃받침\ 너비+w_3×꽃잎\ 길이+w_4×꽃잎\ 너비$$
$$=0.5×5.1+0.4×3.5+0.7×1.4+1.5×0.2$$
$$=2.55+1.4+0.98+0.3=5.23$$

위와 같은 방식으로 h2, h3, h4를 구할 수 있다. 여기서는 h2=4.12, h3=3.8, h4=0.1이라고 해 보자. 그러면 o1 노드에 입력되는 값은 다음과 같이 계산할 수 있다.

$$\text{o1\_input} = w_5 \times \text{h1} + w_6 \times \text{h2} + w_7 \times \text{h3} + w_8 \times \text{h4}$$
$$= 0.8 \times 5.23 + 0.3 \times 4.12 + 0.8 \times 3.8 + 0.9 \times 0.1 = 8.55$$

마지막 노드의 출력은 시그모이드함수를 이용한다고 가정하면 다음 식을 계산한 값이 setosa일 확률이 된다.

$$(\text{setosa일 확률}) = \frac{1}{1 - e^{-8.55}}$$

활동 9 [완성 파일: 4-9.ipynb]

시그모이드함수를 사용하여 위에서 계산한 붓꽃 품종 'setosa'의 확률을 판명하는 코드를 작성해 보자.

```
1    import math
2
3    def sigmoid(x):
4        return 1 / (1 + math.exp(-x))
5
6    print(sigmoid(8.55))
```

1행: 수학 연산을 위한 라이브러리를 호출한다.

3, 4행: 시그모이드함수를 식으로 정의한다.

6행: sigmoid( ) 함수에 입력하여 확률을 출력한다.

실행 결과

0.9998064923528988

[실행 결과]를 살펴보면 setosa일 확률이 99% 이상으로 판명된다. 따라서 지금과 같은 weight는 적어도 setosa는 잘 인식하는 것으로 보인다. 그러나 versicolor와 virginica에 대해서는 테스트해 보지 않았으므로 지금의 weight값이 최선의 값이라고는 할 수 없다.

이와 같이 weight와 입력값을 이용하여 입력에서 각 노드를 거치며 최종 결과를 유도하는 것이 순전파라고 할 수 있다.

그런데 만약 출력값이 0.99가 아닌 0.3으로 나왔다면 이 경우는 '1-0.3' 즉, 0.7 만큼의 오류가 생긴 것이다. 이 오류를 보정하려면, 즉, 이 오류를 줄이려면 어떻게 W값을 조절해야 할까?

(2) 역전파(back propagation)

지금까지 순전파를 설명하였다. 만약 순전파에 의해 결과가 좋으면 문제가 없지만 결과가 나쁘면 weight값을 수정해서 좋은 결과를 낼 수 있는 값으로 바꾸어야 한다. 하지만 어떻게 바꾸어야 할까? 그 개념은 어렵지 않다.

기계 학습과 딥러닝을 위해 개발된 tersorflow와 keras 라이브러리를 이용하여 별도로 위의 setosa일 확률식을 구현할 필요 없이 W(weight)값을 수정할 수 있다.

순전파와 역전파의 개념을 이해하기 위해 붓꽃을 분류하는 파이선 프로그램을 작성해 보자.

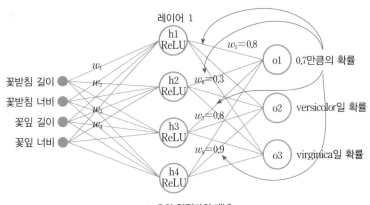

▲ 오차 역전파의 개념

o1 노드의 결과에 영향을 미치는 가중치는 $w_5 \sim w_8$이다. 즉, 이 노드가 예측한 값이 실젯값과 병균석으로 0.7 정도 차이가 난다면 $w_5 \sim w_8$의 값이 비율만큼 조정하면 된다. 즉, 0.7의 오류에 대하여 w_5값을 조정해야 할 비율은 다음과 같다.

$$\frac{w_5}{w_5+w_6+w_7+w_8} \times 0.7$$

다만 이것은 개념상 비율을 나타낸 것이고 실제 계산하는 방법은 앞서 배운 경사하강법을 이용한다.

경사하강법을 이용하기 위해서 앞서 배운 것을 기억해 보자.

o1 노드는 결국 아래와 같은 식으로 구성되어 있다.

$$o1 = \frac{1}{1+e^{-(w_5 ReLU(h1)+w_6 ReLU(h2)+w_7 ReLU(h3)+w_8 ReLU(h4)}}$$

■ Keras(케라스) 라이브러리

Keras는 프랑소아 숄레(Francois Cholloet)가 개발한 딥러닝 라이브러리이다. 이 교재에서 배운 역전파, 비용함수, 활성화 함수 등을 파이선으로 미리 구현해 두어 쉽게 활용할 수 있도록 하였다.

여기서 가중치 w_5의 값을 경사하강법으로 찾으려면 위 식을 미분해야 한다. 이때, ReLU(h1)은 이전 레이어에 있는 또 다른 함수이므로 함수 안에 함수가 구성되어 있는 합성함수를 미분하는 과정이 필요하다. 더불어 가중치가 하나가 아니라 여러 개이므로 편미분을 해야 하지만 편미분은 고등학교 교육과정을 넘어서므로 여기서는 **LINK 18**에서 합성함수의 미분법만 익혀 보도록 한다.

기계 학습과 딥러닝을 위해 개발된 tensorflow와 keras 라이브러리에서 위 식의 기능을 제공하므로 별도로 구현할 필요는 없다.

활동 10   [완성 파일: 4-10.ipynb]

순전파와 역전파의 개념을 사용하여 붓꽃을 분류하는 프로그램을 작성해 보자.

[STEP 1] 라이브러리 호출하기

```
1    import tensorflow as tf
2    import keras
3    from sklearn import datasets
4    from keras.models import Sequential
5    from keras.layers import Dense
6    from sklearn.preprocessing import OneHotEncoder
7    from sklearn.model_selection import train_test_split
```

1~7행: 프로그램에 필요한 라이브러리를 호출한다.

1, 2행: 머신러닝과 딥러닝을 위해 필요한 tensorflow와 keras 라이브러리이다.

6행: 레이블을 원핫 벡터로 바꾸기 위해 OneHotEncoder 클래스를 사용한다.

[STEP 2] 붓꽃 데이터를 학습 데이터와 테스트 데이터로 나누기

```
8     iris = datasets.load_iris( )
9     X = iris.data
10    Y = iris.target
11    Y_oh = OneHotEncoder( ).fit_transform(Y.reshape(-1, 1)).toarray( )
12    train_x, test_x, train_y, test_y = train_test_split(X, Y_oh, test_size = 0.20)
```

8행: scikit-learn에서 제공하는 붓꽃 데이터를 불러오기 위해 사용한다.

9, 10행: 붓꽃 데이터에서 꽃받침 길이, 꽃받침 너비, 꽃잎 길이, 꽃잎 너비에 해당하는 데이터 셋은 X에, 그것의 품종에 대한 정보는 Y에 넣는다. 이때, Y값은 0, 1, 2로 0이 setosa, 1이 versicolor, 2가 verginica를 의미한다.

11행: 0, 1, 2로 되어 있는 라벨을 3개의 요소로 가진 벡터로 바꾸는데 이것을 원핫(onehot)이라고 한다. 예를 들어, setosa는 [1, 0, 0]으로 변환되고 verginica는 [0, 0, 1]로 바뀐다.

12행: 학습 데이터와 테스트 데이터로 나누는데, 이때의 비율은 20%로 한다. 즉, 전체 데이터 중 20%를 테스트용으로 처리한다.

[STEP 3] 붓꽃 분류를 위한 신경망 모델 구현하기

```
13    model = Sequential( )
14    model.add(Dense(4, input_dim = 4, activation = 'relu'))
15    model.add(Dense(3, activation = 'softmax'))
16    model.compile(loss = 'categorical_crossentropy', optimizer = 'adam', metrics = ['accuracy'])
17    model.fit(train_x, train_y, epochs = 300, batch_size = 10)
```

13~17행: 195쪽 '붓꽃 분류를 위한 신경망 모델' 그림의 모델을 그대로 구현한 것이다.

14행: 입력이 4개이고 4개의 입력이 4개의 노드로 구성된 첫 번째 레이어에 들어간다. 이 레이어에 속한 모든 모드는 ReLU를 활성화 함수로 갖는다.

15행: 14행에서 구성한 레이어에서 나온 출력값이 3개의 출력 노드로 입력된다.

16행: 비용함수(cost)는 분류 문제이므로 crossentropy를 사용한다.

17행: 전체 데이터에 대하여 300번을 반복하면서 학습한다.

실행 결과

```
Epoch 298/300
12/12 [==============================] - 0s 2ms/step - loss: 0.3983 - accuracy: 0.8753
Epoch 299/300
12/12 [==============================] - 0s 2ms/step - loss: 0.3730 - accuracy: 0.9028
Epoch 300/300
12/12 [==============================] - 0s 2ms/step - loss: 0.4068 - accuracy: 0.8729
```

[STEP 4] 결과 출력하기

```
18    results = model.evaluate(test_x, test_y)
19    print('test accuracy: {:.4f}'.format(results[1]))
```

실행 결과

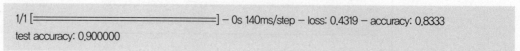

```
1/1 [==============================] - 0s 140ms/step - loss: 0.4319 - accuracy: 0.8333
test accuracy: 0.900000
```

[실행 결과]를 살펴보면 테스트 데이터에 대한 정확도는 0.9 즉, 90%로 나타났다. 결과는 테스트 데이터의 구성에 따라 조금씩 달라질 수 있다.

1 합성함수의 미분계수의 계산

미분가능한 두 함수 f, g의 합성함수 $f \circ g$에 대하여 $x=a$에서의 미분계수는 다음과 같이 구할 수 있다.

$h(x)=f(g(x))$라고 할 때,

$$h'(a)=\lim_{h \to 0} \frac{f(g(a+h))-f(g(a))}{h}$$

$$=\lim_{h \to 0} \left\{ \frac{f(g(a+h))-f(g(a))}{g(a+h)-g(a)} \times \frac{g(a+h)-g(a)}{h} \right\}$$

$$=\lim_{h \to 0} \frac{f(g(a+h))-f(g(a))}{g(a+h)-g(a)} \times \lim_{h \to 0} \frac{g(a+h)-g(a)}{h}$$

$$=f'(g(a)) \times g'(a)$$

이상을 정리하면 다음과 같다.

> 미분가능한 두 함수 f, g에 대하여 $h(x)=f(g(x))$일 때, 함수 $h(x)$의 $x=a$에서의 미분계수는
> $$h'(a)=f'(g(a)) \times g'(a)$$

보기 $f(x)=x^2$, $g(x)=-x^2+5x-5$일 때, $h(x)=f(g(x))$라 하면 $h(x)=(-x^2+5x-5)^2$이다. 이때, 함수 $h(x)$에 대한 $x=1$에서의 미분계수 $h'(1)$은 다음과 같이 구할 수 있다.

$g(1)=-1+5-5=-1$이므로 이차함수 $f(x)$의 $x=g(1)$에서의 미분계수는

$f'(g(1))=f'(-1)=2 \times (-1)=-2$ ······ ㉠

또한 이차함수 $g(x)$의 $x=1$에서의 미분계수는 $g'(1)=-2 \times 1+5=3$ ······ ㉡

㉠, ㉡에 의하여 $h'(1)=f'(g(1)) \times g'(1)=-2 \times 3=-6$

참고 미분가능한 세 함수 f, g, h의 합성함수 $i(x)=f(g(h(x)))$의 경우에도 위와 마찬가지 방법으로 $x=a$에서의 미분계수 $i'(a)$의 값을 다음과 같이 구할 수 있다.

$$i'(a)=f'(g(h(a))) \times g'(h(a)) \times h'(a)$$

2 합성함수의 미분계수의 기하적 의미

두 함수 $y=f(x)$, $y=g(x)$의 합성함수 $y=f(g(x))$의 $x=a$에서의 미분계수는 좌표평면에서 곡선 $y=f(g(x))$ 위의 점 $(a, f(g(a)))$에서의 접선의 기울기를 뜻한다. 이는 곡선 $y=g(x)$ 위의 점 $(a, g(a))$에서의 접선의 기울기와 곡선 $y=f(x)$ 위의 점 $(g(a), f(g(a)))$에서의 접선의 기울기를 곱한 값과 같다.

$$\times \left| \begin{array}{ll} g'(a) & : \text{곡선 } y=g(x) \text{ 위의 점 } (a, g(a))\text{에서의 접선의 기울기} \quad \cdots\cdots ㉠ \\ f'(g(a)) & : \text{곡선 } y=f(x) \text{ 위의 점 } (g(a), f(g(a)))\text{에서의 접선의 기울기} \quad \cdots\cdots ㉡ \end{array} \right.$$

$h'(a)$: 곡선 $y=f(g(x))$ 위의 점 $(a, f(g(a)))$에서의 접선의 기울기 = ㉠×㉡

보기 $f(x)=x^2$, $g(x)=-x^2+5x-5$일 때, 아래의 왼쪽 그림과 같이 같이 곡선 $y=g(x)$위의 점 $(1, g(1))$에서의 접선의 기울기는 3이고, 곡선 $y=f(x)$ 위의 점 $(g(1), f(g(1)))$에서의 접선의 기울기는 -2이다.

한편, 오른쪽 그림과 같이 합성함수 $f(g(x))=(-x^2+5x-5)^2$에 대하여 곡선 $y=f(g(x))$위의 점 $(1, f(g(1)))$에서의 접선의 기울기는 $3\times(-2)=-6$이다(단, $g(1)=-1$, $f(g(1))=1$이다.).

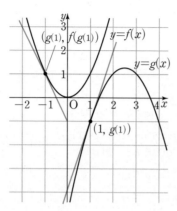
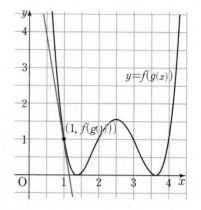

확인 문제 **1**

두 이차함수 $f(x)=2x^2-3x+1$, $g(x)=-x^2+2x$에 대하여 $h(x)=f(g(x))$일 때, 함수 $h(x)$의 $x=2$에서의 미분계수를 구하시오.

┃수학으로 풀어보기

$g(2)=-4+4=0$이므로 이차함수 $f(x)$의 $x=g(2)$에서의 미분계수는

$f'(g(2))=f'(0)=4\times0-3=-3$ ······ ㉠

또한 이차함수 $g(x)$의 $x=2$에서의 미분계수는 $g'(2)=-2\times2+2=-2$ ······ ㉡

㉠, ㉡에 의하여 $h'(2)=f'(g(2))\times g'(2)=-3\times(-2)=6$

🖪6

자율 주행 자동차는 어떻게 교통 신호를 인식할까

5

들 어 가 기 **내 용** 인공지능은 이미지를 인식하기 위해서 이미지의 특징을 어떻게 추출할까?

자율 주행 자동차는 도로를 주행할 때 여러 가지 사물을 동시에 인식하여야 한다. 교통과 관련된 모든 사물을 인식하고 자신의 동작에 반영한다. 그렇게 하려면 자율 주행 자동차의 카메라에 입력된 정보 중 교통에 필요한 사물을 정확히 감지하고(detection) 그 사물이 무언인지 인식할 수 있어야 한다.

다음은 무슨 그림일까?

대부분의 사람들은 왼쪽 사진을 강아지 사진이라고 할 것이다. 잘 살펴보면 화면에는 강아지만 있는 것은 아니고 소파와 바닥에 화분도 있다. 하지만 대부분 사람들이 강아지 사진이라 할 것이고 이의를 제기하는 사람도 없을 것이다. 실제 왼쪽과 같은 강아지 사진을 컴퓨터에 학습시킬 때도 마찬가지다. 강아지 외에 다른 것이 있지만 레이블(label)을 강아지로 지정하여 학습하면 추후 기계가 왼쪽 사진을 강아지로 인식한다.

하지만 자율 주행 자동차의 경우는 다르다. 아래 그림처럼 자율 주행 자동차는 주행 중에 동시에 여러 개체를 인식해야 하고, 신호등(traffic light), 다른 자동차, 사람 등 운행에 필요한 다양한 개체를 각각 아래 그림처럼 그것도 아주 빠른 속도로 정확하게 인식하여야 한다.

자율 주행 자동차는 어떻게 그림처럼 그 개체만 따로 인식할 수 있을까?

 이 단원에서는 무엇을 알아볼까?

몇 가지 교통 신호를 인식하는 딥러닝 이미지 인식 프로그램을 작성해 본다.

01 이미지 인식

자율 주행 자동차가 잘 움직이려면 아래 그림과 같은 다양한 교통 신호를 인식해야 한다. 신호등, 교통 표지반 도로 위 신호 그리고 가장 중요한 사람 등을 잘 보고 인식해야 한다.

▲ 다양한 교통 신호들

여기서는 CNN(Convolutional Neural Network) 모델을 이용하여 자율 주행 자동차를 위한 도로 표지판을 인식하는 실습을 한다.

(1) 특징(feature)

기계 학습 실습을 할 때, 가장 많이 사용하는 데이터 중 하나가 붓꽃(Iris) 데이터이다. 이 데이터는 아래 표와 같이 꽃받침 길이, 꽃받침 너비, 꽃잎 길이, 꽃잎 너비 이렇게 4가지 속성과 그 속성에 따른 붓꽃의 품종을 나타낸 데이터이다.

▶▶ Iris 데이터의 일부

꽃받침 길이	꽃받침 너비	꽃잎 길이	꽃잎 너비	품종
5.1	3.5	1.4	0.2	setosa
4.9	3	1.4	0.2	setosa
5.4	3.9	1.7	0.4	setosa
4.6	3.4	1.4	0.3	setosa
7	3.2	4.7	1.4	versicolor
6.4	3.2	4.5	1.5	versicolor
6.9	3.1	4.9	1.5	versicolor
6.3	3.3	4.7	1.6	versicolor
4.9	2.4	3.3	1	versicolor
6.6	2.9	4.6	1.3	versicolor
6.3	3.3	6	2.5	virginica
5.8	2.7	5.1	1.9	virginica
7.1	3	5.9	2.1	virginica
6.3	2.9	5.6	1.8	virginica

앞에서 학습한 바와 같이 이런 형식의 데이터는 정형 데이터이다. 정형 데이터의 가장 큰 성질 중 하나가 데이터 속성을 정확하게 알 수 있다는 것이다. 위 표에서 빨간색 상자로 표시된 부분은 꽃받침 길이이다. 정형 데이터에서는 각 속성이 의미하는 바가 명확하다. 이 속성을 다른 말로 표현하면 붓꽃 데이터는 꽃받침 길이에 대한 값을 가지는 특징(feature)을 가지고 있다고 할 수 있다. 즉, 정형 데이터는

열별로 어떤 대상에 대하여 특징을 가지는 값을 모아둔 형태이다. 다시 말하면 위 표의 붓꽃 데이터의 첫 번째 열은 붓꽃의 꽃받침 길이가 가지는 특징으로 볼 수 있다. 정형·데이터가 가지는 이러한 성질은 기계 학습과 딥러닝에서 매우 유효하게 사용된다. 왜냐하면 데이터의 열이 어떤 의미를 가지는지 알 수 있기 때문이다.

그러면 앞에서 배운 이미지를 살펴보자. 이미지는 픽셀로 나타내고 픽셀은 숫자값이라는 것은 앞에서 배웠다.

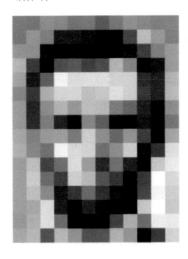 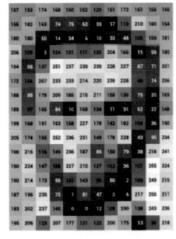 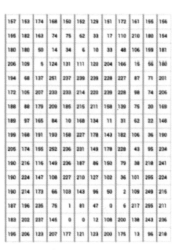

▲ 이미지와 픽셀값

이미지는 비정형 데이터이기 때문에 각 픽셀 또는 픽셀의 열 또는 행이 의미하는 바가 전혀 없는 숫자일 뿐이다. 붓꽃 데이터에서 꽃받침 길이에 일정 값을 곱하거나 꽃받침 길이와 꽃잎 길이와의 상관관계를 구하면 품종을 예측하는 데 상당한 도움이 된다. 이런 방식으로 품종을 예측하는 기계 학습 프로그램을 작성하기도 한다. 하지만 이미지에서는 위의 그림의 첫 번째 열과 두 번째 열의 상관관계를 구하거나 첫 번째 열을 열심히 들여다봐도 그것이 위의 그림이 가지는 이미지의 특징이라고 하기 어렵다. 즉, 이미지는 이미지 열값이 어떤 특징을 가지는 정형 데이터와는 달리 특징을 찾는 특별한 방법이 필요하다.

(2) CNN(Convolutional Neural Network)

이미지를 열심히 연구하던 학자들은 이미지 값이 정형 데이터처럼 열 또는 행으로 특징을 가지고 있는 것은 아니지만 어떤 값을 곱하면, 즉, 이미지도 일종의 행렬이므로 행렬 연산을 하면 독특한 기능을 수행할 수 있다는 것을 알게 되었다.

▲ 이미지에 대한 $\frac{1}{9}$로 구성된 행렬의 합성곱 연산

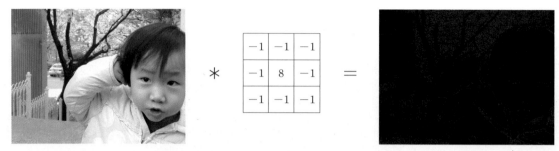

▲ 이미지에 대한 −1과 8로 구성된 행렬의 합성곱 연산

'이미지에 대한 $\frac{1}{9}$로 구성된 행렬 연산' 그림과 같이 어떤 이미지에 1/9로 구성된 행렬을 합성곱하면 이미지 전체가 흐려진다. 또한 '이미지에 대한 −1과 8로 구성된 행렬의 합성곱 연산' 그림처럼 −1과 8로 구성된 독특한 행렬을 합성곱하면 이미지에서 윤곽선만 확보할 수 있다는 것을 알게 되었다. 이렇게 독특한 기능을 하는 행렬을 필터(filter) 또는 커널(kernel)이라고 부르며 마치 색 셀로판지와 같은 역할을 한다. 특정 색이 있는 셀로판지는 특정 색만 통과시키는데 이를 이용하면 입체 영화를 볼 수 있다. 입체 영화는 맨눈으로 보면 그냥 겹쳐 보이는 그림일 뿐이지만 입체 영화용 안경을 쓰면 이미지의 특징이 살아나 입체로 보인다.

이런 필터의 특징을 역으로 이용하면 수만 장의 강아지 사진을 이용하여 강아지만이 가지고 있는 이미지의 특징을 찾아내는 필터를 만들 수 있지 않을까? 이미지의 특징을 찾아주는 필터링 방법을 이미지 컨볼루션(image convolution)이라고 한다. 이미지 인식의 대가 중 한 명이 얀 르쿤(Yann Lecun)에 의해 딥러닝을 이용한 이미지 인식 모델인 CNN(Convolutional Neural Network)이 만들어졌다.

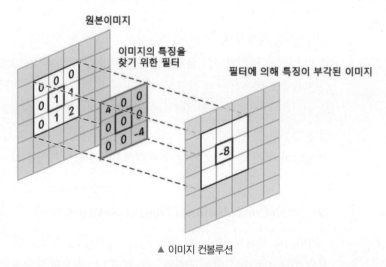

▲ 이미지 컨볼루션

이미지 컨볼루션의 원리는 위의 그림처럼 이미지에 맞는 필터를 찾아내면 그 이미지의 특징이 부각된 새로운 이미지를 만들 수 있다는 것이다. 여기에서 그 특징을 찾아주는 이미지 필터를 어떻게 찾느냐가 해결해야 될 문제인데, 이 문제를 해결하기 위해 CNN(Convolutional Neural Network)이 등장하였다.

LINK 19 관련 수학 개념 설명_ 행렬의 합성곱

1 행렬의 내적

같은 꼴의 두 행렬 A, B에 대하여 A와 B의 대응하는 성분끼리의 곱을 모두 더한 값을 두 행렬의 내적이라고 하며, 이것을 기호로 $\langle A, B \rangle$와 같이 나타낸다.

이를테면 2×2 행렬의 내적은 다음과 같다.

$A = \begin{pmatrix} a_{11} & a_{12} \\ a_{21} & a_{22} \end{pmatrix}$, $B = \begin{pmatrix} b_{11} & b_{12} \\ b_{21} & b_{22} \end{pmatrix}$일 때

$\langle A, B \rangle = a_{11}b_{11} + a_{12}b_{12} + a_{21}b_{21} + a_{22}b_{22}$

> 두 행렬의 내적의 결과는 행렬이 아닌 하나의 수임에 유의한다.

참고 두 행렬의 내적을 정의하는 방법에는 여러 가지가 있으며 위에서 정의한 내적은 프로베니우스 내적(Frobenius inner product)이라고도 한다.

확인 문제 ①

$A = \begin{pmatrix} 1 & 2 \\ 3 & 4 \end{pmatrix}$, $B = \begin{pmatrix} 1 & 1 \\ 0 & 0 \end{pmatrix}$, $C = \begin{pmatrix} 1 & 10 \\ 100 & 1000 \end{pmatrix}$일 때, 다음을 계산하여라.

(1) $\langle A, B \rangle$ (2) $\langle C, A+B \rangle$

수학으로 풀어보기

(1) $\langle A, B \rangle = \left\langle \begin{pmatrix} 1 & 2 \\ 3 & 4 \end{pmatrix}, \begin{pmatrix} 1 & 1 \\ 0 & 0 \end{pmatrix} \right\rangle = 1 \times 1 + 2 \times 1 + 3 \times 0 + 4 \times 0 = 3$

(2) $A + B = \begin{pmatrix} 1 & 2 \\ 3 & 4 \end{pmatrix} + \begin{pmatrix} 1 & 1 \\ 0 & 0 \end{pmatrix} = \begin{pmatrix} 2 & 3 \\ 3 & 4 \end{pmatrix}$이므로

$\langle C, A+B \rangle = \left\langle \begin{pmatrix} 1 & 10 \\ 100 & 1000 \end{pmatrix}, \begin{pmatrix} 2 & 3 \\ 3 & 4 \end{pmatrix} \right\rangle = 1 \times 2 + 10 \times 3 + 100 \times 3 + 1000 \times 4 = 4332$

답 (1) 3 (2) 4332

---

2 행렬의 합성곱

$m_1 \times n_1$ 행렬 A와 $m_2 \times n_2$ 행렬 B에 대하여 $m_1 \geq m_2$, $n_1 \geq n_2$일 때, 행렬 A의 일부이면서 행렬 B와 같은 꼴인 행렬 A'과 행렬 B의 내적 $\langle A', B \rangle$를 순서대로 구한 값을 성분으로 하는 행렬을 두 행렬 A와 B의 합성곱이라고 하며, 이것을 기호로 $A * B$와 같이 나타낸다.

이때, 행렬 A'은 행렬 A의 1×1 성분을 1×1 성분으로 갖는 것으로 시작하여 일정한 간격으로 이동하며 정의한 내적을 적용한다.

예를 들어, 두 행렬 $A = \begin{pmatrix} 1 & 2 & 3 \\ 4 & 5 & 6 \\ 7 & 8 & 9 \end{pmatrix}$, $B = \begin{pmatrix} 1 & 0 \\ 1 & 0 \end{pmatrix}$의 합성곱의 과정은 다음과 같다.

❶ $\begin{pmatrix} 1 & 2 & 3 \\ 4 & 5 & 6 \\ 7 & 8 & 9 \end{pmatrix} * \begin{pmatrix} 1 & 0 \\ 1 & 0 \end{pmatrix} \Rightarrow \begin{pmatrix} 5 & \square \\ \square & \square \end{pmatrix}$

❷ $\begin{pmatrix} 1 & 2 & 3 \\ 4 & 5 & 6 \\ 7 & 8 & 9 \end{pmatrix} * \begin{pmatrix} 1 & 0 \\ 1 & 0 \end{pmatrix} \Rightarrow \begin{pmatrix} 5 & 7 \\ \square & \square \end{pmatrix}$

❸ $\begin{pmatrix} 1 & 2 & 3 \\ 4 & 5 & 6 \\ 7 & 8 & 9 \end{pmatrix} * \begin{pmatrix} 1 & 0 \\ 1 & 0 \end{pmatrix} \Rightarrow \begin{pmatrix} 5 & 7 \\ 11 & \square \end{pmatrix}$

❹ $\begin{pmatrix} 1 & 2 & 3 \\ 4 & 5 & 6 \\ 7 & 8 & 9 \end{pmatrix} * \begin{pmatrix} 1 & 0 \\ 1 & 0 \end{pmatrix} \Rightarrow \begin{pmatrix} 5 & 7 \\ 11 & 13 \end{pmatrix}$

위와 같은 과정에 따라 $\begin{pmatrix} 1 & 2 & 3 \\ 4 & 5 & 6 \\ 7 & 8 & 9 \end{pmatrix} * \begin{pmatrix} 1 & 0 \\ 1 & 0 \end{pmatrix} = \begin{pmatrix} 5 & 7 \\ 11 & 13 \end{pmatrix}$으로 결정된다.

확인 문제 ❷

$A = \begin{pmatrix} 2 & 0 & 1 \\ 1 & 1 & 0 \\ 2 & 2 & 0 \end{pmatrix}, B = \begin{pmatrix} 1 & 0 \\ 0 & 2 \end{pmatrix}$일 때, 두 행렬 A, B의 합성곱 $A * B$를 구하시오.

▌**수학으로 풀어보기**

$\left\langle \begin{pmatrix} 2 & 0 \\ 1 & 1 \end{pmatrix}, \begin{pmatrix} 1 & 0 \\ 0 & 2 \end{pmatrix} \right\rangle = 2 \times 1 + 0 \times 0 + 1 \times 0 + 1 \times 2 = 4,$

$\left\langle \begin{pmatrix} 0 & 1 \\ 1 & 0 \end{pmatrix}, \begin{pmatrix} 1 & 0 \\ 0 & 2 \end{pmatrix} \right\rangle = 0 \times 1 + 1 \times 0 + 1 \times 0 + 0 \times 2 = 0,$

$\left\langle \begin{pmatrix} 1 & 1 \\ 2 & 2 \end{pmatrix}, \begin{pmatrix} 1 & 0 \\ 0 & 2 \end{pmatrix} \right\rangle = 1 \times 1 + 1 \times 0 + 2 \times 0 + 2 \times 2 = 5,$

$\left\langle \begin{pmatrix} 1 & 0 \\ 2 & 0 \end{pmatrix}, \begin{pmatrix} 1 & 0 \\ 0 & 2 \end{pmatrix} \right\rangle = 1 \times 1 + 0 \times 0 + 2 \times 0 + 0 \times 2 = 1$

이므로 $\begin{pmatrix} 2 & 0 & 1 \\ 1 & 1 & 0 \\ 2 & 2 & 0 \end{pmatrix} * \begin{pmatrix} 1 & 0 \\ 0 & 2 \end{pmatrix} = \begin{pmatrix} 4 & 0 \\ 5 & 1 \end{pmatrix}$

답 $\begin{pmatrix} 4 & 0 \\ 5 & 1 \end{pmatrix}$

02 교통 신호 인식 실습

이번 실습에서 사용할 신호는 EBS 이숲에 있는 "자율 주행을 통해 배우는 AI" 강좌에서 사용한 교통 신호를 이용하였다. 이 교통 신호를 CNN 모델을 이용하여 인식하는 프로그램을 작성해 보자. 물론 그림의 교통 신호는 실제 사용하는 것과 다소 다른 모양이다. 이는 몇 가지 이유가 있는데 실제 자율 주행에 사용하는 교통 신호 인식 시스템은 매우 정교하게 만들어진 것이라 실제 모양의 신호등이나 교통 신호를 잘 인식하지만 그 경우 프로그램 코드는 매우 복잡해진다. 따라서 여기서는 인식하기 쉬운 형태의 신호를 임의로 만들어 사용한다.

▲ 실습에 사용할 교통 신호

이제 프로그램을 작성해 보자. 이번 프로그램은 tensorflow와 keras 라이브러리를 주로 사용하였다.

활동 11

[완성 파일: 4-11.ipynb]

위 그림의 교통 신호 이미지를 이용하여 교통 신호를 인식하는 코드를 작성해 보자.

[STEP 1] 라이브러리 호출하기

```
1  import cv2
2  import numpy as np
3  import os
4  from sklearn.model_selection import train_test_split
5  from tensorflow.keras.models import Model, Sequential
6  from tensorflow.keras.layers import Input, BatchNormalization, Conv2D, Activation, MaxPooling2D
7  from tensorflow.keras.layers import Dropout, Flatten, Dense, Add
8  from tensorflow.keras.optimizers import Adam
```

1~8행: 프로그램에 필요한 다양한 라이브러리를 호출한다. keras 라이브러리를 이용하여 CNN을 구현할 것이므로 이와 관련한 다수의 라이브러리를 호출한다.

1행: cv2는 open CV 라이브러리로서 이미지를 조작하는 다양한 기능을 가진 라이브러리이다.

3행: os 라이브러리는 운영 체제 기능을 사용하는 것으로 주로 시스템 폴더에 접근하기 위해 사용한다.

[STEP 2] 이미지 폴더와 크기 지정하기

168쪽 "잠깐, 먼저 해결하기"에서 언급한 바와 같이 9행에서 [/gdrive/MyDrive/...] 파일 경로가 사용되었으므로 코랩에서 드라이브 연결을 위한 두 행의 코드는 생략된 것으로 간주한다.

```
9   groups_folder_path = '/gdrive/MyDrive/EBS/aicar/'
10  categories = ['go', 'left', 'stop', 'schoolzone', 'nosign']
11  num_classes = len(categories)
12
13  image_w = 48
14  image_h = 48
15  X = [ ]
16  Y = [ ]
```

9행: 이미지가 있는 폴더를 지정한다. 구글 드라이브 [/gdrive/MyDrive/EBS/] 폴더 안에 [aicar] 폴더를 저장한다. 이 폴더 아래에는 go, left, stop, schoolzone, nosign 폴더가 있고 각 폴더에 해당되는 사진들이 저장되어 있다.

10행: 이미지가 저장되어 있는 폴더 이름을 리스트 형태로 기억한다. 이 프로그램에서 사용하는 신호는 네 가지로서 직진(go), 정지(stop), 스쿨존(schoolzone), 그리고 좌회전(left)이다. nosign은 분류의 특징 때문에 생성한 데이터이다. 이미지 분류는 기본적인 특성상 학습한 이미지를 이용하여 새롭게 입력한 이미지를 분류한다. 따라서, 입력된 이미지가 학습한 이미지와 전혀 상관없을 때도 학습한 이미지 중 1개로 분류하려는 성질을 가지고 있다. 따라서 학습한 이미지 4개가 아닌 전혀 관계 없는 이미지일 경우는 4개와 상관없는 것으로 분류해야 하는데 이를 위해 nosign을 사용한다.

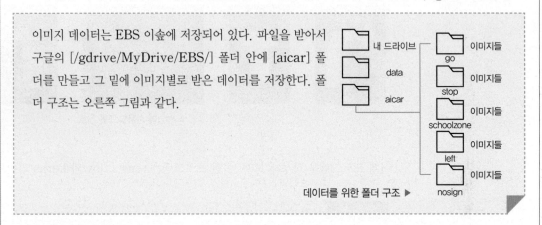

이미지 데이터는 EBS 이숲에 저장되어 있다. 파일을 받아서 구글의 [/gdrive/MyDrive/EBS/] 폴더 안에 [aicar] 폴더를 만들고 그 밑에 이미지별로 받은 데이터를 저장한다. 폴더 구조는 오른쪽 그림과 같다.

데이터를 위한 폴더 구조 ▶

11행: 리스트의 길이가 클래스의 수가 된다.

13, 14행: 이미지 크기를 48×48의 형태로 조절한다. 원본 이미지들의 크기가 각각 다를 수 있어서 그 크기를 일률적으로 통일하되 원본의 비율을 다소 조정해도 이미지의 특징을 찾는 데는 크게 문제가 없다.

[STEP 3] 이미지와 레이블 연결하기

```
17    for idex, categorie in enumerate(categories):
18        label = [0 for i in range(num_classes)]
19        label[idex] = 1
20        image_dir = groups_folder_path + categorie + '/'
21
22        for top, dir, f in os.walk(image_dir):
23
24            for filename in f:
25                print(image_dir + filename)
26                img = cv2.imread(image_dir + filename)
27                img = cv2.resize(img, None, fx = image_w / img.shape[1], fy = image_h / img.shape[0])
28                print(image_w / img.shape[1], image_h / img.shape[0])
29                X.append(img / 256)
30                Y.append(label)
```

17~29행: 이미지를 읽어 와서 그 이미지 데이터와 레이블을 연결해 주는 과정으로 3개의 반복문이 사용된다. 프로그램이 다소 어려울 수 있으므로 전체적으로 이해하도록 한다.

25행: 첫 번째 이미지는 left, 두 번째는 go 등등 각 이미지의 이름이 무엇인지를 연결해 주고 동시에 이미지의 크기를 조정한다.

26행~30행: 훈련 데이터가 들어갈 리스트 X에 이미지를 하나씩 저장한다. 단, 저장할 때 픽셀값을 256으로 나눈다. 그 이유는 이미지 픽셀값은 0에서 255 사이의 값을 가지고 있기 때문에 256으로 나누면 0에서 1 사이 값으로 바뀌게 된다. 이렇게 하면 이미지 데이터가 평준화가 되어 좀더 이미지의 특징을 잘 찾을 수 있다.

```
31      X = np.array(X)
32      Y = np.array(Y)
33
34      X_train, X_test, Y_train, Y_test = train_test_split(X, Y)
35      xy = (X_train, X_test, Y_train, Y_test)
```

31, 32행: 훈련 데이터를 배열로 만든다.

34행: train_test_split( ) 함수를 이용하여 학습 데이터와 테스트 데이터로 나눈다. 테스트 데이터는 말
　　　그대로 시험과 같은 것으로, 학습에 사용하지 않고 훈련 데이터로 학습한 딥러닝 모델의 성능을 평
　　　가하는 데 사용한다.

35행: 비율대로 나눈 데이터를 모아 xy로 만들어 주고 학습에 사용하기 편리하게 구성한다.

[STEP 4] CNN( ) 함수를 구현하여 이미지 인식하기

```
36      def main( ):
37          model = Sequential( )
38          model.add(Conv2D(64, kernel_size = 3, activation = 'relu',
39                  kernel_initializer = 'he_normal', padding = 'valid',
40                  input_shape = X_train.shape[1: ]))
41          model.add(MaxPooling2D(2))
42          model.add(Dropout(0.3))
43          model.add(Conv2D(128, kernel_size = 3, activation = 'relu',
44                  kernel_initializer = 'he_normal', padding = 'valid'))
45          model.add(MaxPooling2D(2))
46          model.add(Dropout(0.3))
47          model.add(Conv2D(256, kernel_size = 3, kernel_initializer = 'he_normal', activation = 'relu'))
48          model.add(Dropout(0.3))
49          model.add(Flatten( ))
50          model.add(Dense(256, kernel_initializer = 'he_normal', activation = 'relu'))
51          model.add(Dense(512, kernel_initializer = 'he_normal', activation = 'relu'))
52          model.add(Dense(num_classes, activation = 'softmax'))
53
54          model.compile( optimizer = Adam( ), loss = 'categorical_crossentropy', metrics = ['accuracy'])
55          history = model.fit(X_train, Y_train, batch_size = 32, epochs = 20, validation_split = 0.1)
56          score = model.evaluate(X_test, Y_test)
57          pred = model.predict(X_test[ :5])
58          print(score)
59          print(pred)
60          print(Y_test[ :5])
61
62      main( )
```

38~49행: main( ) 함수 안에 CNN 모델을 구현한다.

38~40행: 3×3 크기의 필터 64장을 정의한다. 필터의 초깃값은 랜덤으로 설정하고 활성화 함수는
　　　　relu( )를 사용한다.

41행: 필터를 통과한 이미지에 대하여 2×2 크기로 이동하면서 그 영역에서 가장 큰 값을 대푯값으로 정
　　　한다. 필터를 통과한 이미지를 2×2 영역으로 max-pooling하였으므로 이미지의 크기는 반으로
　　　줄어든다.

43, 44행: 이번에는 3×3 크기의 필터 128장을 사용한다. 앞서 나머지는 첫 번째 필터의 동작과 동일하다.

47행: 마지막으로 3×3 크기의 필터 256장을 이용하여 이미지의 특징을 찾는다.

49행: 필터를 통과한 2차원 이미지를 1차원으로 변환한다.

50행: 1차원으로 변환된 이미지의 각 픽셀값을 256개의 노드에 각각 입력한다.

51행: 앞서 받은 노드 256개를 512개의 노드에 각각 입력한다.

52행: 마지막으로 분리할 신호의 종류가 0에서 4까지 총 5개이므로 이전에 정의한 num_classes를 이용하여 5개로 분류하고 2개 이상의 범주를 분류해야 하므로 활성화 함수는 softmax( )를 이용한다.

54행: 실제 학습이 실행되는 곳으로, 전체 사진을 총 20번 반복해서 학습한다. "loss='categorical_crossentropy'"는 이 작업의 분류 작업이고 비용함수로 cross entropy를 사용하겠다는 의미이다.

56행: 테스트 데이터를 이용하여 성능을 평가한다. 실행 결과는 출력에서 확인할 수 있다. 실제 출력은 58행에서 실행한다. 실제 [0.052697136998176575, 0.9921875]에서 왼쪽 값이 cost값이고 오른쪽 값 0.9921875가 정확도이다. 즉, 테스트 데이터에 대하여 99%의 정확도를 가지는 것이다.

57행: pred는 예측 확률이다. [실행 결과]에서

[[3.85356080e−10 9.99999762e−01 5.08651832e−09 1.65725282e−07 1.50412703e−07]

인 경우 두 번째일 확률이 99%라는 것이다. 두 번째가 무엇인지 기억나는가? 두 번째는 left이다. 즉, [test] 폴더에서 읽어 온 사진이 99% 확률로 'left'라는 것이다. 실제 확인하는 것은 60행에서 할 수 있다.

60행: 레이블(label)을 처음부터 5개만 출력하라는 것인데, 첫 번째 값이 [0 1 0 0 0]이다. 즉, 정답이 categories = ['go', 'left', 'stop', 'schoolzone', 'nosign']에서 두 번째 값이라는 것이다.

실행 결과

```
Epoch 1/20
24/24 [==============================] − 7s 287ms/step − loss: 3.9802 − accuracy: 0.5134 − val_loss: 2.9714e−04
− val_accuracy: 1.0000
Epoch 2/20
24/24 [==============================] − 7s 276ms/step − loss: 0.0502 − accuracy: 0.9924 − val_loss: 4.4330e−04
− val_accuracy: 1.0000
Epoch 3/20
24/24 [==============================] − 7s 275ms/step − loss: 0.0130 − accuracy: 0.9971 − val_loss: 7.2121e−06 −
val_accuracy: 1.0000
```

```
24/24 [==============================] − 7s 277ms/step − loss: 1.6626e−06 − accuracy: 1.0000 − val_loss:
8.9407e−08 − val_accuracy: 1.0000
Epoch 20/20
24/24 [==============================] − 7s 277ms/step − loss: 2.1686e−05 − accuracy: 1.0000 − val_loss:
5.9605e−08 − val_accuracy: 1.0000
8/8 [==============================] − 1s 60ms/step − loss: 0.0527 − accuracy: 0.9922
```

cost값 → [0.052697136998176575, 0.9921875] ← 정확도

```
[[3.85356080e−10 9.99999762e−01 5.08651832e−09 1.65725282e−07 1.50412703e−07]
 [1.00000000e+00 6.28742501e−13 8.73149886e−11 1.33933420e−09 1.80263227e−09]
 [1.02101995e−14 3.40864417e−15 1.33871712e−19 1.11095551e−12 1.00000000e+00]
 [4.01658151e−10 5.35594485e−12 1.00000000e+00 2.03844652e−09 2.04295917e−19]
 [2.17398183e−10 9.99999881e−01 5.41397283e−09 7.88796228e−08 1.68209837e−08]]
[[0 1 0 0 0]
 [1 0 0 0 0]
 [0 0 0 0 1]
 [0 0 1 0 0]
 [0 1 0 0 0]]
```

더 알아보기 CNN의 구현

아래 그림은 2×2 영역으로 max-pooling한 모습이다.

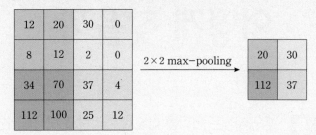

▲ max-pooling

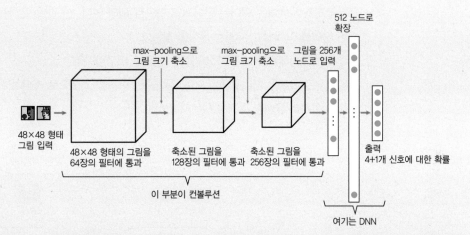

총 3개의 필터 묶음이 있다. 첫 번째 묶음에는 64장의 필터가, 두 번째 묶음에는 128장에 필터가, 세 번째 묶음에는 256장의 필터가 사용되었다. 이렇게 이미지 특징을 찾아내는 것은 쉽지 않으며 많은 필터으며 필요하다. 각 필터 묶음을 통과한 다음에는 max-pooling이라는 기법을 이용해서 이미지 특징을 살리고 크기를 줄인다.

2×2 max-pooling을 이용하면 207쪽 '실습에 사용할 교통 신호'처럼 반으로 줄어든다. 원본 이미지의 2×2 영역에서 가장 큰 값을 그 영역의 대푯값을 삼기 때문이다. 언뜻 보면 이상하지만 이미지의 특징을 찾을 때 이미지 크기를 줄이는 것이 도움이 된다.

컨볼루션(convolution) 작업이 모두 끝나면 이미지의 픽셀값을 DNN 영역으로 보낸다. 즉, 컨볼루션을 모두 통과한 이미지 픽셀을 신경망으로 보내 주는 것이다.

컨볼루션은 이미지의 특징을 돋보이게 하고 DNN 영역에서는 그 돋보이게 된 이미지가 어떤 이미지인지 학습하는 것이다.

6 중요한 단어와 유사한 문장을 어떻게 찾을까

인공지능은 언어를 어떻게 처리하고 이해할까?

　우리가 사용하는 언어는 단어의 조합으로 되어 있다. 인공지능은 뒤죽박죽 섞여 있는 단어 속에서 중요한 단어를 이해하고, 유사한 문장을 찾는다.

　아래 그림에서 토끼와 가장 가까운 친구는 누구일까?

　여우는 가까운 거리를 기준으로, 강아지는 방향을 기준으로 계산하였다. 텍스트 데이터에서는 어떤 방법을 이용하여 유사한 문장을 찾는지 알아보자.

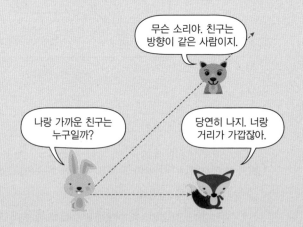

　문장에서 중요한 단어를 측정하는 방법은 보통 빈도수를 이용한다. 하지만 문장에는 조사나 수식어 같은 중요하지 않은 단어에 빈도수가 많기 때문에 단순히 빈도수만으로 중요한 단어를 측정하는 것은 무리가 있다.

이 단원에서는 무엇을 알아볼까?

　텍스트 데이터에서 유사도를 이용하여 비슷한 단어나 문장을 찾는 방법을 알아보자. 또한 문장에서 중요한 단어를 찾는 TF-IDF 방법을 알아보자.

01 유사도(similarity)

유사도란 텍스트 데이터들 사이의 유사한 정도를 수치화해서 나타낸 것이다. 즉, 유사도는 서로 다른 두 문장이 얼마나 비슷한지 혹은 얼마나 다른지를 나타내는 정도이다. 텍스트 데이터에서 유사도 측정 방법은 집합을 이용하는 자카드 유사도 벡터를 이용하는 코사인 유사도가 많이 사용된다.

■ 자카드 유사도

두 문장 A, B에 포함된 단어들의 집합을 각각 A, B라 할 때, 두 문장 A, B에 대한 자카드 유사도 $J(A, B)$는 다음과 같다.

$$J(A, B)$$
$$= \frac{n(A \cap B)}{n(A \cup B)}$$
$$= \frac{n(A \cap B)}{n(A) + n(B) - n(A \cap B)}$$

$n(A)$는 집합 A에 포함된 모든 원소의 개수이다.
(자세한 설명은 LINK **20**을 참고한다.)

(1) 자카드 유사도

아래 왼쪽의 3개의 문장을 예로 들어 자카드 유사도를 구해 보자.

문장 A: 오늘 저녁 메뉴는 불고기.
문장 B: 오늘 날씨 알려 줘.
문장 C: 내일 날씨 알려 줘.

▶▶▶

문장 A: {오늘, 저녁, 메뉴, 는, 불고기}
문장 B: {오늘, 날씨, 알려, 줘}
문장 C: {내일, 날씨, 알려, 줘}

▲ 본래의 문장   ▲ 단어를 집합으로 표현

자카드 유사도는 집합을 이용하여 문장의 유사도를 구하는 방법이다. 위 3개 문장의 단어로 분할하여 집합으로 표현하면 다음과 같다. 자카드 유사도는 $0 \sim 1$ 사이의 값을 가지며, 1에 가까울수록 유사한 문장이라 판별한다. 집합으로 표현하므로 합집합($\cup$), 교집합($\cap$)을 이용하여 값을 계산할 수 있다.

자카드 유사도를 구해 보면 문장 A 대 문장 B보다 문장 B 대 문장 C의 유사도가 더 높은 것을 알 수 있다.

▶▶ 문장 간 자카드 유사도 계산 과정 및 결괏값

문장 A 대 문장 B	문장 B 대 문장 C
저녁 메뉴 는 불고기 / 오늘 / 날씨 알려 줘	오늘 / 날씨 알려 줘 / 내일
자카드 유사도 $J(A, B) = \dfrac{n(A \cap B)}{n(A \cup B)} = \dfrac{1}{8} = 0.125$	자카드 유사도 $J(B, C) = \dfrac{n(B \cap C)}{n(B \cup C)} = \dfrac{3}{5} = 0.6$

(2) 코사인 유사도

코사인 유사도는 벡터를 이용하여 문장의 유사도를 구한다. $0 \sim 1$ 사이의 값을 가지며 자카드 유사도와 동일하게 1에 가까울수록 유사한 문장이라 판별한다. 다음 표는 각각의 문장을 빈도수 벡터로 표현한 것이다.

▶▶ 각각의 문장을 빈도수 벡터로 표현

단어	(오늘, 저녁, 메뉴, 는, 불고기, 내일, 날씨, 알려, 줘)
문장 A	$\vec{a} = (1, 1, 1, 1, 1, 0, 0, 0, 0)$
문장 B	$\vec{b} = (1, 0, 0, 0, 0, 0, 1, 1, 1)$
문장 C	$\vec{c} = (0, 0, 0, 0, 0, 1, 1, 1, 1)$

■ 코사인 유사도

벡터의 크기와 내적을 이용
하여 두 벡터의 방향이 얼마
나 비슷한지 나타내고, 기호
로 $C(\vec{a}, \vec{b})$라 한다. 문장 A,
문장 B를 나타내는 벡터가
각각 다음과 같을 때
$\vec{a} = (a_1, a_2, \cdots, a_n)$,
$\vec{b} = (b_1, b_2, \cdots, b_n)$
두 문장 A, B 사이의 코사인
유사도 $C(\vec{a}, \vec{b})$는 다음과 같
다.
$C(\vec{a}, \vec{b}) = \dfrac{\vec{a} \cdot \vec{b}}{|\vec{a}||\vec{b}|}$
(자세한 설명은 LINK 20을
참고한다.)

문장 A 대 문장 B	문장 B 대 문장 C
코사인 유사도 $$C(\vec{a}, \vec{b}) = \frac{\vec{a} \cdot \vec{b}}{\lvert\vec{a}\rvert\,\lvert\vec{b}\rvert}$$ $$= \frac{1 \times 1}{\sqrt{1^2+1^2+1^2+1^2+1^2}\sqrt{1^2+1^2+1^2+1^2}}$$ $$\fallingdotseq 0.22$$	코사인 유사도 $$C(\vec{b}, \vec{c}) = \frac{\vec{b} \cdot \vec{c}}{\lvert\vec{b}\rvert\,\lvert\vec{c}\rvert}$$ $$= \frac{1 \times 1 + 1 \times 1 + 1 \times 1}{\sqrt{1^2+1^2+1^2+1^2}\sqrt{1^2+1^2+1^2+1^2}}$$ $$= 0.75$$

[3] 코사인 유사도가 텍스트 문서에서 많이 사용되는 이유

유클리디안 유사도는 두 벡터의 거리가 가까운 문서를 비슷하다고 판별하고, 코사인 유사도는 두 벡터의 방향이 비슷하면 유사한 문서로 판별한다. 이 둘은 어떤 차이가 있는 것일까?

문장 A, 문장 B, 문장 C는 각각의 단어가 얼마나 포함되었는지 임의로 생성한 문장이다. 빈도수 벡터 표현이 아래 표와 같을 때 유클리디안 유사도와 코사인 유사도를 구해 보자.

➼ 각각의 문장을 빈도수 벡터로 표현

단어	(토끼, 사슴, 호랑이, 사자, 오이, 사과, 토마토, 키위)
문장 A	$\vec{a} = (1, 1, 1, 1, 0, 0, 0, 0)$
문장 B	$\vec{b} = (0, 0, 0, 0, 2, 4, 2, 4)$
문장 C	$\vec{c} = (0, 0, 0, 0, 6, 2, 6, 2)$

유클리디안 유사도의 계산 결과는 아래 표와 같다. 문장 A와 문장 B는 서로 같은 단어가 한 번도 등장하지 않았고, 계산 결괏값이 6.63이다. 그러나 같은 단어가 빈번하게 등장한 문장 B 대 문장 C의 결괏값도 6.32로 거의 차이가 없다.

유클리디안 유사도란 유클리
디안 거리를 이용하여 유사
도를 구하는 방법이다.

➼ 각각의 문장 간 유클리디안 유사도 계산 과정 및 결괏값

문장 A 대 문장 B	문장 B 대 문장 C
유클리디안 유사도 $$d(\vec{a}, \vec{b}) = \lvert\vec{b} - \vec{a}\rvert$$ $$= \sqrt{1^2+1^2+1^2+1^2+2^2+4^2+2^2+4^2}$$ $$= \sqrt{44} \fallingdotseq 6.63$$	유클리디안 유사도 $$d(\vec{b}, \vec{c}) = \lvert\vec{c} - \vec{b}\rvert$$ $$= \sqrt{(6-2)^2 + (2-4)^2 + (6-2)^2 + (2-4)^2}$$ $$= \sqrt{40} \fallingdotseq 6.32$$

■ 유클리디안 유사도

문장 A, B를 나타내는 벡터
가 각각
$\vec{a} = (a_1, a_2, \cdots, a_n)$,
$\vec{b} = (b_1, b_2, \cdots, b_n)$일 때
두 문장 A, B 사이의 거리를
의미하며 유클리디안 유사도
$d(\vec{a}, \vec{b})$는 다음과 같다.
$d(\vec{a}, \vec{b}) = \lvert\vec{b} - \vec{a}\rvert$
$= \sqrt{(b_1-a_1)^2 + (b_2-a_2)^2 + \cdots + (b_n-a_n)^2}$
(자세한 설명은 LINK 12를
참고한다.)

코사인 유사도의 결괏값을 살펴보면 문장 A와 문장 B는 동일한 단어가 없으므로 결괏값은 0이 나온다. 그러나 동일한 단어가 많이 등장하는 문장 B와 문장 C는 0.72로 비슷한 문장으로 판별한다. 비슷한 문장이란 같은 단어가 얼마나 많이 나왔는지가 중요한 문제이다. 따라서 텍스트 문서에서는 단순한 빈도수를 계산하는 유클리디안 유사도보다 단어의 일치 여부를 측정하는 코사인 유사도가 더 많이 사용된다.

➼ 각각의 문장 간 코사인 유사도 계산 과정 및 결괏값

문장 A 대 문장 B	문장 B 대 문장 C
코사인 유사도 $$C(\vec{a}, \vec{b}) = \frac{\vec{a} \cdot \vec{b}}{\lvert\vec{a}\rvert\,\lvert\vec{b}\rvert}$$ $$= \frac{0}{\sqrt{1^2+1^2+1^2+1^2}\sqrt{2^2+4^2+2^2+4^2}}$$ $$= \frac{0}{\sqrt{4}\sqrt{40}} = 0$$	코사인 유사도 $$C(\vec{b}, \vec{c}) = \frac{\vec{b} \cdot \vec{c}}{\lvert\vec{b}\rvert\,\lvert\vec{c}\rvert}$$ $$= \frac{2 \times 6 + 4 \times 2 + 2 \times 6 + 4 \times 2}{\sqrt{2^2+4^2+2^2+4^2}\sqrt{6^2+2^2+6^2+2^2}}$$ $$= \frac{40}{\sqrt{40}\sqrt{80}} \fallingdotseq 0.72$$

02 문장에서 중요한 단어 찾는 방법

여러 문장에서 어떤 단어가 중요한지 인공지능은 어떻게 판단할까? 단순히 빈도수가 높다고 해서 그 문장에서 가장 중요한 단어라고 판단할 수 있을까? TF−IDF 식을 통해 중요한 단어를 판단하는 방법을 알아보자.

(1) TF−IDF(Term Frequency−Inverse Document Frequency)

TF−IDF는 여러 문장이 있을 때 어떤 단어가 특정 문장 내에서 얼마나 중요한 것인지를 나타낼 수 있는 식이다. TF(단어 빈도)는 특정한 단어가 문장 내에 얼마나 자주 등장하는지를 알려 준다. 하지만 DF(문장 빈도)를 구하여 그 단어가 모든 문장에서 자주 등장하는 단어라면 중요하지 않은 단어일 수 있다.

예를 들어, 영어에서는 'a', 'the' 한글에서는 '을(를)', '한다'와 같은 단어의 빈도수가 많은데 그렇다고 문장의 중요한 단어라고 하는 것은 잘못된 것이다.

그래서 DF값을 구하여 이 값의 역수 IDF(역문장 빈도)를 구해 TF와 IDF를 곱해 TF−IDF를 구한다. TF−IDF는 단어의 빈도수 기반으로 문장에서 중요한 단어가 무엇인지 추출할 수 있다.

$$TF\text{-}IDF=TF(T,D)\times IDF(T)$$
$$=TF(T,D)\times \log\left(\frac{N}{1+DF(T)}\right)$$

- $TF(T,D)$: 문장(D)에서 T라는 단어가 등장한 횟수
- N: 전체 문장의 개수
- $DF(T)$: T라는 단어가 들어가는 문장의 개수
- 분모에서 1을 더하는 이유는 분모가 0이 되는 것을 방지하기 위함이다.
- log를 사용하는 이유는 문서의 개수가 많을 때 IDF값이 기하급수적으로 증가하지 않도록 하기 위함이다.

(2) TF−IDF의 활용 예시

다음과 같은 4개의 예시 문장이 있다(단, 문장 2, 문장 3은 편의상 생략하였고, 문장 1과 문장 4에 등장한 단어가 없다고 가정한다.). 문장 1과 문장 4에서 가장 중요한 단어는 무엇일까? 아마 '하늘', '겨울', '날씨' 등이 있을 것이다. 인공지능도 그렇게 판단할까? TF−IDF를 이용하여 자세히 살펴보자.

> **문장 1:** 하늘이 파랗고 날씨가 좋고, 하늘에 구름이 없다.
> **문장 2:** (생략)
> **문장 3:** (생략)
> **문장 4:** 겨울이 오면 날씨가 춥고, 겨울이 오면 눈이 온다.

① TF(단어 빈도) 계산

TF는 문장(D)에서 특정 단어(T)가 등장한 횟수를 의미한다.

문장 1(D)에서 '하늘'이라는 단어(T)가 2번 등장하므로 TF=2이다. 문장 4(D)에서도 '겨울'이라는 단어(T)가 두 번 등장하므로 TF=2이다. 여기까지는 문제가 없다. 하지만, 문장 1에서 '이'라는 단어는 동일하게 두 번 등장하고, 문장 4에서는 세 번이나 등장하므로 조사 '이'가 가장 중요한 단어가 되는 문제가 발생한다. 문장 1과 문장 4의 단어를 분석한 결과는 다음과 같다.

▶▶ 문장 1의 TF

단어	TF	비고
하늘	2	중요한 단어
이	2	중요한 단어
파랗고	1	
날씨	1	
가	1	
좋고	1	
,	1	
에	1	
구름	1	
없다	1	
.	1	

▶▶ 문장 4의 TF

단어	TF	비고
겨울	2	
이	3	중요한 단어
오면	2	
날씨	1	
가	1	
춥고	1	
,	1	
눈	1	
온다	1	
.	1	

단어 가방(Bag of words)
에 대한 자세한 설명은 99쪽
을 참고한다.

앞 단원에서 학습한 단어 가방(Bag of words)도 단어의 TF(단어 빈도)만 의존하여 표현하고, TF가 높으면 문장에서 중요한 단어라는 가정을 한다. 따라서 문장 1과 문장 4에서 중요한 단어는 '하늘', '이', '겨울', '오면'이라는 단어라고 판별한다.

② IDF를 이용한 TF 보정

DF란 특정 단어(T)가 등장한 문서의 수이다. '날씨'라는 단어(T)는 문장 1과 문장 4에서 등장하므로 DF=2이다.

이 단어들이 정말 중요한 단어인지 TF값에 IDF를 곱하여 단어를 보정해 보자.

'하늘'의 경우 전체 문장($N=2$)에서 1번 등장(문장 1에서만 등장)하므로 DF=1이다. IDF는 DF의 역수를 취하고 전체 문장의 개수(N)로 나눈다. 분모에 1을 더해 분모가 0이 되지 않게 한다. 또한 IDF의 값이 너무 커지는 것을 방지하기 위해 log값을 적용한다(예시에는 문장 1, 문장 2, 문장 3, 문장 4 총 4개의 문장이 있으므로 $N=4$이다.).

$IDF = \log\left(\dfrac{N}{1+DF(T)}\right)$에서 $\log\left(\dfrac{4}{1+1}\right) \approx 0.3$이다.

전체 문장($N=4$)에서 '이'의 경우 2번 등장(문장 1, 문장 2에서 등장)하므로 DF=2이다. 따라서

$IDF = \log\left(\dfrac{N}{1+DF(T)}\right)$에서 $\log\left(\dfrac{4}{1+2}\right) \approx 0.12$이다.

이와 같은 방식으로 각 단어의 계산 결과는 아래 표와 같다.

문장 1에서 '하늘'이 중요한 단어이고, '이'는 중요하지 않은 단어이다. 또한 문장 4에서는 '겨울', '오면'이 중요한 단어이고 '이'는 중요하지 않은 단어라고 계산되었다. 따라서 TF-IDF는 다른 문장에서도 자주 사용되는 '이'와 같은 조사는 중요도를 낮추고 '하늘', '겨울', '오면'과 같이 각각의 문장에서 많이 사용된 단어의 중요도를 높여 준다. 따라서 TF-IDF의 계산 결과는 문장에서 중요한 단어를 결정할 때 단순히 빈도수에 초점을 맞추는 TF를 보정해 주는 역할을 한다.

▶ TF-IDF의 전체 계산 결과

단어	문장 1의 TF	문장 4의 TF	IDF	문장 1의 TF × IDF	문장 4의 TF × IDF
하늘	2	0	$\log\left(\dfrac{4}{1+1}\right) \approx 0.3$	0.6	0
이	2	3	$\log\left(\dfrac{4}{1+2}\right) \approx 0.12$	0.24	0.36
파랗고	1	0	$\log\left(\dfrac{4}{1+1}\right) \approx 0.3$	0.3	0
	1	1	$\log\left(\dfrac{4}{1+2}\right) \approx 0.12$	0.12	0.12
겨울	0	2	$\log\left(\dfrac{4}{1+1}\right) \approx 0.3$	0	0.6
오면	0	2	$\log\left(\dfrac{4}{1+1}\right) \approx 0.3$	0	0.6
춥고	0	1	$\log\left(\dfrac{4}{1+1}\right) \approx 0.3$	0	0.3
눈	0	1	$\log\left(\dfrac{4}{1+1}\right) \approx 0.3$	0	0.3
온다	0	1	$\log\left(\dfrac{4}{1+1}\right) \approx 0.3$	0	0.3

03 실습

이번에는 BeautifulSoup을 사용하여 '영화 음악' 관련 데이터를 수집하고 TF-IDF를 이용하여 단어를 분석하고 유사한 문장을 출력하는 과정을 실습해 보자.

활동 12　　　　　　　　　　　　　　　　　　　　　　　　　　　[완성 파일: 4-12.ipynb]

프로그램 작성을 위해 라이브러리를 호출하고 BeautifulSoup을 사용하여 '영화 음악' 관련 데이터를 수집해 보자.

[STEP 1] 라이브러리 호출하기

```
1   import requests
2   import pandas as pd
3   from pandas import DataFrame
4   from bs4 import BeautifulSoup
```

1행: requests는 웹 페이지 소스(HTML)를 추출한다.

2행: pandas를 사용하기 위한 라이브러리를 호출한다.

3행: 데이터 프레임을 사용하기 위한 모듈을 호출한다.

4행: bs4는 HTML의 태그 및 소스를 추출한다.

BeautifulSoup를 이용하여 '영화 음악'의 검색 키워드에 맞춰 네이버 뉴스의 제목 100개를 수집하여 리스트에 저장한다.

```
 5    query = input('검색 키워드를 입력하세요 : ')
 6    news_count = 100
 7    query = query.replace(' ', '+')
 8    news_url = 'https://search.naver.com/search.naver?where=news&query={ }&start='
 9
10    titles = [ ]
11    while news_count:
12        req = requests.get(news_url.format(query) + str(len(titles)))
13        soup = BeautifulSoup(req.text, 'html.parser')
14        page_tags = soup.select('ul.list_news > li > div > div > a')
15        page_titles = list(map(lambda tag : tag.get('title'), page_tags))
16        if len(page_titles) < news_count:
17            titles += page_titles
18            news_count -= len(page_titles)
19        else:
20            titles += page_titles[:news_count]
21            news_count = 0
22    news_data = DataFrame(titles, columns = ['title'])
23    print(titles[:5])
24    print(soup)
```

5행: 검색하고 싶은 뉴스의 키워드를 입력한다.

6행: 검색해야 하는 뉴스의 개수를 설정한다.

7행: replace( ) 함수는 '영화 음악'과 같이 키워드 사이에 공백이 있으면 '+' 연산자를 통해 '영화음악'으로 바꾸어 준다.

8행: 네이버 뉴스에 '영화 음악'을 검색한 주소이다('영화 음악'의 문자열은 우리가 이해하기 힘든 숫자와 문자로 변경됨.). start=는 페이지 번호를 알려 주는 옵션으로 start=1이면 첫 페이지이다.

10행: 뉴스의 제목을 저장할 빈 리스트를 준비한다.

11~21행: news_count 변숫값이 1씩 감소하면서 0이 될 때까지 크롤링하여(100에서 0이 되면 종료됨.) 100개의 제목을 titles 리스트에 저장한다.

12행: requests 패키지의 get( ) 함수를 이용하여 HTML 코드를 가져온다(news_url 주소, 검색 키워드, 저장한 뉴스 제목의 개수를 이용).

13행: 가져온 HTML 코드를 bs4의 BeautifulSoup( ) 함수를 이용하여 파싱한다.

14행: 뉴스 제목이 되는 태그(tag) 리스트이다.

15행: 각 태그의 타이틀 속성을 가져온다(ul.list_news>li>div>div>a). HTML 문법으로 ul → li → iv → div → a의 위치로 이동한다.

BeautifulSoup( )은 크롤링(crawling)을 위한 모듈로, 여기에서 크롤링이란 웹 페이지의 문서(HTML 등)를 가져와 필요한 정보를 추출하기 위한 행위를 말한다.

본 교재에서 크롤링을 하는 목적은 단순히 텍스트 데이터의 수집에 있으므로 자세한 설명은 지양하기로 한다. 만약 텍스트 데이터를 쉽게 구할 수 있다면 데이터 수집 과정은 생략해도 된다.

'영화 음악'과 같이 띄어쓰기가 있으면 '영화', '음악'과 같이 서로 독립된 문자열로 인식한다. 따라서 띄어쓰기가 있으면 '+' 연산자로 문자열을 합쳐 '영화음악'이라는 하나의 문자열로 변환해 줘야 한다.

■ 파싱(parsing)

파싱이란 HTML 코드에서 필요한 정보를 추출하는 것을 의미한다. 즉 13행에서 HTML 코드를 단순히 가져오고 14행에서 파싱을 통해 HTML에서 필요한 정보를 추출한다.

```
◢ <section class="sc_new sp_nnews sp_nnews_v1 _prs_nws">
   ◢ <div class="api_subject_bx">
      ▷ <div class="news_guide_area">…</div>
      ▷ <div class="news_pick_area">…</div>
      ◢ <div class="group_news">
         ◢ <ul class="list_news">
            ◢ <li class="bx" id="sp_nws1">
               ◢ <div class="news_wrap api_ani_send">
                  ◢ <div class="news_area">
                     ▷ <div class="news_info">…</div>
                     ◢ <a title="올해 제천국제음악영화제 1천741편 출품…역대 최다" class
```

- list(map(lambda tag : tag.get('title'), page_tags)): page_tags의 리스트 범위에서 tag. get('title')에 해당하는 값을 반환하며, 람다 형식으로 코드를 작성한다.

람다(lambda)식과 map( ) 함수

1. 람다 형식

lamda 인자 : 표현식

예

함수로 표현	람다식으로 표현
def sum(x, y): 　　return x + y	(lambda x, y : x + y)

2. map( ) 함수 형식

map(함수, 리스트)

```
list(map(lambda x : x ** 2, range(5))
[0, 1, 4, 9, 16]
```

16~18행: 만약 현재 페이지 뉴스 개수보다 크롤링 해야 하는 뉴스 개수가 더 많으면 현재 페이지 모든 뉴스를 저장하고 남은 뉴스 개수에서 현재 페이지 뉴스 개수를 뺀다.

19~21행: 만약 현재 페이지 뉴스 개수보다 크롤링을 해야 하는 뉴스 개수가 더 적으면 뉴스 개수만큼만 저장하고 남은 뉴스 개수를 0으로 만든다.

22행: titles를 데이터 프레임 형식으로 저장한다.

23행: titles의 5개 데이터 프레임을 출력한다.

24행: HTML 코드를 출력한다.

실행 결과

검색 키워드를 입력하세요 : 영화 음악 ⏎

['올해 제천국제음악영화제 1천741편 출품…역대 최다', '제천음악영화제 올해는 대면 상영도 진행', '제천국제음악영화제, 역대 최다 1,741편 출품', '영화·게임·음악 등 불법복제물 이용률 22%→20.5%', '제17회 제천국제음악영화제 장·단편 출품 마감']

〈html lang="ko"〉〈head〉〈meta charset="utf-8"/〉〈meta content="always" name="referrer"/〉〈meta content="telephone=no,address=no,email=no" name="format-detection"/〉….

[STEP 3] 저장하기

‘영화 음악’과 관련하여 수집한 데이터를 파일로 저장해 보자.

```
25    from google.colab import drive
26    drive.mount('/gdrive')
27    data_path = '/gdrive/My Drive/EBS/result.csv'
28    news_data.to_csv(data_path, index = False)
29    df = pd.read_csv(data_path)
30    df
```

25, 26행: 코랩에서 구글 드라이브와 연결하고 인증 코드를 붙여 넣는다.

27행: 구글 드라이브 경로를 지정한다.

28행: 해당 경로에 result.csv 파일을 저장한다([EBS] 폴더가 없다면 저장되지 않는다.).

코랩 메뉴에서 [파일] → [드라이브에서 찾기]를 선택
하여 연결된 구글 드라이브를 확인한다. 구글 드라이
브에서 오른쪽 그림과 같이 [내 드라이브] → [EBS]
폴더에 result.csv 파일이 저장되어 있는 것을 확인
할 수 있다.

29행: read_csv( ) 함수로 csv 파일을 읽어온다.

30행: df를 출력하여 저장이 잘 되었는지 확인한다.

실행 결과

	title
0	올해 제천국제음악영화제 1천741편 출품...역대 최다
1	제천음악영화제 올해는 대면 상영도 진행
2	제천국제음악영화제, 역대 최다 1,741편 출품
3	영화·게임·음악 등 불법복제물 이용률 22%→20.5%
4	음악·영화·문자와 만난 무형유산 이야기
...	...
95	책·영화·음악 삼박자 갖춘 소통 시간
96	[N년 전 오늘의 XP] ‘동안 미녀’ 산다라박, 음악영화 ‘원스텝’으로 첫 스크린 주연
97	[인터뷰⑤]‘롤’ 이충현 감독 "서태지, 영화 음악 사용 흔쾌히 허락해주셔서 감사해"
98	틴탑 니엘 주연 음악영화 ‘스웨그’, 스페셜 예고편 공개
99	[리뷰] 건강한 삶으로의 도약. 조니 캐시의 음악 인생. 영화 ‘앙코르’

100 rows × 1 columns

[실행 결과]를 살펴보면 pandas 형식의 뉴스 제목 100개가 저장되어 있는 것을 알 수 있다. 이 결과는
크롤링을 하는 시점에 따라 다른 결과가 출력될 수 있다.

[STEP 4] TF−IDF

㉠ TF−IDF를 이용한 단어 분석

데이터 프레임을 TF−IDF를 이용하여 문장에서 단어를 분리해 보자.

❶ konlpy 라이브러리 설치하기

한국어 단어 분석을 위해 konlpy를 설치한다.

```
31    !pip install konlpy
```

매일 새로운 기사들이 생성
되므로 수집되는 뉴스는 코
드를 실행하는 시점에 따라
다를 수 있다. [실행 결과] 또
한 차이가 있을 것이다.

❷ 수집한 데이터에서 단어 분석하기

```
32   from sklearn.feature_extraction.text import TfidfVectorizer
33   from sklearn.metrics.pairwise import linear_kernel
34   tfidf_vectorizer = TfidfVectorizer( )
35   tfidf_vectorizer.fit(df['title'])
36   print(tfidf_vectorizer.vocabulary_)
37   words = sorted(tfidf_vectorizer.vocabulary_.items( ))
38   print(len(words))
39   words[490:]
```

32행: TF-IDF를 사용하기 위한 모듈을 호출한다.

33행: 코사인 유사도를 사용하기 위한 모듈을 호출한다.

34행: TF-IDF 객체를 선언한다.

35행: 수집한 csv 파일의 title(열 이름)의 문장에서 단어를 분리한다.

36행: 단어를 딕셔너리 형태로 출력한다.

37행: vocabulary.items( ) 함수를 통해 딕셔너리의 키(keys)와 값(values)을 한번에 정렬한다.

38행: 단어의 개수를 출력한다. 여기서는 495개의 단어로 분할되었다(단어의 개수는 바뀔 수 있다.).

39행: 총 495개이므로 490번부터 이후를 출력한다.

실행 결과

```
{{'올해': 297, '제천국제음악영화제': 391, '1천741편': 6, '출품': 436, '역대': 269, … '앙코르': 255}
495
[('훨훨', 490), ('흐른다', 491), ('흐림', 492), ('흔쾌히', 493), ('희비', 494)]
```

[실행 결과]를 살펴보면 첫 행에 딕셔너리 형태로 출력된다. 두 번째 행에서 495개의 단어가 있음을 확인할 수 있다. 세 번째 행에 490번째부터 494번째까지 단어를 출력한다.

ⓒ TF-IDF를 이용한 단어 행렬 표현

데이터 프레임의 문서-단어 행렬을 TF-IDF를 이용하여 출력해 보자.

```
40   print(tfidf_vectorizer.idf_[:5])
41   print(tfidf_vectorizer.idf_.shape)
42   tfidf_matrix = tfidf_vectorizer.transform(df['title']).toarray( )
43   tfidf_matrix[0]
```

40행: tfidf의 idf(역 문장 빈도)값을 5개 출력한다.

41행: shape를 출력한다. 이 경우 단어의 개수와 동일한 495개가 출력된다.

42행: tf × idf값을 계산하여 배열에 저장한다.

43행: 0번째 문장의 tfidf값을 출력한다. 이 경우 총 495개의 단어에 대한 tf-idf 계산 결괏값이 출력된다. 따라서 tfidf_matrix[0]부터 tfidf_matirx[99]까지 100개 문장에 대해 tf-idf값이 계산된 단어 행렬을 얻을 수 있다.

실행 결과

```
[4.92197334 4.51650823 4.92197334 4.92197334 4.51650823]
(495,)

array([0. , 0. , 0. , 0. , 0. ,
       0. , 0.47320321, 0. , 0. , 0. , …… ]
```

[실행 결과]를 살펴보면 첫 행은 idf의 값을 5개 출력한다. 두 번째 행은 idf의 shape를 출력한다. 세 번째 줄은 tfidf_matrix[0]의 값으로 tf−idf값이 계산된 단어 행렬이다.

[STEP 5] 검색된 단어와 유사한 문장 출력하기

코사인 유사도를 이용하여 검색된 단어와 유사한 문장을 출력해 본다.

```
44    input_vector = tfidf_vectorizer.transform([input('입력하세요 >> ')])
45    cosine_sim = linear_kernel(input_vector, tfidf_matrix)
46    print(cosine_sim.shape)
47
48    id_scores = list(enumerate(cosine_sim[0]))
49    id_scores.sort(key = lambda x: x[1], reverse = True)
50    print(id_scores[:5])
51
52    news_ids = [x[0] for x in id_scores]
53    result_df = df.iloc[news_ids].copy( )
54    result_df['score'] = [i[1] for i in id_scores]
55    result_df[:5]
```

44행: 검색할 단어를 입력하여 tf−idf 문서−단어 행렬로 변환한다.

45행: linear_kernel( ) 함수를 이용하여 코사인 유사도를 구한다.

46행: 100개의 문장에 대해 2차원 배열의 코사인 유사도를 구한다.

48행: cosine_sim[0]을 이용하여 1차원 배열로 바꾸고 enumerate( ) 함수로 값을 순회한다. enumerate( )는 for문을 사용한 것과 동일하게 값을 순회하면서 인덱스 값을 포함하는 enumerate 객체를 반환하는 함수이다.

49행: lambda( ) 함수를 key 값을 기준으로 오름차순으로 정렬한다.

50행: id_scores의 결과를 코사인 유사도 값이 높은 순서로 5개를 출력한다.

52행: 인덱스 값을 배열로 저장한다.

53행: iloc[정수]는 위치 기반으로 인덱싱한다. df는 행이 정수이고, 열이 'title'이므로 열을 인덱싱하기 위해 loc['title']과 같이 접근해야 한다. 따라서 df.iloc[정수]는 행을 인덱싱한다. 즉, iloc 기반으로 복사하여 result_df 변수에 저장한다.

54행: 인덱스와 값 중 값만 이용하여 'score' 열을 추가하여 저장한다.

55행: 코사인 유사도 값이 높은 순으로 5개의 문장이 출력된다.

실행 결과

```
입력하세요 >> 음악 ↵
(1, 100)
[(94, 0.23257845177794786), (4, 0.2146275306594022), (95, 0.20778270132592436), (19, 0.203956650969911803),
(3, 0.1899441193169085)]
```

	title	score
94	"세계속의 한국 영화 음악 모든 것"	0.232578
4	음악·영화·문자와 만난 무형유산 이야기	0.214628
95	책·영화·음악 삼박자 갖춘 소통 시간	0.207783
19	문학·음악·영화...인문학 바다 속으로	0.203957
3	영화·게임·음악 등 불법복제물 이용률 22%→20.5%	0.189944

LINK **20**　관련 수학 **개념 설명_ 유사도**

1 코사인 유사도

(1) 영벡터가 아닌 두 평면벡터 $\vec{a}$, $\vec{b}$에 대하여 $\vec{a}=\overrightarrow{OA}$, $\vec{b}=\overrightarrow{OB}$일 때,
∠AOB=θ $(0°\leq\theta\leq180°)$를 두 벡터 $\vec{a}$, $\vec{b}$가 이루는 각의 크기라고 한다.

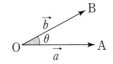

(2) 영벡터가 아닌 두 평면벡터 $\vec{a}$, $\vec{b}$가 이루는 각의 크기가 θ일 때,
$$\begin{cases} |\vec{a}|\,|\vec{b}|\cos\theta \ (0°\leq\theta\leq90°) \\ -|\vec{a}|\,|\vec{b}|\cos(180°-\theta) \ (90°\leq\theta<180°) \end{cases}$$
$|\vec{a}|\,|\vec{b}|\cos\theta$를 $\vec{a}$와 $\vec{b}$의 내적이라고 하며, 이것을 기호로 $\vec{a}\cdot\vec{b}$와 같이 나타낸다.

즉, $\vec{a}\cdot\vec{b}=\begin{cases} |\vec{a}|\,|\vec{b}|\cos\theta \ (0°\leq\theta\leq90°) \\ -|\vec{a}|\,|\vec{b}|\cos(180°-\theta) \ (90°\leq\theta\leq180°) \end{cases}$

이다.

> $\vec{a}=0$ 또는 $\vec{b}=0$일 때는
> $\vec{a}\cdot\vec{b}=0$으로 정한다.

(3) 오른쪽 그림과 같이 영벡터가 아닌 두 평면벡터 $\vec{a}=(a_1, a_2)$, $\vec{b}=(b_1, b_2)$
가 x축의 양의 방향과 이루는 각의 크기를 각각 α, β $(\alpha<\beta)$라고 하자.
두 벡터 $\vec{a}$, $\vec{b}$가 이루는 각의 크기를 θ라고 하면 평면벡터의 내적과 성분
을 이용하여 다음과 같이 나타낼 수 있다.
$$\vec{a}\cdot\vec{b}=a_1b_1+a_2b_2$$

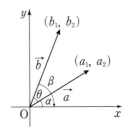

이상을 정리하면 다음과 같다.

평면벡터의 내적

두 평면벡터 $\vec{a}$, $\vec{b}$가 이루는 각의 크기를 θ $(0°\leq\theta\leq180°)$라고 할 때,
$$\begin{cases} \vec{a}\cdot\vec{b}=|\vec{a}|\,|\vec{b}|\cos\theta \ (0°\leq\theta\leq90°) \\ -|\vec{a}|\,|\vec{b}|\cos(180°-\theta) \ (90°\leq\theta\leq180°) \end{cases}$$
특히, $\vec{a}=(a_1, a_2)$, $\vec{b}=(b_1, b_2)$일 때, $\vec{a}\cdot\vec{b}=a_1b_1+a_2b_2$

보기

❶ $|\vec{a}|=3$, $|\vec{b}|=4$인 두 평면벡터 $\vec{a}$, $\vec{b}$가 이루는 각의 크기가 60°일 때,
$$\vec{a}\cdot\vec{b}=|\vec{a}|\,|\vec{b}|\cos60°=3\times4\times\frac{1}{2}=6$$

❷ $\vec{a}=(-1, 2)$, $\vec{b}=(2, 3)$일 때, $\vec{a}\cdot\vec{b}=(-1)\times2+2\times3=4$

(4) 두 평면벡터가 이루는 각의 크기

영벡터가 아닌 두 평면벡터 $\vec{a}=(a_1, a_2)$, $\vec{b}=(b_1, b_2)$가 이루는 각의 크기를 θ $(0°\leq\theta\leq180°)$라고
할 때,
$$\cos\theta=\frac{\vec{a}\cdot\vec{b}}{|\vec{a}|\,|\vec{b}|}=\frac{a_1b_1+a_2b_2}{\sqrt{a_1{}^2+a_2{}^2}\,\sqrt{b_1{}^2+b_2{}^2}}$$

두 벡터 $\vec{a}=(2, 1)$, $\vec{b}=(1, 3)$이 이루는 각의 크기를 θ $(0°\leq\theta\leq180°)$라 할 때 θ의 값을 구하시오.

수학으로 풀어보기

$|\vec{a}|=\sqrt{2^2+1^2}=\sqrt{5}$, $|\vec{b}|=\sqrt{1^2+3^2}=\sqrt{10}$이고

$\vec{a}\cdot\vec{b}=2\times1+1\times3=5$

이므로

$$\cos\theta=\frac{\vec{a}\cdot\vec{b}}{|\vec{a}||\vec{b}|}=\frac{5}{\sqrt{5}\sqrt{10}}=\frac{\sqrt{2}}{2}$$

이때, $0°\leq\theta\leq180°$이므로 $\theta=45°$

따라서 구하는 각의 크기는 $45°$이다.

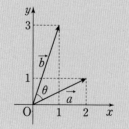

답 $45°$

> $\vec{a}=0$ 또는 $\vec{b}=0$일 때는 $\vec{a}\cdot\vec{b}=0$으로 정한다.

(5) 코사인 유사도

두 텍스트 P와 Q를 나타내는 벡터가 각각

$$\vec{P}=(p_1, p_2, p_3, \cdots, p_n),\ \vec{Q}=(q_1, q_2, q_3, \cdots, q_n)$$

일 때, P와 Q의 코사인 유사도를 $C(P, Q)$와 같이 나타내고

$$C(P, Q)=\frac{p_1q_1+p_2q_2+p_3q_3+\cdots+p_nq_n}{\sqrt{p_1^2+p_2^2+p_3^2+\cdots+p_n^2}\sqrt{q_1^2+q_2^2+q_3^2+\cdots+q_n^2}}$$

과 같이 정한다.

2 자카드 유사도

(1) 집합

① 뜻

> 원소가 하나도 없는 집합을 공집합이라고 하며, 이것을 기호로 $\varnothing$과 같이 나타내고, $n(\varnothing)=0$이다.

- 집합: 어떤 기준에 의하여 대상을 분명하게 정할 수 있을 때, 그 대상들의 모임을 말한다.
- 원소: 집합을 이루는 대상 하나하나를 의미한다.

② 집합의 원소의 개수

집합 A가 유한집합일 때, 집합 A의 원소의 개수를 기호로 $n(A)$와 같이 나타낸다. 특히 $n(\varnothing)=0$이다.

예를 들어, 10이하인 소수들의 집합 A를 나타내면

$A=\{2, 3, 5, 7\}$이고 $n(A)=4$이다.

(2) 합집합과 교집합

① 두 집합 A, B에 대하여 A에 속하거나 B에 속하는 모든 원소로 이루어진 집합을 A와 B의 **합집합**이라고 하며, 이것을 기호로 $A\cup B$와 같이 나타낸다.

두 집합 A, B의 합집합을 다음과 같이 나타낼 수 있다.

$$A\cup B=\{x|x\in A \text{ 또는 } x\in B\}$$

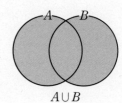

$A\cup B$

② 두 집합 A, B에 대하여 A에도 속하고, B에도 속하는 모든 원소로 이루어진 집합을 A와 B의 **교집합**이라고 하며, 이것을 기호로 $A \cap B$와 같이 나타낸다.

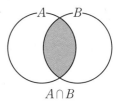

두 집합 A, B의 교집합을 다음과 같이 나타낼 수 있다.

$$A \cap B = \{x \mid x \in A \text{ 그리고 } x \in B\}$$

③ 두 집합 A, B에서 공통인 원소가 하나도 없을 때, 즉

$$A \cap B = \varnothing$$

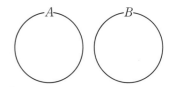

일 때, 두 집합 A와 B는 **서로소**라고 한다.

확인 문제 ❷

다음 두 집합 A, B에 대하여 $A \cup B$, $A \cap B$를 구하여라.

$$A = \{x \mid x \text{는 6의 양의 약수}\}, \quad B = \{x \mid x \text{는 9의 양의 약수}\}$$

▮**수학으로 풀어보기**

$A = \{1, 2, 3, 6\}$, $B = \{1, 3, 9\}$이고, 집합 A에 속하거나 집합 B에 속하는 원소는 1, 2, 3, 6, 9이므로 $A \cup B = \{1, 2, 3, 6, 9\}$
또 두 집합 A, B에 모두 속하는 원소는 1, 3이므로 $A \cap B = \{1, 3\}$

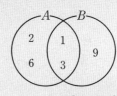

🖹 [풀이 참조]

(3) 자카드 유사도

두 텍스트 P와 Q를 구성하는 단어의 집합이 각각

$$P = (p_1, p_2, p_3, \cdots, p_n), \quad Q = (q_1, q_2, q_3, \cdots, q_n)$$

일 때, P와 Q의 자카드 유사도를 $J(\text{P}, \text{Q})$와 같이 나타내고

$$J(\text{P}, \text{Q}) = \frac{n(P \cap Q)}{n(P \cup Q)} = \frac{n(P \cap Q)}{n(P) + n(Q) - n(P \cap Q)}$$

와 같이 정한다.

PART V

인공지능 윤리

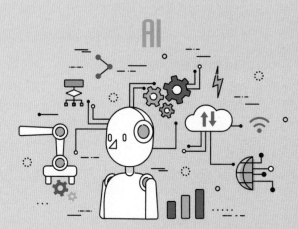

이 단원에서 무엇을 배울까

인공지능이 다양한 분야에서 활발히 사용됨에 따라 발생하는 데이터 편향성이나 윤리적 딜레마 문제에는 어떤 것이 있는지 살펴보고, 우리나라를 포함한 세계 각국에서 인공지능의 윤리 문제를 예방하고 해결하기 위해 어떠한 대책들을 내놓고 있는지 알아본다.

01 데이터 편향성 문제

인공지능은 수많은 데이터를 학습하여 인간에게 편리한 기능을 제공해 준다. 예를 들어 인터넷으로 쇼핑을 할 때에 인공지능은 고객의 사용 기록 등의 데이터를 학습하여 고객이 선호할 만한 상품을 추천해 주며, 인터넷 검색 창에서는 사용자가 검색어를 다 입력하기도 전에 완성된 문장을 만들어 주거나 연관된 주제어를 제시하기도 한다.

그러나 이러한 인공지능의 편리한 기능 속에서도 주의해야 할 점이 있다. 그것은 바로 데이터의 편향성 문제이다. 데이터 편향성이란 인공지능의 모델을 학습시키는 데 사용하는 데이터에 인간의 편견과 오류가 반영되는 것을 뜻한다.

인공지능이 데이터를 기반으로 학습하는 만큼 편향된 데이터를 학습할 경우에는 잘못된 결과를 도출하게 되며, 더욱이 중요한 의사 결정을 하는 인공지능이라면 인간에게 손해를 주거나 차별을 하는 등의 큰 사회적 문제를 야기할 수 있다.

(1) 데이터 편향의 유형

데이터 편향을 샘플 편향, 측정 평향, 관찰자 편향, 연관성 편향, 인종적 편향의 다섯 가지로 나누어 살펴보자.

샘플 편향	인공지능 모델의 학습에 사용되는 훈련 데이터가 충분히 크지 않거나 대표적이지 않아 실제 모집단을 잘 표현하지 못할 때 발생하는 것 예 음성 인식 기술에 미국식 영어나 영국식 언어만 학습시킨다면 아시아인들의 영어 발음은 잘 인식되지 않는 문제가 발생함.
측정 편향	학습에 적절치 않은 데이터를 수집하거나 측정 방식이 잘못되어 데이터의 왜곡이 발생하는 것 예 A사와 B사의 스마트 기기 사용자가 모두 사용할 수 있는 애플리케이션에서 새로운 기능을 테스트할 때 A사 기기의 사용자만을 대상으로 한 실험 결과만을 측정한다면 일반적인 결과가 반영되지 못함.
관찰자 편향	인공지능의 개발에 참여한 연구자의 의식적이거나 무의식적인 주관적 생각이 연구에 반영이 될 때 발생하는 것 예 토마토 이미지에 레이블을 달 때에 연구자에 따라 과일로 분류할 수도 있고, 채소로 분류할 수 있는데 이렇게 할 경우 학습에 사용될 데이터는 부정확해질 수 있음.
연관성 편향	신중하게 수집되지 않은 데이터로 인하여 인공지능 모델이 문화적 편향을 일으키는 것 예 훈련 데이터로 모든 조종사를 남성으로 분류하고 모든 승무원을 여성으로 분류하여 인공지능 모델에 학습시킨다면 이 모델은 여성 조종사와 남성 승무원은 존재하지 않는 것으로 학습하는 문제가 발생할 수 있음.
인종적 편향	훈련 데이터가 특정 인종에 관한 통계적 정보를 유리하게 반영할 때 발생하는 것 예 안면 인식 기술이 백인에 대한 인식률이 높은 반면 유색 인종에 대한 인식률이 낮다면 인종적 편향이 이루어졌다고 볼 수 있음.

(2) 데이터 편향성으로 인한 문제 사례

사례 1 | 젠더 편향

2014년 미국 최대 온라인 쇼핑 회사인 아마존(Amazon)은 10년간의 구직자 이력서의 데이터를 바탕으로 구직자를 평가하는 인공지능 채용 시스템을 개발하여 활용하였으나 대다수의 남성 구직자의 데이터가 인공지능 모델에 학습됨으로써 여성 구직자에게 불리한 평가를 한 점이 드러나 큰 사회적 문제를 야기했다.

▲ 구직을 위해 모여든 사람들

실제로 이 채용 시스템은 '여성'이라는 단어가 포함된 문구가 이력서에 있으면 감점을 주는 반면, 남성을 나타내는 문구들이 있으면 상대적으로 유리한 평가를 하는 것으로 나타나 IT 기업의 기술직 남녀 성비 불균형을 야기시키는 문제점으로 인하여 아마존은 이 시스템의 사용을 중단하였다.

이 사례는 인공지능을 활용하여 채용을 하려고 한 산업계의 움직임에 데이터 편향의 문제점을 분명하게 드러낸 유명한 사건으로 알려져 있다.

사례 2 | 인종적 편향

2016년 미국의 언론지 '프로퍼블리카(ProPublica)'는 여러 주 법원에서 사용하고 있는 '콤파스(COMPAS)' 알고리즘이 흑인들에게 불리한 판결을 이끌어내는 결과를 낸다고 폭로하였다. 콤파스는 피고의 범죄 경력과 생활 방식, 성격이나 태도 등을 점수로 환산하여 재범 가능성을 계산하여 판사에게 구속 여부를 추천하는 알고리즘인데, 이 알고리즘으로 인해 비슷한 조건에서 흑인을 백인보다 재범 가능성이 2배 높다고 판단함으로써 무고한 흑인들이 처벌을 받게 되었다.

흑인의 재범 가능성을 더 높게 예측한 콤파스 – 프로퍼블리카 제공(2016. 5. 23.) ▶
– 출처: https://www.propublica.org/article/machine-bias-risk-
　assessments-in-criminal-sentencing –

사례 3 | 빈부 편향

2017년 영국 경찰은 'HART(Harm Assessment Risk Tool)'이라는 인공지능 시스템을 범죄 예측에 활용하기 시작하였다. 이 시스템은 2008년부터 2013년 사이에 경찰에서 수집한 데이터를 기반으로 범죄 용의자가 2년 동안 추가 범행을 저지를 수 있는지 '낮음, 중간, 높음'의 3단계로 구분하여 예측하는 시스템이다. 그러나 가난한 지역에 사는 사람들이 부유한 지역에 사는 사람들에 비해 범죄 가능성이 높다고 예측하는 문제점 등이 발견되었다. 이에 따라 인간에 대한 편견이 작용하지 않도록 이 시스템의 알고리즘을 개선하고 있다.

▲ 인공지능 시스템을 사용하는 영국 경찰

(3) 데이터의 편향성을 줄이기 위한 노력

데이터의 편향성을 줄이기 위한 방법에는 어떤 것이 있는지 살펴보자.

학습 데이터에 대한 이해	• 인공지능 모델의 학습에 사용하는 데이터가 편향성을 가지고 있지 않은지 항상 유의하여야 함. • 이를 위해 다양한 관점에서 데이터를 파악하고, 인공지능 사용자의 다양성을 대표하고 있는지 확인해야 함.
충분한 데이터 수집	불충분한 데이터는 데이터의 편향성은 물론 인공지능 모델의 성능을 떨어뜨리기 때문에 충분한 데이터를 수집하여 활용하여야 함.
품질이 좋은 데이터 사용	• 데이터의 양뿐만 아니라 질도 중요한 요건이므로 신뢰성이 높은 양질의 데이터를 최대한 확보하여야 함. • 데이터 품질은 다양성, 정확성, 유효성 등을 기준으로 데이터가 사용자에게 유용한 가치를 줄 수 있는 수준을 의미함.

데이터와 인공지능의 편향성을 줄이기 위한 노력은 전 세계에서 지속적으로 이루어지고 있다.

미국 IBM사는 2018년에 인공지능의 편향성을 제거하는 열 가지 알고리즘을 포함한 'AI Fairness 360'이라는 오픈소스 소프트웨어 툴키트를 출시하였다.

우리나라에서는 2020년에 한국인공지능윤리협회에서 인공지능 알고리즘의 편향성을 검증하는 중립적 기구의 도입을 촉구하는 성명서를 발표하기도 하였다.

인간의 편향적 성향이나 시대적 가치관의 변화로 인하여 데이터와 인공지능의 편향성을 완전히 제거하는 일은 쉽지 않다. 그러나 편향적인 데이터를 학습한 인공지능으로 인하여 인간이 차별을 받거나 피해를 입지 않도록 인공지능 개발자나 공공 기관 및 기업 등의 지속적으로 개선하려는 노력이 필요하다.

인공지능의 학습 데이터에 사회적 편견이나 차별이 반영되지 않도록 주의해야 한다.

02 윤리적 딜레마 문제

인공지능이 인간이 해야 할 일을 대신 해 주는 기능을 수행하면서 예기치 못한 윤리적 딜레마 상황이 벌어지기도 한다. 예를 들어, 자율 주행 자동차가 주행 중 고장이 나서 인명사고에 직면했을 때 어떤 생명을 더 중시해야 할까? 또 인공지능이 창의적인 예술품을 만들었을 때 그 저작권은 누구에게 있을까?

인공지능의 발전과 상용화로 인해 발생하는 윤리적 딜레마 상황들을 살펴보고 이러한 상황을 해결하기 위해 필요한 논의는 어떤 것이 있는지 생각해 보자.

(1) 자율 주행 자동차의 트롤리 문제

트롤리 문제(Trolley Problem)란, 달리는 광차(광물을 실어 나르는 수레)가 브레이크 고장으로 인한 제어 불능 상태로 선로에 서 있는 5명을 칠 수 있는 상황에서 선로 전환기 옆에 있는 사람이 이 광차의 주행 방향을 바꿀 수 있으나 그렇게 되면 광차가 다른 선로에 있는 1명을 칠 수 있는 윤리적 딜레마 상황을 의미한다.

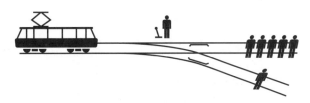

▲ 자율 주행 자동차의 트롤리 문제

이러한 딜레마 상황을 자율 주행 자동차 운행 문제에도 적용할 수 있다.

모럴 머신(moral machine) 웹 사이트(https://www.moralmachine.net)는 자율 주행 자동차와 같은 인공지능의 윤리적 결정에 대한 사회적 인식을 수집하기 위한 플랫폼이다. 여기서는 자율 주행 자동차가 갑자기 브레이크 고장이 발생했다는 가정 하에서 운전자의 생명과 보행자들의 생명, 또는 보행자 그룹별 생명 중 어떤 것을 선택할지 결정해 보는 설문 형태가 주어진다. 설문이 종료되면 자신이 가장 많이 살려 준 캐릭터 또는 가장 많이 희생된 캐릭터, 기타 승객이나 성별 및 연령 등에 대한 선호도 등 다양한 결과를 확인할 수 있다.

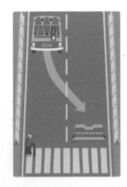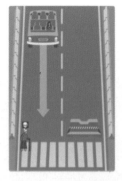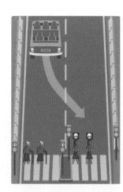

갑작스런 브레이크 고장인 상태에서 자율 주행 자동차는 어떤 선택을 해야 할까?
▲ 모럴 머신에서의 상황별 선택지 예시

2018년 미국 매사추세츠공과대 미디어랩은 233개 국가의 230만 명의 모럴 머신 조사 결과를 분석하여 세계적인 과학 저널인 '네이처'에 발표했다. 설문 결과 응답자들은 대체적으로 남성보다 여성, 성인 남성보다 어린이와 임신부, 소수보다 다수, 노인보다 젊은 사람, 무단 횡단자보다 준법자 등을 구해야 한다는 선택이 많았다.

또한 동양인과 서양인의 응답에서도 차이가 있었는데, 동양인은 사람의 숫자보다는 보행자와 교통 규칙을 준수하는 사람의 생명을 더 중요시한 반면에 서양인은 숫자가 많은 사람이나 어린 아이 및 몸집이 작은 사람의 생명을 더 중요시한 것으로 드러났다.

그렇다면 자율 주행 자동차는 주행 간 여러 가지의 돌발 상황에서 어떤 생명을 더 중시하는 알고리즘으로 구현되어야 할까? 또한 사고가 발생하였을 때 사고의 책임은 누구에게 있는가? 운전자에게 책임이 있는지 자율 주행 자동차의 제조사에게 책임이 있는지도 역시 가리기 어려운 문제이다.

이에 2020년 우리나라 국토교통부에서는 '재산보다 인간 생명을 최우선하여 보호할 것', '사고 회피가 불가능할 경우 인명 피해를 최소화할 것' 등의 내용을 담은 자율 주행 자동차 윤리 가이드라인을 발표하였다.

(2) 인공지능의 창작품 저작권 문제

2016년 네덜란드의 종합 금융 기관 ING는 17세기 네덜란드의 화가 렘브란트의 그림들을 인공지능으로 디자인하고 3D 프린터로 다양하게 재현하는 'The Next Rembrandt' 프로젝트를 선보였다. 346개의 렘브란트의 그림을 픽셀 단위로 분석하고 딥러닝 알고리즘을 적용하여 렘브란트의 그림 기법을 사용하였으며, 붓의 질감은 3D 프린터로 출력하여 전례 없는 창작품을 만들어 보인 것이다.

▲ 렘브란트 작품들의 데이터를 이용해 인공지능이 재현한 3D 출력 그림

그렇다면 이 창작품의 저작권은 누구에게 있을까? 원래의 화풍을 가진 렘프란트에게 있을까? 아니면 프로젝트를 주도한 회사에게 있을지, 인공지능 알고리즘을 만든 개발자에게 있을지 분명하게 결정하기 어려운 점이 있다.

이 외에도 인공지능이 음악을 작곡하고, 소설 작품을 쓰는 등 문화 영역에서 다양한 인공지능 창작품이 나오고 있다. 물론 우리나라를 포함하여 여러 나라에서 저작권법에 따라 사람만이 저작자가 될 수 있지만, 저작자를 누구로 정해야 할지는 명확하게 결정하기 어려운 문제이다.

저작권은 창작물을 만든 주체의 권리를 보호하고 문화를 발전시키는 것을 목적으로 한다. 따라서 인공지능이 창작한 예술 작품에 대한 창작성의 인정 문제와 저작자를 누구로 할 것인지 등에 관한 여러 가지 문제들을 사회적으로 충분히 논의하여 새롭게 정의해야 할 것이다.

03 인공지능에 대한 우리의 자세

인공지능의 발전은 여러 분야에서 인간이 할 일들을 인공지능이 대신함으로써 인간의 삶을 편리하고 윤택하게 해주기도 한다. 그러나 인간의 일자리를 위협한다든지 편향된 데이터의 학습으로 인간을 차별하는 일이 발생하기도 한다. 또한 인공지능 기술이 적용된 자율 살상 무기의 개발은 인류에게 큰 위협이 되기도 한다.

인공지능과 관련된 사회적·윤리적 문제를 예방하기 위한 대책이 실제로 어떻게 제시되고 있는지 살펴보고, 우리는 어떠한 자세를 견지해야 할지 고민해보자.

(1) 아실로마 AI 원칙(Asilomar AI priciples)

2017년 1월, 미국 캘리포니아주 아실로마에 전 세계 인공지능 학자들이 모여 인공지능이 가져올 미래와 이로 인해 발생할 수 있는 위협에 대해 논의를 하는 컨퍼런스를 개최하고 '아실로마 AI 원칙'을 발표하였다. 이 원칙은 인공지능과 관련된 사회적 문제를 예방하기 위해 연구 이슈 5가지, 윤리와 가치 13가지, 장기적 이슈 5가지의 총 23가지 원칙과 가이드라인을 제시한다.

아실로마 AI 원칙의 주요 내용은 인공지능의 연구 목표가 유익한 지능을 창조하는 것이며, 인간의 존엄과 권리, 자유와 부합하도록 하고, 인공지능의 안정성과

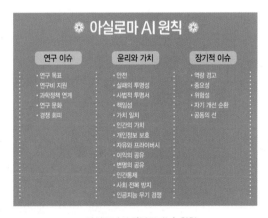

▲ 아실로마 AI(인공지능) 원칙

투명성, 책임성, 인간의 가치와 개인 정보 보호, 살상이 가능한 자율적 무기에 대한 군비 경쟁은 지양하는 등의 원칙 등에 관한 것이다.

(2) EU, 인공지능 규제안

2021년 4월, 유럽 연합(이하 EU)에서는 인공지능을 윤리적으로 사용하고 EU가 신뢰할 수 있는 인공지능 중심지로 변모하겠다고 밝히면서 인간의 안전이나 권리를 위협하는 인공지능을 규제하는 안을 내놓았다.

이 규제안은 인공지능을 위험 수준에 따라 '용납할 수 없는 위험(unacceptable risk)', '높은 위험(high risk)', '낮은 위험(low or minimal risk)'으로 구분하여 각 위험 수준에 따른 관리 방법을 제안하였다. 예를 들면 실종 아동을 찾거나 테러를 예방하는 등의 목적을 제외하고 공공장소에서 수집된 시민

의 생체 정보를 정부가 분석하는 것을 용납할 수 없는 위험으로 분류하여 금지하였으며, 채용 면접이나 신용 평가 등과 관련한 개인 평가를 위한 생체 정보를 수집하는 것은 높은 위험 단계로 지정하여 이와 관련된 기술이 시장에 나오기 전에 정부로부터 엄격한 기술 평가를 받도록 하였다. 또한 챗봇이나 딥페이크 영상 등은 낮은 위험으로 분류하여 이 시스템이 인공지능을 적용하여 만들었음을 사용자에게 고지할 수 있도록 투명성 의무를 부과하는 내용을 포함하였다.

(3) 우리나라의 인공지능 윤리 기준안

2020년 12월 23일, 대한민국 과학기술정보통신부에서는 인공지능 시대의 바람직한 인공지능 개발과 활용 방향을 제시하기 위해 '국가 인공지능 윤리 기준'을 발표하였다. 정부는 사람 중심의 국가 인공지능 윤리 기준이라고 밝히고 있으며, 윤리적 인공지능을 실현하기 위해 정부와 공공 기관, 기업, 이용자 등 모든 사회 구성원이 함께 지켜야 할 주요 원칙과 핵심 요건을 제시하고 있다.

이에 따라 '사람 중심의 인공지능'을 위한 최고 가치인 '인간성(humanity)'을 위해 3대 기본 원칙과 10대 핵심 요건을 제시하고 있는데, 주요 내용은 다음과 같다.

사람이 중심이 되는 '인공지능(AI) 윤리 기준'

3대 기본 원칙

인간의 존엄성   사회의 공공선   기술의 합목적성

10대 핵심 요건

인권 보장, 프라이버시 보호, 다양성 존중, 침해 금지,
공공성, 연대성, 데이터 관리, 책임성, 안정성, 투명성

– 출처: 과학기술정보통신부 –

① 3대 기본 원칙: '인간성(humanity)'을 구현하기 위해 인공 지능의 개발 및 활용 과정에서 ❶ 인간의 존엄성 원칙, ❷ 사회의 공공선 원칙, ❸ 기술의 합목적성 원칙을 지켜야 한다.

② 10대 핵심 요건: 3대 기본 원칙을 실천하고 이행할 수 있도록 인공지능 개발에서 활용까지 전 과정에서 ❶ 인권 보장, ❷ 프라이버시 보호, ❸ 다양성 존중, ❹ 침해 금지, ❺ 공공성, ❻ 연대성, ❼ 데이터 관리, ❽ 책임성, ❾ 안전성, ❿ 투명성의 요건이 충족되어야 한다.

이 외에도 세계 각국과 국제기구, 기업, 연구 기관 등의 기관들이 다양한 인공지능 윤리 원칙들을 발표하였다. 앞으로도 인공지능으로 인한 윤리적 문제점에 대한 고찰과 논의는 계속 진행될 것으로 보인다.

이렇게 인공지능에 대한 사회적 관심과 우려가 증가되는 현실에서 정부와 기업, 개발자와 이용자들 모두가 안전하고 공정한 인공지능이 개발되고 활용될 수 있도록 협력하고 노력해야 할 것이다.

💡 **스스로 해 보기**

우리가 만들 수 있는 인공지능 윤리 원칙은 무엇이 있을까? 개발자와 이용자 입장에서의 인공지능 윤리 원칙을 만들어 보자.

개발자의 인공지능 윤리 원칙	이용자의 인공지능 윤리 원칙